高等教育示范院校规划教材

高等数学

（上册）

主编　陆宜清　林大志　徐香勤

郑州大学出版社

内 容 提 要

本书是根据教育部最新制定的高等数学课程教学基本要求,借鉴“教、学、做一体化”的教学模式和编者多年的教学经验而编写的“高等教育示范院校规划教材”.

全书共十章,分为上、下两册,本书为上册,主要内容有函数、极限与连续,导数与微分,导数的应用,不定积分,定积分及其应用五章.书末还附有初等数学常用公式、基本初等函数的图象与性质、高等数学常用公式、近年专升本高等数学考试真题、习题答案与提示.

本书尽力把教学改革精神体现在教材中,注重课程对学生的素质与能力的培养.书中加强对数学概念与理论从实际问题的引入和从几何与数值方面的分析,并增加了应用实例和习题;注意“简易性”,尽量做到通俗易懂,由浅入深;适当融入课程思政,富于启发,便于自学.

本书可以作为高等专科教育、高等职业教育、成人教育以及其他本科学时较少的工科类、经济类专业的高等数学课程教材,也可作为教师及技术人员用书或参考书.

图书在版编目(CIP)数据

高等数学. 上册 / 陆宜清, 林大志, 徐香勤主编. — 郑州 : 郑州大学出版社,2023.2(2024.7 重印)

ISBN 978-7-5645-9490-9

Ⅰ. ①高… Ⅱ. ①陆…②林…③徐… Ⅲ. ①高等数学 - 高等职业教育 - 教材 Ⅳ. ①O13

中国国家版本馆 CIP 数据核字(2023)第 017674 号

高等数学(上册)

GAODENG SHUXUE(SHANGCE)

策划编辑	祁小冬	封面设计	苏永生
责任编辑	王莲霞	版式设计	凌　青
责任校对	吴　波	责任监制	李瑞卿

出版发行	郑州大学出版社	地　　址	郑州 40 号(450052)
出 版 人	孙保营	网　　址	http://www.zzup.cn
经　　销	全国新华书店	发行电话	0371-66966070
印　　刷	河南龙华印务有限公司		
开　　本	787 mm×1 092 mm　1 / 16		
印　　张	16	字　　数	362 千字
版　　次	2023 年 2 月第 1 版	印　　次	2024 年 7 月第 3 次印刷

书　　号	ISBN 978-7-5645-9490-9	定　　价	39.00 元

作者名单

主　编　陆宜清　林大志　徐香勤

副主编　薛春明　张思胜　袁伯园　王　茜

序

微积分的发现是人类智慧最伟大的成就之一,微积分蕴藏着丰富的理性思维和处理连续变量的方法.以微积分为主体内容的“高等数学”课程是大学中最重要的基础课程之一.它不仅为后续课程和工作提供了必备的数学工具,而且会对学生科学素养的形成和分析解决问题能力的提高产生重要的影响.如何精选和合理处理教学内容,如何通过数学知识来提高学生的数学素养,如何加强数学应用能力的训练都是近年来本门课程教学改革的重要内容.由于我们国家地域辽阔,学校类型很多,编写适合自己情况而又有特色的教材是一件有意义的工作.

以陆宜清教授为首的一些资深教师,在认真学习兄弟院校高等数学课程教学改革的经验、分析研究大量国内外教材的基础上,编写了高等教育示范院校规划教材《高等数学》.该教材已应用了多年,经反复修改,现由郑州大学出版社出版,这是一件值得庆贺的大好事情.

本教材定位在“加强基础,突出应用”的平台上,在基本维护系统性与连贯性的原则上,对内容体系做了适当调整,以适宜高等院校的使用.本教材突出的特点:首先是在加强应用能力的培养上下了工夫,增加了不少实用的数学方法和颇为有趣的应用实例和习题,体现“以应用为目的”的编写原则和“教、学、做一体化”的教学模式.其次,本教材教学内容与课程思政密切配合,恰当使用会使课程增色.另外,与传统教材相比,不少地方的面貌有了较大的变化.每章开始有“学习目标”,结束有“本章小结”及“阅读材料”.对于数学概念和理论,尽量从实际问题引入,并从几何与数值方面进行分析.对于定理的推导尽可能简捷,对于计算着重于方法和规律的介绍.

本教材立足于学校的特点、专业的需要,合理地组织安排教学内容,力求恰当地处理知识传授与素质教育的关系.

本教材是一本有特色的很好的高等数学教材.

郑州大学数学与统计学院 李梦如

2022年11月

前言

微积分是近代数学中最伟大的成就.由于它在各个领域的广泛应用,以微积分为主要内容的高等数学成为大学中最重要的基础课程之一.它不仅为后续课程和科技工作提供了必备的数学工具,而且对学生科学素质的形成和分析解决问题能力的培养产生了重要而深远的影响.但是在高等数学教学中,多年来存在着偏重向学生传授微积分的概念、理论、运算规则和技巧,忽略微积分的数学思想、方法及其与实际紧密联系的现象,不够注重该课程在学生的素质与能力的培养方面的积极作用.

为满足21世纪我国高等教育大力发展的需要,我们根据教育部高等数学课程教学基本要求,在高等院校数学教师多年教学改革实践的基础上,研究、剖析、对比国内外一批教材和资料,组织具有高等院校教学经验的老师,经过反复研讨,集体编写了这本教材.本教材是高等院校参编者集思广益和通力合作的成果.本教材以"联系实际,注重应用,淡化理论,提高素质"为特色,充分体现了"以应用为目的,以必需够用为度"的编写原则,在内容编排上,紧密衔接初等数学,从特殊到一般,从具体到抽象,注意概念、定理用几何意义、物理意义和实际背景诠释,深入浅出,论证简明,易于教,便于学.归纳起来,本教材有以下特点:

1.从实际问题出发,引入数学概念和理论,让学生体会到微积分来源于实际,又能指导实际.在教材中我们尽量从不同方面给出实际例子并加入简单的数学模型,让学生初步体会到微积分与现实世界中的客观现象有密切联系.

2.在习题中也适当加大应用问题的比例,以便学生能尝试利用所学微积分知识来分析和解决一些简单的实际问题,提高学生应用数学知识解决实际问题的意识和能力.

3.在每一章设计了若干与一元微积分有关的数学模型,提高学生应用微积分解决实际问题的兴趣,再次体现"以应用为目的"的编写原则和"教、学、做一体化"的教学模式.

4.合理调整和安排教材中的概念与理论、方法与技巧和应用与实践这三部分内容,加强从几何和数值方面对数学概念的分析,从多方面培养学生的理性思维;增加用表格和图形表示的函数及其运算的介绍,注意克服偏重分析运算和运算技巧的倾向;加强实践环节,重视应用能力的培养.

5.本教材注意"简易性",尽量做到通俗易懂,由浅入深.

6.本教材适当融入课程思政,富于启发,便于自学.

总之,本教材力求恰当地处理归纳与演绎、数学的发现与知识的传授,加强理论分析与实际应用能力的培养之间的关系,以提高学生的综合分析能力和创新能力.

本教材内容覆盖面比较广,教师可根据不同专业特点进行取舍.

本教材分为上、下两册.上册内容为一元函数微积分,下册内容为常微分方程、空间解析几何、多元函数微分学、多元函数积分学和无穷级数.各册书末均附有初等数学常用公式、基本初等函数的图象与性质、高等数学常用公式、近年专升本高等数学考试真题、习题答案与提示.

本教材由陆宜清、林大志、徐香勤任主编,薛春明、张思胜、袁伯园、王茜任副主编.这些编写者都在高等院校任教多年,有着丰富的教学经验.全书框架结构安排、统稿、修改和定稿由河南省高等学校教学名师陆宜清教授承担.

在本教材的组织编写和出版过程中,得到了学校领导和相关专家的大力支持和帮助,以及郑州大学出版社崔青峰副总编、祁小冬编辑的热心帮助和指导,尤其是国家级教学名师郑州大学数学与统计学院李梦如教授在百忙之中为本书作了序,他们为本书的出版付出了辛勤的劳动,在此我们一并表示诚挚的谢意!

限于编者的水平,书中一定存在缺点和不足之处,敬请读者提出宝贵意见并批评指正.

编　者

2022 年 12 月

目 录

第一章　函数、极限与连续

数学是一种精神，一种理性的精神.正是这种精神，激发、促进、鼓舞并驱使人类的思维得以运用到最完善的程度，亦正是这种精神，试图决定性地影响人类的物质、道德和社会生活；试图回答有关人类自身存在提出的问题；努力去理解和控制自然；尽力去探求和确立已经获得知识的最深刻的和最完美的内涵.

——克莱因

【学习目标】

1.理解函数的概念及特性，会求函数的定义域.

2.了解函数的三种表示法及分段函数，掌握基本初等函数的图象与性质.

3.理解反函数、复合函数的概念，会求函数的反函数，掌握复合函数的复合和分解.

4.了解初等函数的概念，对简单的实际问题，会建立相应的函数关系.

5.理解数列、函数极限的概念和性质，掌握函数极限的运算法则.

6.了解函数左、右极限的概念及其与函数极限的关系.

7.了解两个重要极限，会用两个重要极限求极限.

8.了解无穷小、无穷大的概念及无穷小与无穷大的关系，掌握无穷小的比较.

9.理解函数连续和间断的概念，会判断间断点的类型.

10.了解初等函数的连续性，掌握闭区间上连续函数的性质(最值定理、介值定理).

初等数学的研究对象主要是常量，而高等数学的研究对象主要是变量.变量之间的相互依赖关系，就是我们所说的函数关系.函数是将实际问题数学化的基本工具；而极限是高等数学中最重要的概念之一，用以描述变量的变化趋势；极限的思想方法是高等数学中最重要的一种思想方法，极限理论贯穿于高等数学的全过程；连续是函数的一个重要性态.

本章我们将介绍函数、极限和函数连续性的基本概念，极限的运算以及它们的一些性质，这些知识是以后各章节的基础.

第一节　函数的概念

一、函数的概念

1.函数的概念

在工程技术、生产实践、自然现象以及人们的日常生活中,遇到的变量往往不止一个,并且这些变量之间存在着某种相互依赖的关系,且服从着一定的变化规律.为了揭示这些变量之间的联系以及它们之间所服从的规律,我们先来考察下面几个例子(以两个变量为例).

引例 1.1　空调普快列车的票价和里程之间的关系如表 1.1 所示(截取其中一部分).

表 1.1　空调普快列车的票价和里程之间的关系

里程/km	…	81~90	91~100	101~110	111~120	121~130	131~140	141~150	…
票价/元	…	12	13	14	16	17	18	20	…

从上表可以看出,里程和票价之间存在着确定的对应关系,每给出一个里程,通过上表都可以找到唯一的一个票价与其对应,这一表格反映了空调普快列车的票价与里程之间的关系.

引例 1.2　某气象观测站的气温自动记录仪记录了某一昼夜气温 T 与时刻 t 之间的变化曲线,如图 1.1 所示.

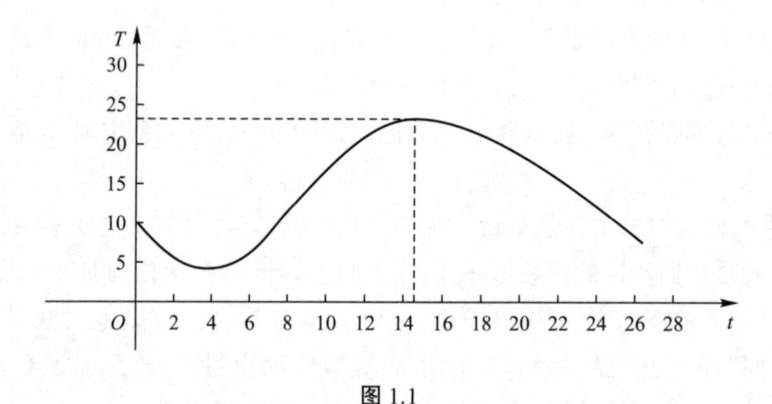

图 1.1

由图 1.1 可知,对于一昼夜内的每一时刻 t, 都有唯一确定的气温 T 与之对应,这个图象反映了一昼夜中气温与时刻之间的变化关系.

以上两个例子虽然涉及的问题各不相同,但它们都表达了两个变量之间的一种对应关系,当一个变量在它的变化范围内任取一个确定的数值时,另一个变量按照一定法则就有一

个确定的数值与之对应.把这种变量之间确定的依赖关系抽象出来,就是函数的概念.

定义 1.1　设 x 和 y 是某一变化过程中的两个变量, D 是一个给定的数集.如果对于 D 中的每一个 x, 按照某种对应法则 f, 都有唯一确定的数值 y 与之对应,则称 y **是** x **的函数**,记作 $y=f(x)$. x 称为**自变量**, y 称为**因变量**,数集 D 称为**函数的定义域**.

当 x 在 D 中取某一定值 x_0 时,与其对应的 y 的值,称为**函数在点** x_0 **的函数值**,记作 $y|_{x=x_0}$ 或 $f(x_0)$. 当 x 取遍 D 中的所有值时,与之对应的所有函数值的全体组成的集合称为**函数的值域**,即 $M=\{y|y=f(x),x\in D\}$.

根据函数的定义,引例 1.1 中列车的票价是里程的函数,引例 1.2 中气温是时刻的函数.

对于函数的概念应注意以下几点:

(1)函数的概念中包含五个要素,即自变量、因变量、定义域、值域和对应法则,但是确定函数的关键要素是定义域和对应法则.因此,对于两个函数来说,当且仅当它们的定义域和对应法则都相同时,这两个函数才是同一个函数,与自变量及因变量用什么字母表示没有关系.

(2)关于函数定义域的确定可分为两种情况:对于实际问题,函数的定义域是根据问题的实际意义确定的,如引例 1.1、引例 1.2;未标明实际意义的函数,其定义域是使函数表达式有意义的自变量的取值范围,例如,函数 $y=\sqrt{1-x^2}$ 的定义域是 $[-1,1]$.

(3)我们给出的函数定义只有一个自变量,因此称为**一元函数**,并且对于自变量 x 在定义域内的每一个值,因变量 y 总有唯一确定的值与其对应,这样的函数称为**单值函数**.以后,在没有特别说明的情况下,我们讨论的函数均为一元单值函数.

(4)函数的表示方法常用的有三种,即:解析法、表格法(引例 1.1)和图象法(引例 1.2).

例 1.1　求下列函数的定义域:

(1) $y=\dfrac{1}{x^2-3x-4}$;　　　　(2) $y=\sqrt{3-x}+\log_2(x-1)$.

解　(1)要使函数表达式有意义,分母不能为零.

令 $x^2-3x-4\neq 0$,得 $x_1\neq -1$ 且 $x_2\neq 4$,所以函数的定义域为

$$D=(-\infty,-1)\cup(-1,4)\cup(4,+\infty).$$

(2)要使函数表达式有意义, x 必须满足 $\begin{cases}3-x\geqslant 0,\\ x-1>0.\end{cases}$

解不等式组,得 $1<x\leqslant 3$,所以函数的定义域为 $D=(1,3]$.

例 1.2　下列各对函数是否相同? 为什么?

(1) $f(x)=\ln x^2, g(x)=2\ln x$;

(2) $f(x)=\sqrt{1-\sin^2 x}, g(x)=\cos x$;

(3) $f(x)=\sqrt{x^2}, g(x)=|x|$.

解　(1)不相同.因为函数的定义域不同,前者的定义域是 $x\neq 0$,而后者的定义域是 $x>0$.

(2)不相同.因为函数的对应法则不同，$\sqrt{1-\sin^2 x} = |\cos x| = \pm\cos x$.

(3)相同.因为函数的定义域和对应法则均相同.

例 1.3 一汽车租赁公司出租某种汽车的收费标准为:每天的基本租金 180 元,另每千米收费 12 元.

(1)写出租用这种汽车一天的租车费(元)与行程(单位:千米)之间的函数关系;

(2)若某人租用这种汽车一天交了 600 元租车费,问:他行驶了多少千米?

解 (1)设一天的租车费用为 y 元,行程为 x km,则 $y = 180 + 12x$.

(2)令 $y = 600$,解得 $x = 35$.

即若某人租用这种汽车一天交了 600 元租车费,他行驶了 35 km.

例 1.4 生物学中在稳定的理想状态下,细菌的繁殖按指数模型 $Q(t) = ae^{kt}$ 增长,其中 $Q(t)$ 表示 t min 后的细菌数量.假设在这种稳定的理想状态下,开始时有 1 000 个细菌,且 20 min后增加到 3 000 个,试问:1 h 后将有多少个细菌?

解 因为 $Q(0) = 1\,000$，所以 $a = 1\,000$，所以 $Q(t) = 1\,000e^{kt}$.

又 $t = 20$ 时，$Q = 3\,000$，有 $3\,000 = 1\,000e^{k\cdot 20}$，$e^{20k} = 3$.

$t = 60$ 时，$Q(60) = 1\,000e^{k\cdot 60} = 1\,000\,(e^{20k})^3 = 1\,000 \times 3^3 = 27\,000$.

因此,1 h 后将有 27 000 个细菌.

例 1.5 当自然资源和环境条件对种群增长起阻滞作用时,Logistic 曲线是描述种群增长相当准确的模型.设一农场的某种昆虫从现在开始 t 周后的数量为 $P(t) = \dfrac{20}{2+3e^{-0.06t}}$(万).试问:现在昆虫数量是多少? 50 周后,昆虫的数量又是多少?

解 现在昆虫的数量为 $P(0) = \dfrac{20}{2+3} = 4$(万);

50 周后,昆虫的数量是 $P(50) = \dfrac{20}{2+3e^{-0.06\times 50}} \approx 9.31$(万).

2.反函数

在函数关系中,自变量与因变量的划分往往是相对的,从不同的角度看同一过程,自变量和因变量可能会互相转换.

引例 1.3 自由落体运动规律 $h = \dfrac{1}{2}gt^2$ 中，t 是自变量，h 是因变量,由此可以算出经过时间 t 自由落体所下落的路程 h. 若已知物体下落的路程 h，求它所经过的时间 t，显然有 $t = \sqrt{\dfrac{2h}{g}}$，这时 h 是自变量，t 是 h 的函数.这里称函数 $t = \sqrt{\dfrac{2h}{g}}$ 为函数 $h = \dfrac{1}{2}gt^2$ 的反函数.两个函数反映了同一过程中两个变量之间的对应关系,我们称它们互为反函数.

定义 1.2　已知函数 $y=f(x)$，定义域为 D，值域为 M；若对于每一个 $y\in M$，通过 $y=f(x)$ 总有唯一的一个 $x\in D$ 与之对应，则称由此所确定的函数 $x=f^{-1}(y)$ 为 $y=f(x)$ 的**反函数**.同时把 $y=f(x)$ 称为**直接函数**.

习惯上，用 x 表示自变量，用 y 表示因变量，因此常常将 $y=f(x)$ 的反函数 $x=f^{-1}(y)$ 写成 $y=f^{-1}(x)$. $y=f(x)$ 与 $y=f^{-1}(x)$ 互为反函数，例如 $y=\sqrt[3]{x+1}$ 与 $y=x^3-1$ 互为反函数.

注意　(1)并不是所有的函数都有反函数，只有严格单调的函数才存在反函数.

例如，$y=x^2$ 在定义域内不存在反函数，因为对于任意 $y\in(0,+\infty)$，与之对应的有两个 x 的值.但如果限定自变量 x 的变化范围为 $[0,+\infty)$，则存在反函数 $y=\sqrt{x}$；如果限定自变量 x 的变化范围为 $(-\infty,0)$，则存在反函数 $y=-\sqrt{x}$.

又如，正弦函数 $y=\sin x$ 在区间 $\left[-\frac{\pi}{2},\frac{\pi}{2}\right]$ 上单调增加，于是在此定义域上可定义正弦函数的反函数为 $y=\arcsin x$.

(2)根据反函数的定义可知，直接函数的定义域是反函数的值域，直接函数的值域是反函数的定义域.

(3)直接函数 $y=f(x)$ 与其反函数 $y=f^{-1}(x)$ 的图象关于直线 $y=x$ 对称.

例 1.6　求下列函数的反函数：

(1) $y=1+\ln x$；　　　　(2) $y=\dfrac{x+1}{x-1}$.

解　(1)因为 $x=\mathrm{e}^{y-1}$，所以其反函数为 $y=\mathrm{e}^{x-1}$，$x\in(-\infty,+\infty)$.

(2)因为 $x=\dfrac{y+1}{y-1}$，所以其反函数为 $y=\dfrac{x+1}{x-1}$，$x\in(-\infty,1)\cup(1,+\infty)$.

3.分段函数

引例 1.4　当个人的月收入超出一定金额时，应向国家缴纳个人所得税，收入越高，征收的个人所得税的比例也越高.自 2018 年 10 月 1 日起个人月收入超过 5 000 元的部分为应纳税所得额(表 1.2 仅保留了原表中的前三级税率).

表 1.2　个人所得税税率表(综合所得适用)

级数	全月应纳税所得额	税率/%
1	不超过 3 000 元的部分	3
2	超过 3 000 元至 12 000 元的部分	10
3	超过 12 000 元至 25 000 元的部分	20

个人所得税一般在工资中直接扣除,若某单位所有员工的月收入都不超过30 000元,则月收入 x 与纳税金额 y 之间的函数关系为

$$y=\begin{cases}0,0\leqslant x\leqslant 5\,000,\\0.03\times(x-5\,000),5\,000<x\leqslant 8\,000,\\0.1\times(x-8\,000)+90,8\,000<x\leqslant 17\,000,\\0.2\times(x-17\,000)+990,17\,000<x\leqslant 30\,000.\end{cases}$$

该函数的定义域为$[0,30\,000]$,若某人的月收入为13 000元,则利用公式 $y=0.1\times(x-8\,000)+90$ 可求得其缴纳个人所得税税额为 $y|_{x=13\,000}=0.1\times 5\,000+90=590$(元).

在函数的定义域内,任给一个确定的 x 值,通过上述关系可以找到唯一确定的 y 值与之对应,因此 y 是 x 的函数.

从引例1.4中看到,有时一个函数要用几个式子表示.这种在自变量的不同变化范围内,对应法则用不同式子来表示的函数,通常称为分段函数.

定义1.3 若一个函数在自变量的不同变化范围内,对应法则不同,这样的函数叫作分段函数.

例如,绝对值函数 $y=|x|=\begin{cases}x,x\geqslant 0,\\-x,x<0,\end{cases}$ 取整函数 $y=[x]$(不超过 x 的最大整数),符号函数 $y=\operatorname{sgn}x=\begin{cases}1,x>0,\\0,x=0,\\-1,x<0\end{cases}$ 都是分段函数.

用几个式子来表示一个函数(不是几个函数!),不仅与函数定义不矛盾,而且有现实意义.在自然科学、工程技术以及日常生活中,经常会遇到分段函数的情形.

例1.7 写出如图1.2所示的矩形波函数 $f(x)$ 在一个周期$[-\pi,\pi]$上的函数表达式.

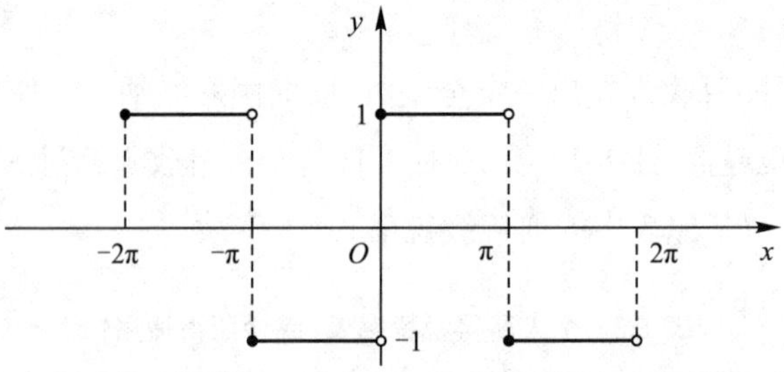

图1.2

解 $f(x)=\begin{cases}-1,-\pi\leqslant x<0,\\1,0\leqslant x<\pi,\\-1,x=\pi.\end{cases}$

二、函数的几种特性

1.有界性

定义 1.4　设函数 $f(x)$ 在区间 I 上有定义，如果存在一个常数 $M>0$，使得对于每一个 $x\in I$，都有 $|f(x)|\leqslant M$ 成立，则称函数 $f(x)$ 在区间 I 上**有界**，否则称函数 $f(x)$ 在区间 I 上**无界**.

例如，函数 $y=\sin x$ 在 $(-\infty,+\infty)$ 内是有界的；$y=\dfrac{1}{x}$ 在 $(0,1)$ 内是无界的；$y=x^2$ 在 $(-\infty,+\infty)$ 内有下界而无上界.

注意　(1)有的函数在它的定义域上无界，但在某个区间上有界.例如，函数 $y=\dfrac{1}{x}$ 在其定义域上无界，但它在区间 $(1,2)$ 内是有界的.因此，以后谈到函数的有界性时，要注意上下文所示的自变量的范围.

(2)定义 1.4 中的区间 I 不一定是函数的定义域，一般来讲是函数定义域的一个子集.若函数 $f(x)$ 在定义域内有界，则称函数为有界函数，否则称为无界函数.

从几何图形上看，若函数 $f(x)$ 在区间 I 上的图形介于与 x 轴平行的两条直线之间，那么函数在区间 I 上一定有界(见图 1.3)；若找不到两条与 x 轴平行的直线使得函数在 I 上的图形介于它们之间，那么函数在区间 I 上一定无界(见图 1.4).

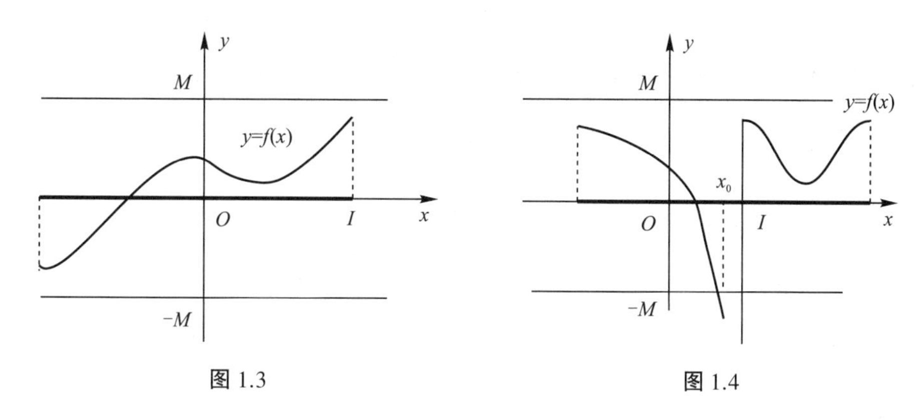

图 1.3　　图 1.4

2.单调性

定义 1.5　设函数 $f(x)$ 在区间 I 上有定义，任取 $x_1,x_2\in I$，当 $x_1<x_2$ 时，若恒有 $f(x_1)<f(x_2)$，则称函数 $f(x)$ 在 I 上是**单调增加**的；若恒有 $f(x_1)>f(x_2)$，则称函数 $f(x)$ 在 I 上是**单调减少**的.区间 I 叫作函数的**单调区间**.单调增加和单调减少的函数统称为**单调函数**.

从几何直观上看，单调增加的函数，其图形自左向右是上升的(见图 1.5)，单调减少的函数，其图形自左向右是下降的(见图 1.6).

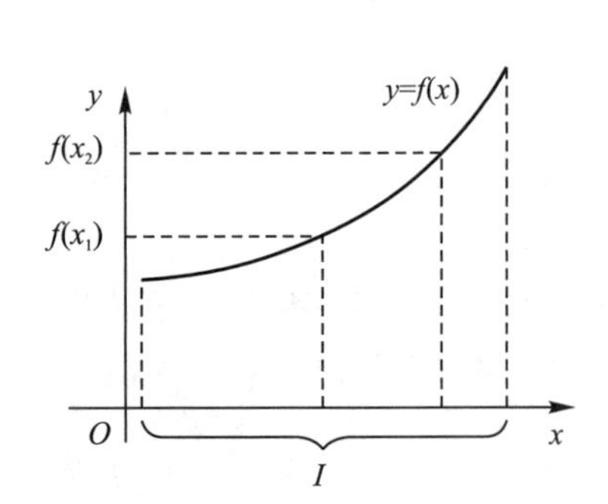

图 1.5

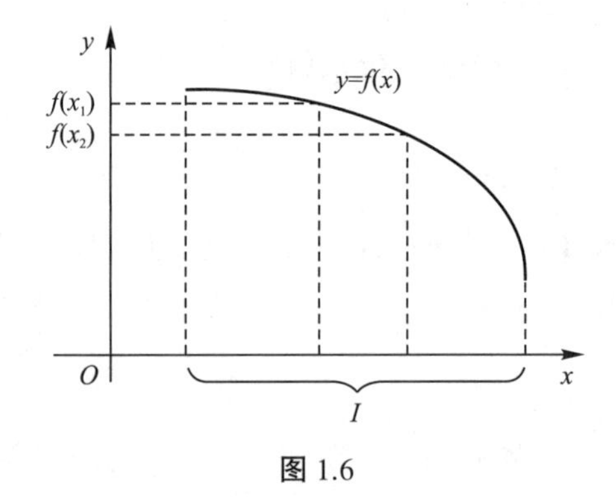

图 1.6

同样地,定义 1.5 中的区间是函数定义域的一个子集.若函数 $f(x)$ 在定义域内单调,则称函数为单调函数.

例如,函数 $y=x^2$ 在 $(0,+\infty)$ 内单调增加,在 $(-\infty,0)$ 内单调减少,但在定义域内不是单调函数.由此可见,函数的单调性还往往与一定的区间相关联.

3.奇偶性

定义 1.6 函数 $f(x)$ 是一给定的函数,其定义域 D 是关于原点对称的区间,如果对于每一个 $x\in D$, 都有 $f(-x)=-f(x)$ 成立,则称函数 $f(x)$ 为**奇函数**;如果对于每一个 $x\in D$, 都有 $f(-x)=f(x)$ 成立,则称函数 $f(x)$ 为**偶函数**.

既不是奇函数也不是偶函数的函数称为**非奇非偶函数**.

例如, $y=\sin x$ 是奇函数, $y=\sqrt{1-x^2}$ 是偶函数,而 $y=\dfrac{1-x}{1+x}$ 是非奇非偶函数.

从几何图形上看,奇函数的图形关于原点对称(见图 1.7),偶函数的图形关于 y 轴对称(见图 1.8).

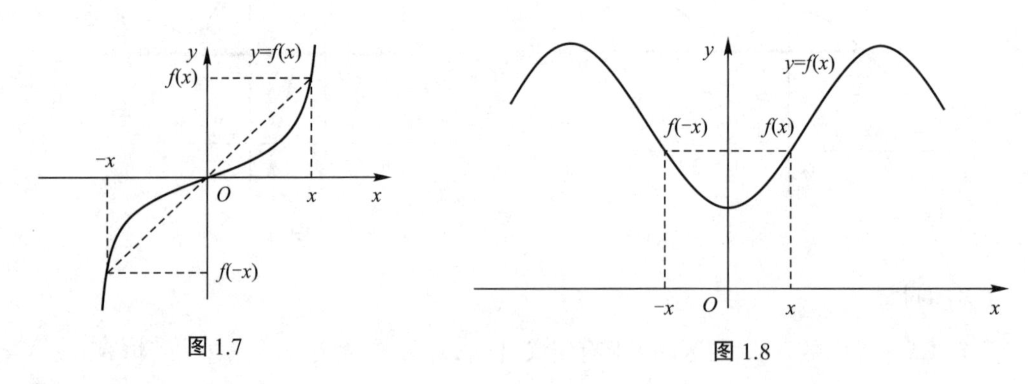

图 1.7　　图 1.8

4.周期性

定义 1.7 对于给定的函数 $f(x)$, 若存在非零常数 T, 使得对于其定义域内的任一 x, 都有 $f(x+T)=f(x)$ 成立,则称函数 $f(x)$ 为**周期函数**, T 为 $f(x)$ 的**周期**.

易见,若 T 是函数 $f(x)$ 的周期,则 $\pm nT(n\in\mathbf{N}_+)$ 也是 $f(x)$ 的周期,即若一个函数是周

期函数,则其周期不止一个.通常我们说周期函数的周期是指最小正周期.

例如,函数 $y=\sin x$,$y=\cos x$ 都是以 2π 为周期的周期函数;函数 $y=\tan x$,$y=\cot x$ 都是以 π 为周期的周期函数.

例 1.8　设函数 $f(x)$ 是以 T 为周期的周期函数,试证明函数 $f(ax+b)$ 是以 $\frac{T}{a}$ 为周期的周期函数,其中 a,b 为常数,且 $a>0$.

证明　因为 $f(x)$ 以 T 为周期,所以 $f\left[a\left(x+\frac{T}{a}\right)+b\right]=f(ax+b+T)=f(ax+b)$.

由周期函数的定义,$f(ax+b)$ 是以 $\frac{T}{a}$ 为周期的周期函数.

例 1.8 的结论是用来求函数周期的一个极为有用的公式.例如,$y=\sin(x-3)$ 是周期为 2π 的周期函数;$y=\tan\frac{x}{2}$ 是周期为 2π 的周期函数.

周期函数的图形可以通过其在一个周期上的图象延拓而得到(见图 1.9).

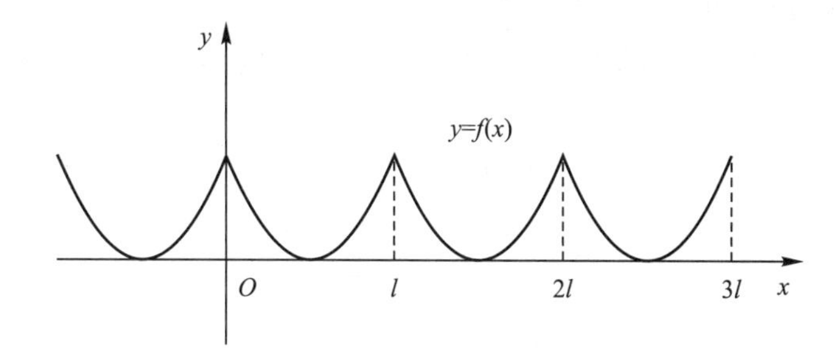

图 1.9

三、初等函数

1.基本初等函数

以下几类函数统称为**基本初等函数**.

(1)常量函数:$y=C$,这里 C 为一给定的常数.

(2)幂函数:$y=x^{\mu}$,这里 μ 是一给定的常数,且 $\mu\neq 0$.

(3)指数函数:$y=a^{x}$,这里 a 是一给定的常数,且 $a>0,a\neq 1$.

(4)对数函数:$y=\log_{a}x$,这里 a 是一给定的常数,且 $a>0,a\neq 1$.当 $a=10$ 时,为常用对数函数,记为 $y=\lg x$;当 $a=\mathrm{e}(\mathrm{e}=2.718\,28\cdots)$ 时,为自然对数函数,记为 $y=\ln x$.

(5)三角函数:包括正弦函数 $y=\sin x$,余弦函数 $y=\cos x$,正切函数 $y=\tan x=\frac{\sin x}{\cos x}$,余切函数 $y=\cot x=\frac{\cos x}{\sin x}$,正割函数 $y=\sec x=\frac{1}{\cos x}$,余割函数 $y=\csc x=\frac{1}{\sin x}$.

(6)反三角函数:包括反正弦函数 $y=\arcsin x$(正弦函数 $y=\sin x$ 在 $\left[-\frac{\pi}{2},\frac{\pi}{2}\right]$ 上的反函数);反余弦函数 $y=\arccos x$(余弦函数 $y=\cos x$ 在 $[0,\pi]$ 上的反函数);反正切函数 $y=\arctan x$(正切函数 $y=\tan x$ 在 $\left(-\frac{\pi}{2},\frac{\pi}{2}\right)$ 上的反函数);反余切函数 $y=\text{arccot}\, x$(余切函数 $y=\cot x$ 在 $(0,\pi)$ 上的反函数).

这里指数函数与对数函数(同底)互为反函数,每个反三角函数是相应三角函数在一个单调区间上的反函数.

2.复合函数

在有些实际问题中,两个变量之间的联系有时不是直接的,而是通过另一个变量联系起来的.

引例 1.5 某汽车每千米油耗为 a 升,行驶速度为 v 千米/时.汽车行驶里程 s 是其行驶时间 t 的函数:$s=vt$,而汽车的油耗量 y 又是其行驶里程 s 的函数:$y=as$.于是,汽车的油耗量 y 与汽车行驶时间 t 之间就建立了函数关系:$y=avt$.

这里函数 $y=avt$ 是由 $y=as$ 与 $s=vt$ 复合而成的函数,称其为 $y=as$ 与 $s=vt$ 的复合函数.

定义 1.8 设函数 $y=f(u)$ 的定义域为 D,$u=\varphi(x)$ 的值域为 M,若 $D\cap M$ 非空,则 y 通过 u 的联系也是 x 的函数 $y=f[\varphi(x)]$,称此函数为 $y=f(u)$ 与 $u=\varphi(x)$ 复合而成的**复合函数**,其中 u 为**中间变量**.

我们知道,交流电流可用函数 $y=A\sin(\omega t+\varphi)$ 来表示,它不是一个基本初等函数,但它可以看作是由两个较简单的函数 $y=A\sin u, u=\omega t+\varphi$ 复合得到的.

对复合函数概念的几点说明:

(1)一般来讲,复合函数 $y=f[\varphi(x)]$ 的定义域不是函数 $u=\varphi(x)$ 的定义域 D_u,而是 D_u 的一个子集.

例如,$y=\sin u, u=\sqrt{x}$ 复合而成的函数为 $y=\sin\sqrt{x}$,其定义域为 $[0,+\infty)$,它也是 $u=\sqrt{x}$ 的定义域.又如,由 $y=\sqrt{u}$ 与 $u=1-x^2$ 复合而成的函数 $y=\sqrt{1-x^2}$,其定义域是 $[-1,1]$,它是函数 $u=1-x^2$ 的定义域 $(-\infty,+\infty)$ 的一部分.

(2)中间变量可以不止一个.也就是说,复合函数也可以由两个以上的函数经过复合构成.

例如,函数 $y=e^u, u=\sin v, v=\frac{1}{x}$ 复合而成的函数为 $y=e^{\sin\frac{1}{x}}$,这里有两个中间变量.

(3)并不是任意两个函数都能进行复合,两个函数能进行复合的条件是 $u=\varphi(x)$ 的值域 M 与函数 $y=f(u)$ 的定义域 D 的交集不是空集.

例如,函数 $y=\arcsin u$ 与 $u=x^2+3$ 就不能进行复合.

例 1.9　设$f(x)=\dfrac{1}{1-x}$，求$f[f(x)]$，$f\{f[f(x)]\}$.

解　$f[f(x)]=\dfrac{1}{1-f(x)}=\dfrac{1}{1-\dfrac{1}{1-x}}=\dfrac{x-1}{x}$.

$$f\{f[f(x)]\}=\dfrac{1}{1-f[f(x)]}=\dfrac{1}{1-\dfrac{x-1}{x}}=x.$$

例 1.10　将下列复合函数进行分解：

(1) $y=\sqrt{\ln(1+x^2)}$；　　(2) $y=\cos^2(x^3-1)$.

解　将复合函数进行分解是分成若干个简单的函数，简单函数是指基本初等函数以及基本初等函数与常数进行四则运算的结果.

(1) $y=\sqrt{u}$，$u=\ln v$，$v=1+x^2$.

(2) $y=u^2$，$u=\cos v$，$v=x^3-1$.

说明　复合函数的分解与复合是相反的两个方向，把几个能够进行复合的函数进行复合，就是依次代入，也就是由内向外；把一个函数进行分解，就是引入一些中间变量，把函数分解为几个简单的函数，引入中间变量是由外向内.

要能熟练地把一个复合函数分解为若干个简单的函数，这是日后函数求导的关键.

3.初等函数

定义 1.9　由基本初等函数经过有限次四则运算与有限次函数复合构成的，并可以用一个式子表示的函数称为**初等函数**.

例如，$y=\ln(\sin x)+x^2$，$y=e^{\sqrt{\arctan x}}+\cos x$都是初等函数.

分段函数一般不是初等函数，但也有例外.例如，分段函数$y=|x|$就是初等函数，因为$y=|x|=\sqrt{x^2}$可以看作是由$y=\sqrt{u}$，$u=x^2$复合而成的，符合初等函数的定义.

判断一个函数是否为初等函数，应根据初等函数的定义进行.初等函数是我们以后讨论的主要对象.

函数概念中蕴含着“变化与不变”“运动与静止”“局部与整体”“独立与联系”等众多对立统一的辩证思想.因此，函数概念在发展人的辩证思维能力方面及提高人的整体素质方面有巨大的潜在精神价值.

四、建立函数关系

在用数学方法解决实际问题时，常需建立变量之间的函数关系式.这时要先分清所研究的量是该系统的常量还是变量，分析变量之间的相依关系，再用适当的数学表达式描述这些关系，得到要求的函数关系式.

例 1.11　要设计一个容积 $V=20\pi\ \mathrm{m}^3$ 的有盖圆柱形储油桶,已知上盖单位面积的造价是侧面的一半,而侧面单位面积的造价又是底面的一半.设上盖的单位面积的造价为 a 元/m^2,试将油桶的总造价 y 表示为油桶半径 r 的函数.

解　设油桶半径为 r m,则底面面积为 $\pi r^2\ \mathrm{m}^2$,于是桶高应为

$$h=\frac{V}{\pi r^2}=\frac{20}{r^2}\ (\mathrm{m}).$$

由题意,油桶的上盖的造价为 πar^2 元,侧面的造价为 $2\pi rh\cdot 2a=\frac{80\pi a}{r}$ 元,底面的造价为 $4\pi ar^2$ 元,故总造价为

$$y=\pi ar^2+\frac{80\pi a}{r}+4\pi ar^2=5\pi ar^2+\frac{80\pi a}{r}\ (元).$$

例 1.12　设列车从甲站启动,以 0.5 km/min^2 的加速度匀加速前进,经过 2 min 后,开始匀速行驶,再经过 7 min 以后,以−0.5 km/min^2 的加速度匀减速到达乙站停车.试求列车在这段时间内行驶的路程 s (km)与时间 t (min)的函数关系式.

解　当 $0\leqslant t\leqslant 2$ 时,加速度 $a_1=0.5$ km/min^2, $s=\frac{1}{2}a_1t^2=\frac{1}{2}\times 0.5t^2=0.25t^2$;

当 $2<t\leqslant 9$ 时,速度 $v=a_1t=0.5\times 2=1$ km/min, $s=0.25\times 2^2+1\times(t-2)=t-1$;

当 $9<t\leqslant 11$ 时,速度 $v=1$ km/min,加速度 $a_2=-0.5$ km/min^2, $s=1\times 9-1+1\times(t-9)+\frac{1}{2}\times 0.5(t-9)^2=8+(t-9)-0.25(t-9)^2=-0.25t^2+5.5t-21.25$.

故所求函数关系式为 $s=\begin{cases}0.25t^2, 0\leqslant t\leqslant 2,\\ t-1, 2<t\leqslant 9,\\ -0.25t^2+5.5t-21.25, 9<t\leqslant 11.\end{cases}$

练习题 1.1

1.填空题.

(1)函数 $y=\frac{3}{x^2-4x}$ 的定义域是________________;

(2)函数 $y=\ln\frac{x-2}{3-x}$ 的定义域是________________;

(3)函数 $y=\sqrt{x^2-4}$ 的定义域是________________;

(4)函数 $y=\frac{1}{\sqrt{3-x}}+\arcsin\frac{1-x}{3}$ 的定义域是________________;

(5)已知 $f(x+1)=x^2-3x$, 则 $f(x)=$____________, $f(x-1)=$____________;

(6)函数 $y=\sqrt{x^2+2}\,(x\geqslant 0)$ 的反函数是________;

(7)函数 $y=3^x-1$ 的反函数是________.

2.选择题.

(1)下列各组函数,表示同一函数的是(　　);

A. $f(x)=\dfrac{x}{x}, g(x)=1$　　B. $f(x)=\dfrac{1}{2}\lg x^2, g(x)=\lg x$

C. $f(x)=\sqrt[3]{x^4-x^3}, g(x)=x\sqrt[3]{x-1}$　　D. $f(x)=\dfrac{x^2-1}{x-1}, g(x)=x+1$

(2)下列各组函数,表示同一函数的是(　　);

A. $f(x)=\dfrac{1}{\cot x}, g(x)=\tan x$　　B. $f(x)=\dfrac{x^2-4}{x-2}, g(x)=x+2$

C. $f(x)=\sqrt{(x-1)^2}, g(x)=x-1$　　D. $f(x)=\sin^2 x+\cos^2 x, g(x)=1$

(3)设函数 $f(x)$ 在 $(-\infty,+\infty)$ 上有定义,则下列函数是奇函数的是(　　);

A. $f(\cos x)$　　B. $f(|\sin x|)$

C. $xf(|x|)$　　D. $-f(-x)$

(4)设函数 $f(x)$ 在 $(-\infty,+\infty)$ 上有定义,则下列函数是偶函数的是(　　).

A. $xf(|x|)$　　B. $x[f(x)-f(-x)]$

C. $-|f(x)|$　　D. $x[f(x)+f(-x)]$

3.判断下列函数的奇偶性:

(1) $f(x)=\dfrac{x-\sin x}{x\cos x}$;　　(2) $f(x)=\ln(\sqrt{x^2+1}+x)$;

(3) $f(x)=x(x-1)(x+1)$;　　(4) $f(x)=\dfrac{a^x+a^{-x}}{2}$.

4.判断下列函数在指定区间内是否有界:

(1) $y=x^3, (-\infty,+\infty), (-1,1]$;　　(2) $y=\dfrac{2}{x-1}, (1,2), (2,+\infty)$.

5.将下列复合函数进行分解:

(1) $y=\sin(3x+2)$;　　(2) $y=\cos^3(2x-1)$;

(3) $y=\ln\sqrt{\cos x}$;　　(4) $y=e^{\tan 2x}$.

6.设 $f(x)=\begin{cases}1, & |x|<1,\\ 0, & |x|=1,\\ -1, & |x|>1,\end{cases}$ $g(x)=e^x$, 求 $f[g(x)], g[f(x)]$.

7.在半径为 R 的球内嵌入一圆柱,试将圆柱的体积 V 表示为高 h 的函数,并说明定义域.

8.火车站收取行李费的规定如下:当行李不超过 50 kg 时,按基本运费计算,如从郑州到

某地按 0.15 元/kg 收费;当超过 50 kg 时,超重部分按 0.25 元/kg 收费.试求郑州到该地的行李费 y (元)与重量 x (kg)之间的函数关系式,并画出这个函数的图象.

9.某公司销售某种商品,规定:购买 3 kg 及以下时,每千克 10 元;超过 3 kg 时,超过的部分七折.试写出应付款 y 与购买量 x 之间的函数关系式,并求出购买 10 kg 商品所需的款数.

10.某城市的行政管理当局,在保证居民正常用水需要的前提下,为了节约用水,制定了如下收费方法:每户居民每月用水量不超过 4.5 t,水费按 2.4 元/t 计算;超过部分每吨以 2 倍价格收费.试建立每月用水费用与用水量之间的函数关系式,并计算每月用水分别为 4 t、5 t、6 t 的费用.

第二节　极限的概念与性质

极限是高等数学中最基本的概念之一,极限理论是高等数学的理论基础,高等数学中的一些重要概念,如连续、导数、定积分等都是利用极限来定义的.因此掌握极限的思想与方法是学好高等数学的前提条件.本节先给出数列极限的概念,然后再讨论函数极限的概念和性质.

一、数列极限的概念

极限的概念是由于求某些实际问题的精确解答而产生的.例如,我国古代数学家刘徽提出圆内接正多边形来推算圆的面积的方法——割圆术,这是极限思想在几何学上的应用.

设有一圆,首先作内接正六边形,把它的面积记为 A_1; 再作内接正十二边形,其面积记为 A_2; 再作内接正二十四边形,其面积记为 A_3; 如此下去,每次边数加倍,一般地,把内接 $6 \times 2^{n-1}$ 正边形的面积记为 $A_n(n \in \mathbf{N}_+)$. 这样,就得到一系列内接正多边形的面积:

$$A_1, A_2, A_3, \cdots, A_n, \cdots,$$

它们构成一列有次序的数.当 n 越大,内接正多边形的面积与圆的面积的差别就越小,从而以 A_n 作为圆面积的近似值也越精确.但是无论 n 取得如何大,只要 n 取定了, A_n 终究只是多边形的面积,而不是圆的面积.因此,设想 n 无限增大(记为 $n \to +\infty$, 读作 n 趋于正无穷大),即内接正多边形的边数无限增加,在这个过程中,内接正多边形无限接近于圆,同时 A_n 也无限接近于某一确定的数值,这个确定的数值就理解为圆的面积.这个确定的数值在数学上称为上面这列有次序的数(所谓数列) $A_1, A_2, A_3, \cdots, A_n, \cdots$ 当 $n \to +\infty$ 时的极限.可以看到,正是这个数列的极限才精确地表达了圆的面积.

下面对数列极限进行一般性的讨论,先定义数列的概念.

定义 1.10　如果按照某一法则,对每个 $n \in \mathbf{N}_+$, 对应着一个确定的实数 x_n, 这些实数 x_n 按照下标 n 从小到大排列得到的一个序列 $x_1, x_2, x_3, \cdots, x_n, \cdots$ 就叫作**数列**,简记为 $\{x_n\}$.

数列中的每一个数叫作数列的项,第 n 项 x_n 叫作数列的**一般项**(或**通项**).例如:

(1) $1,\frac{1}{2},\frac{1}{3},\cdots,\frac{1}{n},\cdots$;

(2) $2,4,8,\cdots,2^n,\cdots$;

(3) $1,-1,1,\cdots,(-1)^{n+1},\cdots$;

(4) $2,\frac{1}{2},\frac{4}{3},\cdots,\frac{n+(-1)^{n-1}}{n},\cdots$

都是数列的例子,它们的一般项依次为 $\frac{1}{n},2^n,(-1)^{n+1},\frac{n+(-1)^{n-1}}{n}$.

在几何上,数列 $\{x_n\}$ 可以看作数轴上的一个动点,它依次取数轴上的点 $x_1,x_2,x_3,\cdots,x_n,\cdots$.

按照函数的定义,数列 $\{x_n\}$ 可以看作自变量取正整数 n 的函数:$x_n=f(n),n\in\mathbf{N}_+$. 它的定义域是正整数集.当自变量 n 依次取正整数 $1,2,3,\cdots$时,对应的函数值就排列成数列 $\{x_n\}$.

关于数列,我们关心的主要问题是:当 n 无限增大时,x_n 的变化趋势是怎样的?特别地,x_n 是否无限地接近于某个常数?

容易看到,在上面的四个数列中,当 n 无限增大时,数列(1)的一般项 $x_n=\frac{1}{n}$ 无限接近于0;类似地,数列(4)的一般项 $x_n=\frac{n+(-1)^{n-1}}{n}=1+\frac{(-1)^{n-1}}{n}$ 无限接近于常数1.但是,数列(2),(3)的情况则不同.数列(2)的一般项 $x_n=2^n$,当 $n\to+\infty$ 时,x_n 的值无限增大,并不接近于任何一个常数.数列(3)的一般项 $x_n=(-1)^{n+1}$,在 $n\to+\infty$ 的过程中,x_n 始终交替地取得数值1和-1,并不接近于某个确定的常数.因此我们说,数列(1)和(4)“有极限”,而数列(2)和(3)“没有极限”.一般地,有如下的定义:

定义 1.11　对于数列 $x_1,x_2,x_3,\cdots,x_n,\cdots$,如果当 n 无限增大时,x_n 无限接近于某个确定的常数 a,那么就称 a 是数列 $\{x_n\}$ 的**极限**,或称数列 $\{x_n\}$ 收敛于 a,记作

$$\lim_{n\to+\infty}x_n=a \text{ 或 } x_n\to a(n\to+\infty).$$

如果这样的常数不存在,就说数列 $\{x_n\}$ 没有极限,或称数列 $\{x_n\}$ **发散**(习惯上也常表达为“$\lim\limits_{n\to+\infty}x_n$ 不存在”).

按照此定义,在前面的四个数列中,我们有 $\lim\limits_{n\to+\infty}\frac{1}{n}=0$,$\lim\limits_{n\to+\infty}\frac{n+(-1)^{n-1}}{n}=1$,而 $\lim\limits_{n\to+\infty}2^n$ 和 $\lim\limits_{n\to+\infty}(-1)^{n+1}$ 均不存在.

数列极限 $\lim\limits_{n\to+\infty}x_n=a$ 这个符号诠释的是永远运动、无限接近的过程.其中的极限值 a 就如同我们最初的理想,x_n 就代表为此目标所做的不懈努力和奋斗,即不忘初心、砥砺前行,精益求精,无限接近,方得始终,从而鼓励我们在平时的学习和生活中面对大大小小的人生目标一定要坚持不懈,直到达到目标为止.

二、函数极限的概念

实际问题除了要解决数列的极限外,还常常要解决函数在自变量的某个变化过程中,对应的函数值是否趋近于某个常数的问题.

函数 $y=f(x)$ 的自变量 x 有多种变化过程,通常自变量 x 的变化趋势有两种情形:一种是 x 的绝对值无限增大,也就是点 x 沿数轴的正向、负向无限远离原点;另一种是 x 无限接近有限值 x_0, 也就是点 x 从数轴上点 x_0 的左右两侧无限接近于 x_0.

在研究函数 $y=f(x)$ 的极限问题时,为便于叙述,我们规定:

$x\to\infty$ 表示 $|x|$ 无限增大(读作: x 趋于无穷大);

$x\to-\infty$ 表示 x 取负值且绝对值无限增大(读作: x 趋于负无穷大);

$x\to+\infty$ 表示 x 取正值且绝对值无限增大(读作: x 趋于正无穷大);

$x\to x_0$ 表示 x 从 x_0 的左右两侧无限接近于 x_0(读作: x 趋于 x_0);

$x\to x_0^+$ 表示 x 从 x_0 的右侧无限接近于 x_0;

$x\to x_0^-$ 表示 x 从 x_0 的左侧无限接近于 x_0.

下面就各种不同情形分别讨论函数的极限.

1.当 $x\to\infty$ 时,函数 $f(x)$ 的极限

自变量趋于无穷大时函数的极限,直观地说,就是讨论当 x 沿 x 轴无限远离原点时,对应的函数值 $f(x)$ 的变化趋势问题.

引例 1.6 对函数 $f(x)=\dfrac{1+x}{x}$, 考察当 $x\to\infty$ 时, $f(x)$ 的变化趋势.

从图 1.10 可以看出,当 $|x|$ 无限增大时, $f(x)$ 的值与常数 1 无限接近,所以 $f(x)=\dfrac{1+x}{x}\to1(x\to\infty)$.

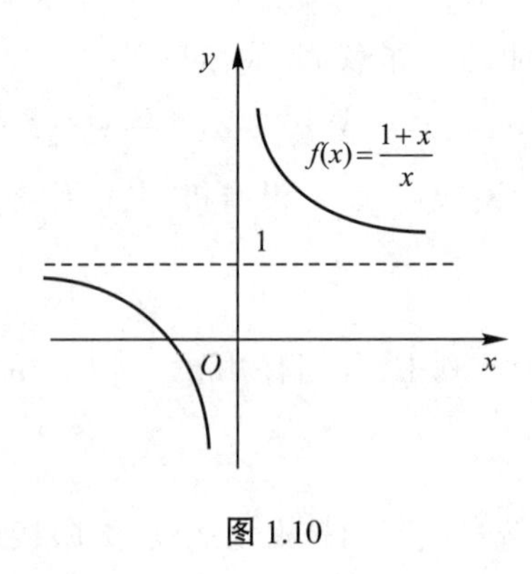

图 1.10

引例 1.7 已知冰块在熔化过程中温度 T 与时间 t 之间的函数关系为 $T=f(t)$. 在一间室温恒为 21 ℃的房间里,放置一盆冰块,随着时间的变化,冰块逐渐熔化,熔化后的冰水的温度越来越接近于 21 ℃.

上面两个实例的共同点是：当自变量逐渐增大时，相应的函数值无限接近于一个确定的常数.

定义 1.12　设函数 $y=f(x)$ 在 $|x|>M$(M 为某个正常数)时有定义，如果当自变量 x 的绝对值无限增大时，对应的函数值无限地接近于一个常数 A，则称 A 为**函数 $f(x)$ 当 $x\to\infty$ 时的极限**，记作

$$\lim_{x\to\infty}f(x)=A \text{ 或 } f(x)\to A(x\to\infty).$$

根据定义 1.12 可以得到下列式子是成立的：

$$\lim_{x\to\infty}\frac{1}{x}=0;\lim_{x\to\infty}C=C(C\text{ 为常数}).$$

在上述定义中，$|x|$ 无限增大包含两种情形，即 x 取正值且绝对值无限增大($x\to+\infty$)和 x 取负值且绝对值无限增大($x\to-\infty$).

定义 1.13　如果当 $x\to+\infty$ (或 $x\to-\infty$)时，函数 $f(x)$ 的值与一个常数 A 无限接近，则称 A 为**函数 $f(x)$ 当 $x\to+\infty$ (或 $x\to-\infty$)时的极限**，记作

$$\lim_{x\to+\infty}f(x)=A\ (\text{或} \lim_{x\to-\infty}f(x)=A\ )$$

或 $f(x)\to A(x\to+\infty)$ [或 $f(x)\to A(x\to-\infty)$].

记号“$x\to\infty$”要求 x 无限增大，此时 x 在数轴上有两个完全不同的变化方向.而当 x 沿数轴上以不同的方向趋于∞时，函数 $f(x)$ 的相应变化趋势可能不一样.

例如，从图 1.11 很明显地可以看到：

$$\lim_{x\to+\infty}\arctan x=\frac{\pi}{2},$$

$$\lim_{x\to-\infty}\arctan x=-\frac{\pi}{2}.$$

由上述分析可知，$\lim\limits_{x\to\infty}\arctan x$ 不存在.

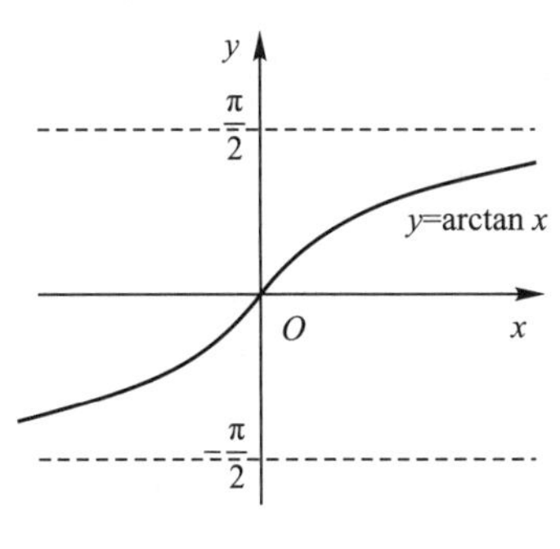

图 1.11

由于 $x\to\infty$ 包含了 $x\to+\infty$ 与 $x\to-\infty$ 两种情形，所以由定义可知，当 $x\to+\infty$、$x\to-\infty$ 时函数的极限与当 $x\to\infty$ 时函数的极限之间存在如下关系：

定理 1.1　$\lim\limits_{x\to\infty}f(x)=A$ 的充分必要条件是 $\lim\limits_{x\to+\infty}f(x)=\lim\limits_{x\to-\infty}f(x)=A$.

例 1.13　求 $\lim\limits_{x\to+\infty}e^x$，$\lim\limits_{x\to-\infty}e^x$，$\lim\limits_{x\to\infty}e^x$.

解　作函数 $y=e^x$ 的图象，如图 1.12 所示.从图形上可以看出：

$$\lim_{x\to+\infty}e^x=+\infty,$$

$$\lim_{x\to-\infty}e^x=0,$$

根据定理 1.1 知，$\lim\limits_{x\to\infty}e^x$ 不存在.

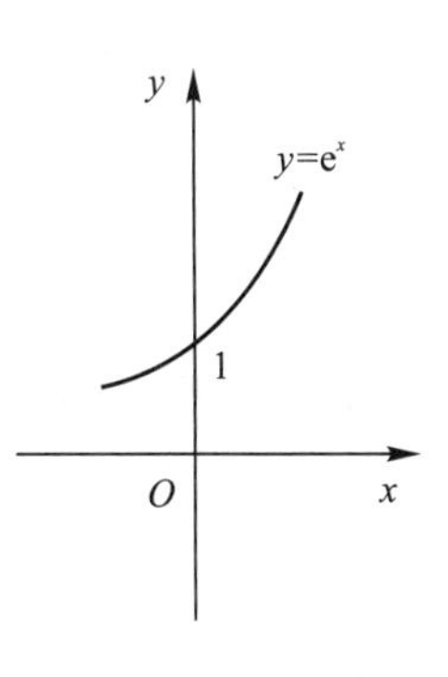

图 1.12

例 1.14　在一 RC 电路的充电过程中，电容器两端电压 $U(t)$ 与时间 t 之间的关系是 $U(t)=E(1-e^{-\frac{t}{RC}})$ (E,R,C 都是常数).讨论当 $t\to$

$+\infty$ 时,电压 $U(t)$ 的变化趋势.

解 根据指数函数 $y=e^x$ 的变化情况可知,当 $t\to+\infty$ 时 $e^{-\frac{t}{RC}}\to 0$.

所以当 $t\to+\infty$ 时,电压 $U(t)\to E$, 即当充电时间越来越长时,电容器两端的电压接近于一个常数(电源电压).

2.当 $x\to x_0$ 时,函数 $f(x)$ 的极限

为了讨论问题叙述的方便,我们引入邻域的概念.

定义 1.14 设 x_0 与 δ 是两个实数,且 $\delta>0$, 开区间 $(x_0-\delta,x_0+\delta)$ 称为**点 x_0 的 δ 邻域**, 记作 $U(x_0,\delta)$, 简记为 $U(x_0)$. 点 x_0 称为**邻域的中心**, δ 称为**邻域的半径**.

在 $U(x_0,\delta)$ 中除去 x_0 而得到的区间 $(x_0-\delta,x_0)\cup(x_0,x_0+\delta)$ 称为**点 x_0 的去心邻域**,记作 $\mathring{U}(x_0,\delta)$, 简记为 $\mathring{U}(x_0)$.

例如, $U(2,1)$ 表示开区间 $(1,3)$; $\mathring{U}(2,1)$ 则表示 $(1,2)\cup(2,3)$.

例 1.15 讨论函数 $f(x)=x+3$ 和 $f(x)=\dfrac{x^2-9}{x-3}$ 当 x 趋近于 3 时的变化趋势.

解 作出函数 $f(x)=x+3$ 和 $f(x)=\dfrac{x^2-9}{x-3}$ 的图象,分别如图 1.13 和图 1.14 所示.从图 1.13上观察可知,当 x 趋近于 3 时, $f(x)=x+3$ 无限接近于 6;观察图 1.14 可以看出,当 x 趋近于 3 时, $f(x)=\dfrac{x^2-9}{x-3}$ 也无限接近于 6.显然这两个函数是不相同的,这就是说,当 $x\to 3$ 时,函数的极限是否存在,与函数在该点是否有定义没有关系.

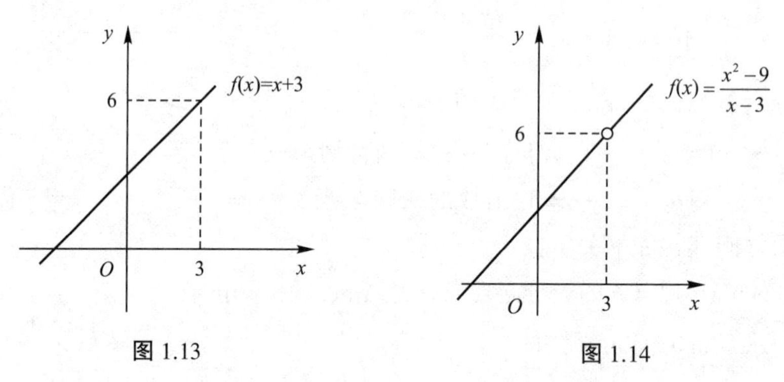

图 1.13　　图 1.14

定义 1.15 设函数 $f(x)$ 在点 x_0 的某去心邻域 $\mathring{U}(x_0,\delta)$ 内有定义,如果当自变量 x 在 $\mathring{U}(x_0,\delta)$ 内趋近于 x_0 时,函数 $f(x)$ 的值与某个常数 A 无限接近,则称 A 为**函数 $f(x)$ 当 $x\to x_0$ 时的极限**,记为 $\lim\limits_{x\to x_0}f(x)=A$ 或 $f(x)\to A(x\to x_0)$.

注意 (1)定义中的 δ 是一个比较小的正数,要求函数在 $\mathring{U}(x_0,\delta)$ 内有定义,意味着我们研究的只是 x 趋近于 x_0(但 $x\neq x_0$)时函数的变化趋势,不必考虑在 x_0 点函数是否有定义.

(2) $x \to x_0$ 包含了两种情形：x 从 x_0 的左侧趋近于 x_0 和 x 从 x_0 的右侧趋近于 x_0.

根据定义 1.15 可知,以下两个式子显然是成立的：

$$\lim_{x \to x_0} x = x_0 ; \lim_{x \to x_0} C = C \ (C \text{为常数}).$$

例 1.16　一人沿直线走向路灯,其终点是路灯下的一点,讨论其影子长度的变化问题.

解　根据生活常识知道,人距离目标越近,其影子长度越短,当人越来越接近终点时,其影子长度越来越短,并逐渐接近于 0.

3. 函数在点 x_0 的左、右极限

上述 $x \to x_0$ 时函数 $f(x)$ 的极限概念中, x 既从 x_0 的左侧也从 x_0 的右侧趋于 x_0.

在实际中有时需要考虑当自变量在 x_0 点的一侧变化时函数值的变化趋势问题,对这个问题的讨论,就是函数的单侧极限问题.

(1) 当 $x \to x_0^+$ 时,函数的极限(右极限).

定义 1.16　设函数 $f(x)$ 在点 x_0 的右半邻域 $(x_0, x_0 + \delta)$ 内有定义,如果当自变量 x 在 $(x_0, x_0 + \delta)$ 内趋近于 x_0 时,函数 $f(x)$ 的值与某个常数 A 无限接近,则称 A 为函数 $f(x)$ 当 $x \to x_0^+$ 的**右极限**,记为

$$\lim_{x \to x_0^+} f(x) = A \text{ 或 } f(x) \to A(x \to x_0^+),$$

也常记为

$$f(x_0 + 0) = \lim_{x \to x_0^+} f(x) = A.$$

(2) 当 $x \to x_0^-$ 时,函数的极限(左极限).

定义 1.17　设函数 $f(x)$ 在点 x_0 的左半邻域 $(x_0 - \delta, x_0)$ 内有定义,如果当自变量 x 在 $(x_0 - \delta, x_0)$ 内趋近于 x_0 时,函数 $f(x)$ 的值与某个常数 A 无限接近,则称 A 为函数 $f(x)$ 当 $x \to x_0^-$ 的**左极限**,记为

$$\lim_{x \to x_0^-} f(x) = A \text{ 或 } f(x) \to A(x \to x_0^-),$$

也常记为

$$f(x_0 - 0) = \lim_{x \to x_0^-} f(x) = A.$$

(3) 单侧极限与极限之间的关系.

根据 $x \to x_0$ 时函数 $f(x)$ 的极限的定义,以及左极限和右极限的定义,容易证明：

定理 1.2　$\lim_{x \to x_0} f(x) = A$ 的充分必要条件是 $\lim_{x \to x_0^+} f(x) = \lim_{x \to x_0^-} f(x) = A$.

因此,即使左、右极限都存在,但若不相等,则 $\lim_{x \to x_0} f(x)$ 不存在.

例 1.17　设函数 $f(x) = \begin{cases} x^2 + 1, x < 0, \\ x, x \geq 0, \end{cases}$ 请画出该函数的图象,求 $\lim_{x \to 0^+} f(x)$, $\lim_{x \to 0^-} f(x)$, 并讨论 $\lim_{x \to 0} f(x)$ 是否存在.

解　$f(x)$ 的图象如图 1.15 所示.

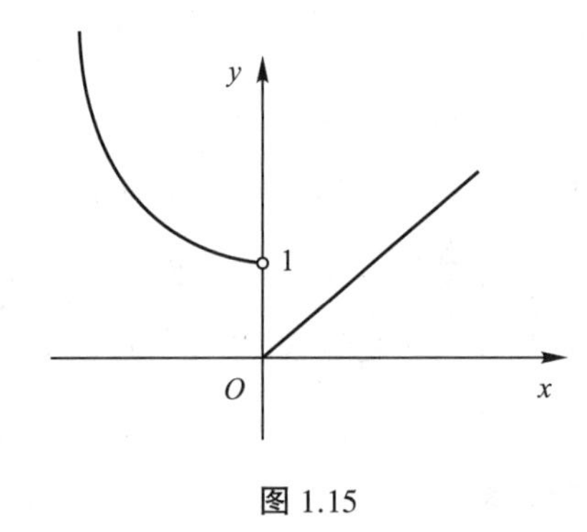

图 1.15

根据图象可以看出:

$$\lim_{x \to 0^+} f(x) = \lim_{x \to 0^+} x = 0,$$

$$\lim_{x \to 0^-} f(x) = \lim_{x \to 0^-} (x^2 + 1) = 1,$$

根据定理 1.2 知, $\lim_{x \to 0} f(x)$ 不存在.

三、极限的性质

以上我们讨论了数列极限和函数极限的概念,下面我们将探讨极限的性质,其中绝大多数定理在叙述或证明中仅以 $x \to x_0$ 为限,但在 x 的其他趋势过程中,即在 $x \to x_0^-$, $x \to x_0^+$, $x \to \infty$, $x \to -\infty$, $x \to +\infty$ 的情况下都有类似的结论,同时由于数列作为整序函数是函数的特例,因此结论对数列情况也适用.

根据函数极限的定义,可以得到函数极限具有下列性质:

性质 1(**唯一性**) 如果 $\lim_{x \to x_0} f(x)$ 存在,那么该极限值是唯一的.

性质 2(**局部有界性**) 如果 $\lim_{x \to x_0} f(x) = A$, 则存在 x_0 的某一去心邻域,在此邻域内,函数 $f(x)$ 有界.

与函数极限的上述性质相对应,收敛数列具有有界性:**收敛数列必有界**,即如果数列 x_n 收敛,那么存在正常数 M, 使得所有的 x_n 均满足 $|x_n| \leq M(n = 1,2,3,\cdots)$. 所不同的是,收敛数列的有界性结论更体现了定义域上的整体有界性.

这条性质的直接推论是:**无界数列必发散**.但要注意,有界数列未必收敛.例如数列 0,1,0,1,…是有界的,但当 $n \to +\infty$ 时, x_n 并不趋近于某个确定的常数,故该数列发散.

这说明数列有界是数列收敛的必要条件而非充分条件.

性质 3(**局部保号性**) 如果 $\lim_{x \to x_0} f(x) = A > 0$(或 $\lim_{x \to x_0} f(x) = A < 0$),则存在 x_0 的某一去心邻域,在此邻域内,函数 $f(x) > 0$(或 $f(x) < 0$).

性质 4(**保号性**) 如果在 x_0 的某一去心邻域内 $f(x) \geq 0$(或 $f(x) \leq 0$),而且 $\lim_{x \to x_0} f(x) = A$, 那么 $A \geq 0$(或 $A \leq 0$).

上面所讨论的函数极限的性质,虽然是以 $x \to x_0$ 时函数 $f(x)$ 的极限形式给出的,但结

论对单侧极限(当 $x \to x_0^-$, $x \to x_0^+$ 时,函数 $f(x)$ 的极限)、$x \to \infty$ 时函数的极限也是成立的.

初等数学更多地在“有限”的领域里讨论,更多地以“有限”为手段和工具进行讨论;高等数学则更多地在“无限”的领域里讨论,更多地以“无限”为手段和工具进行讨论.极限、导数、定积分都属于“无限”的范畴.大数学家威尔说:“数学是关于无限的科学.”由此,我们看到“无限”非常重要.

数学中的有限与无限就像是一对连体的婴儿,密切联系着,对立却又统一,谁都离不开谁.无限是由有限构成的,有限中包含着无限,无限是有限的延伸,它们之间矛盾地存在着,这就需要我们用辩证的思维去理解它、认识它,它所能给我们带来的就是不断地去深思和探究.

在某种意义上说,极限精神(即“追求卓越”,或者说离卓越总差那么一点点的精神)所体现的正是人的一种精神追求.实际上,极限精神与德国物理化学家能斯特发现的热力学第三定律“绝对温度只能无限接近,而永远不能达到”的科学精神是相通的,而且与英国诗人莎士比亚的诗句“心愿无限,成事可数,欲海无边,实践有限”中所体现的人文精神也是相通的.荷兰数学家、数学教育家弗赖登塔尔曾经说过,数学是依靠“就这样继续下去”与“一一对应”两大思想发展起来的.前者说的就是永无止境的极限过程,极限是一盏指引人们从“有限”走向“无限”的神灯,它与数学哲学中的潜无穷相对应;后者说的是联系事物之间的对应方法,“一一对应”是管理混乱无序的无限世界的铁律,它与数学哲学中的实无穷相对应.实际上,任何人都是依靠“就这样继续下去”的信念才能活下去的,然后依靠“一一对应”使自己活得更充实.这与爱尔兰学者巴克莱的幸福观“幸福的人生有三个不可缺少的要素:有希望、有事做、有人爱”也是相通的.极限语言近于诗,它与唐代诗人李白的诗句“孤帆远影碧空尽,唯见长江天际流”、唐代诗人王之涣的诗句“白日依山尽,黄河入海流”一样,都具有相同的文学意境.

练习题 1.2

1.填空题.

(1) $\lim\limits_{x\to\infty}\dfrac{1}{x^2}=$ ________;　　(2) $\lim\limits_{x\to-\infty}2^x=$ ________;

(3) $\lim\limits_{x\to1}\ln x=$ ________;　　(4) $\lim\limits_{x\to0}(1+\cos x)=$ ________;

(5)设函数 $f(x)=\begin{cases}x+1, x<1,\\0, x=1,\\x-1, x>1,\end{cases}$ 则 $\lim\limits_{x\to0}f(x)=$ ________, $\lim\limits_{x\to1}f(x)=$ ________, $\lim\limits_{x\to3}f(x)=$ ________.

2.选择题.

(1) $\lim\limits_{x\to 0}\arctan\dfrac{1}{x}=($　　$)$;

A.$\dfrac{\pi}{2}$　　B.$-\dfrac{\pi}{2}$　　C.$\pm\dfrac{\pi}{2}$　　D.不存在

(2) $\lim\limits_{x\to 0}e^{\frac{1}{x}}=($　　$)$;

A.0　　B.∞　　C.$+\infty$　　D.不存在

(3) 设 $f(x)=\begin{cases}x^2, x<0,\\ 2, x=0,\\ x+1, x>0,\end{cases}$ 则 $\lim\limits_{x\to 0}f(x)=($　　$)$;

A.0　　B.1　　C.2　　D.不存在

(4) 设 $f(x)=\begin{cases}x-1, x\leqslant 0,\\ x^3, x>0,\end{cases}$ 则 $\lim\limits_{x\to 0}f(x)=($　　$)$.

A.0　　B.1　　C.-1　　D.不存在

3.设函数 $f(x)=\begin{cases}x^2-1, x>0,\\ 0, x=0,\\ 1-x, x<0,\end{cases}$ 求当 $x\to 0$ 时,函数的左、右极限,并说明当 $x\to 0$ 时函数的极限是否存在.

4.求函数 $f(x)=\dfrac{|x|}{x}$ 当 $x\to 0$ 时的左、右极限,并说明当 $x\to 0$ 时函数的极限是否存在.

第三节　极限的运算

极限运算是一种用“可以操作的有限”去把握“无法接触的无限”的数学方法,是一种“从有限中找到无限,从暂时中找到永久,并且使之确定起来”的辩证思想.人们研究极限运算的目的在于探索与认识无穷世界中的“秩序”.

一、极限的四则运算法则

为了方便,在以下问题的讨论中省去自变量的不同变化状态,用“lim”表示,但总是假设在同一问题中自变量的变化过程是相同的.

设 $\lim f(x)=A$, $\lim g(x)=B$, 则有如下结论:

法则 1　$\lim[f(x)\pm g(x)]=\lim f(x)\pm\lim g(x)=A\pm B$.

法则 2　$\lim[f(x)\cdot g(x)]=\lim f(x)\cdot\lim g(x)=A\cdot B$.

特别地, $\lim[C\cdot f(x)]=C\cdot\lim f(x)=C\cdot A$.

法则 3　若 $B \neq 0$, 则 $\lim\left[\dfrac{f(x)}{g(x)}\right] = \dfrac{\lim f(x)}{\lim g(x)} = \dfrac{A}{B}$.

注意　(1)以上法则在极限号下未注明 x 的变化趋势,表示对上一节中介绍的各种极限都适用,但在同一个公式两端极限号下 x 的变化趋势必须相同.

(2)这些法则只有在 $f(x)$ 和 $g(x)$ 均有极限时才可运用,且在法则 3 中,要求 $B \neq 0$.

(3)法则 1 和法则 2 可以推广到有限个具有极限的函数的情形.

利用这些法则,可以求某些函数的极限.

例 1.18　求下列各极限:

(1) $\lim\limits_{x\to1}(2x^2 - x + 1)$;　　(2) $\lim\limits_{x\to2}\dfrac{x^2 - 3x + 5}{x + 1}$.

解　(1) $\lim\limits_{x\to1}(2x^2 - x + 1) = \lim\limits_{x\to1}2x^2 - \lim\limits_{x\to1}x + \lim\limits_{x\to1}1 = 2\lim\limits_{x\to1}x^2 - \lim\limits_{x\to1}x + 1 = 2\times1^2-1+1=2$.

(2)因为 $\lim\limits_{x\to2}(x + 1) = 3 \neq 0$, 所以

$$\lim_{x\to2}\frac{x^2 - 3x + 5}{x + 1} = \frac{\lim\limits_{x\to2}(x^2 - 3x + 5)}{\lim\limits_{x\to2}(x + 1)} = \frac{4 - 6 + 5}{2 + 1} = 1.$$

从上面两个例子可以看出,求有理函数当 $x \to x_0$ 时的极限,只要把 x_0 代替函数中的 x 就行了;但是对于有理分式函数,这样代入后如果分母等于零,则没有意义.但必须注意,当分母在 x_0 处为 0 时,关于商的极限的运算法则不能应用,需要采用另外的方法处理.请看下面的例子.

例 1.19　求下列各极限:

(1) $\lim\limits_{x\to2}\dfrac{x^2 - 4}{x - 2}$;　　(2) $\lim\limits_{x\to0}\dfrac{\sqrt{1 + x} - 1}{x}$.

解　(1)当 $x \to 2$ 时,分子和分母的极限均为 0,不能利用商的极限运算法则.约去公因子 $(x - 2)$, 得

$$\lim_{x\to2}\frac{x^2 - 4}{x - 2} = \lim_{x\to2}\frac{(x - 2)(x + 2)}{x - 2} = \lim_{x\to2}(x + 2) = 4.$$

(2)当 $x \to 0$ 时,分子和分母的极限均为 0,同样不能利用商的极限运算法则.又由于式子中含有根式,因此可考虑先利用分子有理化的方法对式子进行变形.

$$\lim_{x\to0}\frac{\sqrt{1 + x} - 1}{x} = \lim_{x\to0}\frac{(\sqrt{1 + x} - 1)(\sqrt{1 + x} + 1)}{x(\sqrt{1 + x} + 1)} = \lim_{x\to0}\frac{1}{\sqrt{1 + x} + 1} = \frac{1}{2}.$$

例 1.20　求下列各极限:

(1) $\lim\limits_{x\to\infty}\dfrac{2x^3 - x + 1}{x^3 + 2x^2 - 3}$;　　(2) $\lim\limits_{x\to\infty}\dfrac{x^2 - 1}{x^3 + 2x}$;　　(3) $\lim\limits_{x\to\infty}\dfrac{2x^2 + 1}{x - 2}$.

解 (1)当 $x \to \infty$ 时,分子、分母的绝对值都无限增大,所以不能直接应用商的极限运算法则.可将分子和分母同除以 x^3,使分母极限存在且不为 0,然后利用商的极限运算法则解题.

$$\lim_{x\to\infty}\frac{2x^3-x+1}{x^3+2x^2-3}=\lim_{x\to\infty}\frac{2-\dfrac{1}{x^2}+\dfrac{1}{x^3}}{1+\dfrac{2}{x}-\dfrac{3}{x^3}}=\frac{\lim\limits_{x\to\infty}\left(2-\dfrac{1}{x^2}+\dfrac{1}{x^3}\right)}{\lim\limits_{x\to\infty}\left(1+\dfrac{2}{x}-\dfrac{3}{x^3}\right)}=\frac{2-0+0}{1+0-0}=2.$$

(2)将分子和分母同除以 x^3,得

$$\lim_{x\to\infty}\frac{x^2-1}{x^3+2x}=\lim_{x\to\infty}\frac{\dfrac{1}{x}-\dfrac{1}{x^3}}{1+\dfrac{2}{x^2}}=\frac{\lim\limits_{x\to\infty}\left(\dfrac{1}{x}-\dfrac{1}{x^3}\right)}{\lim\limits_{x\to\infty}\left(1+\dfrac{2}{x^2}\right)}=\frac{0}{1}=0.$$

(3)将分子和分母同除以 x^3,得

$$\lim_{x\to\infty}\frac{2x^2+1}{x-2}=\lim_{x\to\infty}\frac{2+\dfrac{1}{x^2}}{\dfrac{1}{x}-\dfrac{2}{x^2}}=\infty.$$

归纳例 1.20,可以得出如下一般的结论:

对于有理函数

$$f(x)=\frac{a_0x^m+a_1x^{m-1}+\cdots+a_{m-1}x+a_m}{b_0x^n+b_1x^{n-1}+\cdots+b_{n-1}x+b_n}(a_0,b_0\neq 0),$$

当 $m=n$ 时, $\lim\limits_{x\to\infty}f(x)=\dfrac{a_0}{b_0}$;

当 $m<n$ 时, $\lim\limits_{x\to\infty}f(x)=0$;

当 $m>n$ 时, $\lim\limits_{x\to\infty}f(x)=\infty$ (不存在).

例 1.21 求下列各极限:

(1) $\lim\limits_{x\to1}\left(\dfrac{1}{x-1}-\dfrac{3}{x^3-1}\right)$; (2) $\lim\limits_{x\to+\infty}(\sqrt{x+1}-\sqrt{x})$.

解 (1)当 $x\to1$ 时, $\dfrac{1}{x-1}$ 及 $\dfrac{3}{x^3-1}$ 的极限均不存在,不能利用差的极限运算法则.可首先进行通分,再分解因式,求极限.

$$\lim_{x\to1}\left(\frac{1}{x-1}-\frac{3}{x^3-1}\right)=\lim_{x\to1}\frac{(x^2+x+1)-3}{x^3-1}=\lim_{x\to1}\frac{(x-1)(x+2)}{(x-1)(x^2+x+1)}$$

$$=\lim_{x\to1}\frac{x+2}{x^2+x+1}=1.$$

(2)先进行分子有理化,再求商的极限.

$$\lim_{x\to+\infty}(\sqrt{x+1}-\sqrt{x})=\lim_{x\to+\infty}\frac{1}{\sqrt{x+1}+\sqrt{x}}=\lim_{x\to+\infty}\frac{\frac{1}{\sqrt{x}}}{\sqrt{1+\frac{1}{x}}+1}=0.$$

注意　(1)运用极限运算法则时,必须注意只有各项极限存在(对商还要求分母的极限不为零)时才能适用.

(2)如果所求极限不能直接用极限运算法则,必须先对原式进行恒等变形(约分、通分、有理化、变量代换等),然后再求极限.

二、两个重要极限

1.第一个重要极限:$\lim\limits_{x\to0}\frac{\sin x}{x}=1$

例 1.22　观察表 1.3,说明 $\frac{\sin x}{x}$ 的变化趋势.

表 1.3

x	±1	±0.5	±0.1	±0.05	±0.01	±0.001	…	$\to0$
$\frac{\sin x}{x}$	0.841 47	0.958 85	0.998 33	0.999 58	0.999 98	0.999 99	…	

从表 1.3 可以看出,当 $x\to0$ 时,$\frac{\sin x}{x}$ 的值无限接近于 1.

同样地,也可以得到 $\lim\limits_{x\to0}\frac{x}{\sin x}=1$ 也是成立的.

第一个重要极限可进一步推广为:$\lim\limits_{\varphi(x)\to0}\frac{\sin\varphi(x)}{\varphi(x)}=1.$

事实上,令 $\varphi(x)=t$, 当 $\varphi(x)\to0$ 时, $t\to0$, 所以

$$\lim_{\varphi(x)\to0}\frac{\sin\varphi(x)}{\varphi(x)}=\lim_{t\to0}\frac{\sin t}{t}=1.$$

注意　第一个重要极限 $\lim\limits_{x\to0}\frac{\sin x}{x}=1$ 的适用对象主要是式子中含有三角函数或反三角函数的 $\frac{0}{0}$ 型的商的极限问题.

例 1.23　求下列各极限:

(1) $\lim\limits_{x\to0}\frac{\sin 3x}{x}$;　　(2) $\lim\limits_{x\to0}\frac{1-\cos x}{x^2}$.

解 (1) $\lim\limits_{x\to 0}\dfrac{\sin 3x}{x}=\lim\limits_{x\to 0}\left(\dfrac{\sin 3x}{3x}\cdot 3\right)=3\lim\limits_{x\to 0}\dfrac{\sin 3x}{3x}$.

令 $t=3x$, 则当 $x\to 0$ 时, $t\to 0$, 所以

$$\lim_{x\to 0}\frac{\sin 3x}{x}=3\lim_{t\to 0}\frac{\sin t}{t}=3\times 1=3.$$

上述过程可以简写为

$$\lim_{x\to 0}\frac{\sin 3x}{x}=3\lim_{x\to 0}\frac{\sin 3x}{3x}=3\times 1=3.$$

(2) $\lim\limits_{x\to 0}\dfrac{1-\cos x}{x^2}=\lim\limits_{x\to 0}\dfrac{2\sin^2\dfrac{x}{2}}{x^2}=\lim\limits_{x\to 0}\dfrac{1}{2}\left(\dfrac{\sin\dfrac{x}{2}}{\dfrac{x}{2}}\right)^2=\dfrac{1}{2}$.

例 1.24 求下列各极限:

(1) $\lim\limits_{x\to\pi}\dfrac{\sin x}{\pi-x}$; (2) $\lim\limits_{x\to 0}\dfrac{\arcsin x}{2x}$; (3) $\lim\limits_{x\to 0}\dfrac{2x-\sin x}{2x+\sin x}$.

解 (1)令 $t=\pi-x$, 则当 $x\to\pi$ 时, $t\to 0$. 于是,

$$\lim_{x\to\pi}\frac{\sin x}{\pi-x}=\lim_{t\to 0}\frac{\sin(\pi-t)}{t}=\lim_{t\to 0}\frac{\sin t}{t}=1.$$

(2)令 $\arcsin x=t$, 则 $x=\sin t$, 且当 $x\to 0$ 时, $t\to 0$. 于是,

$$\lim_{x\to 0}\frac{\arcsin x}{2x}=\lim_{t\to 0}\frac{t}{2\sin t}=\frac{1}{2}\lim_{t\to 0}\frac{t}{\sin t}=\frac{1}{2}.$$

(3) $\lim\limits_{x\to 0}\dfrac{2x-\sin x}{2x+\sin x}=\lim\limits_{x\to 0}\dfrac{2-\dfrac{\sin x}{x}}{2+\dfrac{\sin x}{x}}=\dfrac{\lim\limits_{x\to 0}\left(2-\dfrac{\sin x}{x}\right)}{\lim\limits_{x\to 0}\left(2+\dfrac{\sin x}{x}\right)}=\dfrac{2-1}{2+1}=\dfrac{1}{3}$.

2.第二个重要极限: $\lim\limits_{x\to\infty}\left(1+\dfrac{1}{x}\right)^x=\mathrm{e}$

例 1.25 仅对 x 取正整数 n 时的情况,观察表 1.4,说明 $\left(1+\dfrac{1}{x}\right)^x$ 的变化趋势.

表 1.4

x	1	5	10	100	1 000	10 000	100 000	…	$\to\infty$
$\left(1+\dfrac{1}{x}\right)^x$	2	2.488	2.594	2.705	2.717	2.718	2.718 27	…	

从上表可以看出,当 x 无限增大时,函数 $\left(1+\dfrac{1}{x}\right)^x$ 的值越来越接近于无理数 e (e = 2.718 281 828 459 045…),即

$$\lim_{x\to\infty}\left(1+\frac{1}{x}\right)^{x}=\mathrm{e}.$$

在上式中，若令 $\frac{1}{x}=t$，则当 $x\to\infty$ 时，$t\to 0$，于是式子 $\lim\limits_{x\to\infty}\left(1+\frac{1}{x}\right)^{x}=\mathrm{e}$ 变化为 $\lim\limits_{t\to 0}(1+t)^{\frac{1}{t}}=\mathrm{e}$.

在实际应用中，第二个重要极限 $\lim\limits_{x\to\infty}\left(1+\frac{1}{x}\right)^{x}=\mathrm{e}$ 更一般的形式为

$$\lim_{\varphi(x)\to\infty}\left[1+\frac{1}{\varphi(x)}\right]^{\varphi(x)}=\mathrm{e}.$$

注意　第二个重要极限 $\lim\limits_{x\to\infty}\left(1+\frac{1}{x}\right)^{x}=\mathrm{e}$ 的主要适用对象为幂指函数 $f(x)^{g(x)}$ 极限为 1^{∞} 型，即对形如 $\lim f(x)^{g(x)}$ 的极限，如果 $\lim f(x)=1$，$\lim g(x)=\infty$，可考虑变形为第二个重要极限的形式来求极限.

例 1.26　求下列各极限：

(1) $\lim\limits_{x\to\infty}\left(1+\frac{2}{x}\right)^{3x}$；　　(2) $\lim\limits_{x\to 0}(1-3x)^{\frac{1}{x}}$.

解　(1) $\lim\limits_{x\to\infty}\left(1+\frac{2}{x}\right)^{3x}=\lim\limits_{x\to\infty}\left(1+\frac{1}{\frac{x}{2}}\right)^{3x}$.

令 $t=\frac{x}{2}$，由于 $x\to\infty$ 时，$t\to\infty$，所以

$$\lim_{x\to\infty}\left(1+\frac{2}{x}\right)^{3x}=\lim_{t\to\infty}\left(1+\frac{1}{t}\right)^{6t}=\lim_{t\to\infty}\left[\left(1+\frac{1}{t}\right)^{t}\right]^{6}=\mathrm{e}^{6}.$$

(2) 令 $t=-3x$，由于 $x\to 0$ 时，$t\to 0$，所以

$$\lim_{x\to 0}(1-3x)^{\frac{1}{x}}=\lim_{t\to 0}(1+t)^{-\frac{3}{t}}=\lim_{t\to 0}\left[(1+t)^{\frac{1}{t}}\right]^{-3}=\mathrm{e}^{-3}.$$

例 1.27　求下列各极限：

(1) $\lim\limits_{x\to\infty}\left(\frac{x}{1+x}\right)^{x}$；　　(2) $\lim\limits_{x\to 1}x^{\frac{1}{1-x}}$.

解　(1) $\lim\limits_{x\to\infty}\left(\frac{x}{1+x}\right)^{x}=\lim\limits_{x\to\infty}\left(\frac{x+1-1}{x+1}\right)^{x}=\lim\limits_{x\to\infty}\left(1-\frac{1}{1+x}\right)^{x}$.

令 $t=-(1+x)$，则 $x\to\infty$ 时，$t\to\infty$，所以

$$\lim_{x\to\infty}\left(\left(\frac{x}{1+x}\right)\right)^{x}=\lim_{t\to\infty}\left(1+\frac{1}{t}\right)^{-t-1}=\lim_{t\to\infty}\left[\left(1+\frac{1}{t}\right)^{t}\right]^{-1}\cdot\left(1+\frac{1}{t}\right)^{-1}=\mathrm{e}^{-1}.$$

(2) $\lim\limits_{x\to 1}x^{\frac{1}{1-x}}=\lim\limits_{x\to 1}\left[1+(x-1)\right]^{\frac{1}{1-x}}=\lim\limits_{x\to 1}\left\{\left[1+(x-1)\right]^{\frac{1}{x-1}}\right\}^{-1}=\mathrm{e}^{-1}$.

数 e 是一个十分重要的常数，无论在科学技术中，还是在金融界，都有许多应用.微积分

中研究的指数函数 e^x 与对数函数 $\ln x$ 都是以 e 为底的.

例 1.28 1997 年 7 月 30 日《参考消息》载:据官方统计菲律宾现有人口 7 000 万,年增长率为 2.1%. 设人口按指数模型增长,试问:多少年后菲律宾人口翻一番?

解 设 $x(t)$ 表示 t 年的人口数量, $x(0)=x_0$ 表示开始($t=0$)时的人口数量, r 是年增长率.依题意,人口按指数模型增长,有

$$x(t)=ce^{rt}.$$

将 $x(0)=x_0$ 代入,得 $c=x_0$, 模型为 $x(t)=x_0e^{rt}$.

设经过 t 年后,人口翻一番,即 $x(t)=2x_0$, $x_0e^{rt}=2x_0$, $e^{rt}=2$, $rt=\ln 2$.

所以,人口翻一番的时间 $t=\dfrac{\ln 2}{r}$.

这个结果表明,翻一番的时间与其他数据无关,只与增长率成反比,这与实际是相符的.有时为了简便,注意到 $\ln 2\approx 0.69$, 翻一番的时间可写成 $t=\dfrac{0.69}{r}\approx\dfrac{70}{100r}$. 这就是经常见诸报刊的所谓"70 规则".

回到菲律宾的人口问题:依题设,年增长率 $r=2.1\%$, 菲律宾人口翻一番的时间 $t=\dfrac{\ln 2}{0.021}=\dfrac{70}{2.1}\approx 33$(年).也就是说,按年增长率 2.1%, 只需 33 年菲律宾人口就要翻一番.

在有限环境中生存的有限的人类,获得把握无限的能力和技巧,这是人类的智慧;在获得这些成果过程中体现出来的奋斗与热情,这是人类的情感;对无限的认识成果,则是人类智慧与热情的共同结晶.一个人,若把自己的智慧与热情融入数学学习和数学研究之中,就会产生一种特别的感受.如果这样,数学的学习不仅不是难事,而且会充满乐趣.

例 1.29 连续复利的本息和计算问题:设本金为 A_0 元,年利率为 r, 期数为 t 年.如果每期结算一次,则本利和 A 为

$$A=A_0(1+r)^t;$$

如果每期结算 m 次,则本利和 A_m 为

$$A_m=A_0\left(1+\frac{r}{m}\right)^{tm}.$$

设 $A_0=1\,000$ 元, $r=8\%$, $t=5$, 分别求 A_1(一年一计息), A_2(半年一计息), A_3(每月一计息)在 $t=5$ 年后的本利和.

解

$$A_1=1\,000(1+8\%)^5=1\,469.33\ (\text{元}),$$

$$A_2=1\,000\left(1+\frac{0.08}{2}\right)^{5\times 2}=1\,480.24\ (\text{元}),$$

$$A_3=1\,000\left(1+\frac{0.08}{12}\right)^{5\times 12}=1\,489.85\ (\text{元}).$$

若将计息期间无限缩短，计息次数就无限增加，即产生立即计算的模式，也就是求当 $m\to\infty$ 时 A_m 的极限 $\lim\limits_{m\to\infty}A_0\left(1+\dfrac{r}{m}\right)^{tm}$，记为 P，得

$$P=\lim_{m\to\infty}A_0\left(1+\frac{r}{m}\right)^{mt}=A_0\lim_{m\to\infty}\left(1+\frac{r}{m}\right)^{\frac{m}{r}\cdot rt}=A_0\mathrm{e}^{rt}.$$

这就是连续复利的本息和计算公式.若存款为 A_0 元，t 期后的本利和为 A_0 的 e^{rt} 倍.

在金融界有人称 e 为银行家常数.它有一个有趣的解释：你若把 1 元钱存入银行，年利率为 10%，10 年后的本息和恰为数 e，即

$$P=A_0\mathrm{e}^{rt}\big|_{t=10}=1\cdot\mathrm{e}^{0.10\times10}=\mathrm{e}.$$

爱因斯坦曾说过“复利的威力比原子弹还可怕”，“复利”甚至被称为世界第八大奇迹.珍惜当下，努力学习.不怕起点低，每天坚持不懈地努力进步一点点，因为上面所学的“利滚利”知识告诉了我们，每天微小进步，最终都会演变成巨大的进步.百分之一的努力可以获得千分收获，每天努力一点点，退步就会少一点.这正如习近平总书记所说，每个人的生活都是由一件件小事组成的，养小德才能成大德.古语有云：勿以恶小而为之，勿以善小而不为.

练习题 1.3

1.填空题.

(1) $\lim\limits_{x\to0}(x^2+2x-1)=$ ________；　　(2) $\lim\limits_{x\to1}\dfrac{x^3+1}{x^2-3x+4}=$ ________；

(3) $\lim\limits_{x\to1}\dfrac{x^2-1}{x^2+2x-3}=$ ________；　　(4) $\lim\limits_{x\to4}\dfrac{x-4}{\sqrt{x}-2}=$ ________.

2.选择题.

(1) $\lim\limits_{x\to2}\dfrac{\sin(x-2)}{x^2-4}=$ (　　)；

A.0　　B.$\dfrac{1}{4}$　　C.$\dfrac{1}{2}$　　D.1

(2) $\lim\limits_{x\to0}\dfrac{\sin x-\tan x}{x}=$ (　　)；

A.0　　B.1　　C.2　　D.不存在

(3) $\lim\limits_{x\to\infty}\dfrac{x+2}{x^2-4}=$ (　　)；

A.0　　B.$\dfrac{1}{4}$　　C.$\dfrac{1}{2}$　　D.1

(4) $\lim\limits_{x\to\infty}\left(1-\dfrac{2}{x}\right)^{x}=($　　$)$.

A. e　　B. $\dfrac{1}{e}$　　C. $\dfrac{1}{e^2}$　　D.1

3.求下列各极限:

(1) $\lim\limits_{x\to0}\dfrac{\sqrt{1+x}-\sqrt{1-x}}{x}$;　　(2) $\lim\limits_{x\to\infty}\dfrac{2x^3+1}{4x^3+2x^2-3}$;

(3) $\lim\limits_{x\to\infty}\dfrac{x^3+x-2}{x^4+1}$;　　(4) $\lim\limits_{x\to1}\left(\dfrac{1}{x-1}-\dfrac{2}{x^2-1}\right)$;

(5) $\lim\limits_{x\to1}\dfrac{x^n-1}{x-1}(n\in\mathbf{N}_+)$;　　(6) $\lim\limits_{x\to0}\dfrac{(a+x)^n-a^n}{x}(n\in\mathbf{N}_+)$;

(7) $\lim\limits_{x\to2}\dfrac{x^2-3x+2}{x^2-x-2}$;　　(8) $\lim\limits_{x\to4^+}\dfrac{x-4}{\sqrt{x+5}-3}$.

4.设 $f(x)=\begin{cases}x+b,x\leqslant0,\\ e^x+x,x>0,\end{cases}$ 问:b 为何值时,$\lim\limits_{x\to0}f(x)$ 存在?并求其值.

5.求下列各极限:

(1) $\lim\limits_{x\to0}\dfrac{\sin 5x}{x}$;　　(2) $\lim\limits_{x\to0}\dfrac{\sin 2x}{\sin 3x}$;

(3) $\lim\limits_{x\to0}\dfrac{\tan x-\sin x}{2x}$;　　(4) $\lim\limits_{x\to\infty}x\sin\dfrac{1}{x}$;

(5) $\lim\limits_{x\to\infty}\left(1+\dfrac{2}{x}\right)^{x}$;　　(6) $\lim\limits_{x\to\infty}\left(\dfrac{x+2}{x+1}\right)^{2x}$;

(7) $\lim\limits_{x\to0}(1-3\tan x)^{\cot x}$;　　(8) $\lim\limits_{x\to a}\dfrac{\sin x-\sin a}{x-a}$;

(9) $\lim\limits_{x\to0}(1+x)^{\frac{2}{\sin x}}$;　　(10) $\lim\limits_{n\to+\infty}n\tan\dfrac{x}{n}$;

(11) $\lim\limits_{x\to\infty}\left(\dfrac{x}{x+1}\right)^{x}$;　　(12) $\lim\limits_{x\to\frac{\pi}{2}}(1-\cos x)^{2\sec x}$.

6.复利,即利滚利.随着商品经济的发展,复利计算将日益普遍,同时复利的期限将日益变短,即不仅用年息、月息,而且用旬息、日息、半日息表示利息率.

设本金为 p 元,年利率为 r. 若一年分为 n 期,每期利率为 $\dfrac{r}{n}$, 存期为 t 年,则本息和为多少?现某人有本金 $p=1\ 000$ 元,年利率 $r=0.06$, 存期 $t=2$ 年.请按季度、月、日连续计算本利和,并得出你的结论.

第四节　无穷小量与无穷大量

一、无穷小量与无穷大量

(一)无穷小量

1.无穷小量的概念

引例 1.8　一容器中装满空气,用抽气机来抽容器中的空气,在抽气过程中,容器中的空气含量随着抽气时间的增加而逐渐减少并趋近于 0.

对于这种以 0 为极限的变量,给出如下定义:

定义 1.18　如果当 $x\to x_0$(或 $x\to\infty$)时,函数 $f(x)$ 的极限为 0,即 $\lim\limits_{\substack{x\to x_0\\(x\to\infty)}} f(x)=0$,则称函数 $f(x)$ 为当 $x\to x_0$(或 $x\to\infty$)时的**无穷小量**,简称为**无穷小**.

例如,对于函数 $f(x)=\dfrac{1}{x}$,由于 $\lim\limits_{x\to\infty}f(x)=\lim\limits_{x\to\infty}\dfrac{1}{x}=0$,所以 $f(x)=\dfrac{1}{x}$ 是当 $x\to\infty$ 时的无穷小;对于函数 $f(x)=(x-1)^2$,由于 $\lim\limits_{x\to1}f(x)=\lim\limits_{x\to1}(x-1)^2=0$,所以 $f(x)=(x-1)^2$ 是当 $x\to1$ 时的无穷小.

注意　(1)无穷小量是一个以“0”为极限的变量,不能把绝对值很小的数看作是无穷小量.

(2)常量函数 $y=0$ 可以看作是无穷小量,因为 $\lim 0=0$.

(3)某一个变量是否为无穷小量与自变量的变化趋势有关,同一个变量在自变量的不同变化趋势下,可能是无穷小量,也可能不是无穷小量.所以,一般不能笼统地说某个变量(函数)是无穷小量.例如,对于变量 $f(x)=x^2$,当 $x\to0$ 时是无穷小量,当 $x\to1$ 时就不是无穷小量.

例 1.30　自变量 x 在怎样的变化过程中,下列函数为无穷小量?

(1) $f(x)=\dfrac{1+2x}{x^2}$;　　　　(2) $y=3^x$.

解　(1)因为 $\lim\limits_{x\to\infty}\dfrac{1+2x}{x^2}=0$,所以,当 $x\to\infty$ 时,$f(x)=\dfrac{1+2x}{x^2}$ 为无穷小量.

又有 $\lim\limits_{x\to-\frac{1}{2}}\dfrac{1+2x}{x^2}=0$,所以,当 $x\to-\dfrac{1}{2}$ 时,$f(x)=\dfrac{1+2x}{x^2}$ 也为无穷小量.

(2)因为 $\lim\limits_{x\to-\infty}3^x=0$,所以当 $x\to-\infty$ 时,$y=3^x$ 为无穷小量.

2.函数极限与无穷小量之间的关系

如果 $\lim\limits_{x\to x_0}f(x)=A$,则可以得到,$\lim\limits_{x\to x_0}[f(x)-A]=0$,设 $\alpha(x)=f(x)-A$,则 $\alpha(x)$ 是当

$x \to x_0$ 时的无穷小量.于是 $f(x)=A+\alpha(x)$，即函数 $f(x)$ 可以表示为其极限与一个无穷小量之和.

反之,如果函数 $f(x)$ 可以表示为一个常数 A 与一个无穷小量 $\alpha(x)$ 之和,即 $f(x)=A+\alpha(x)$，则可以得到 $\lim\limits_{x\to x_0} f(x)=A$.

综上所述,有以下定理:

定理 1.3 $\lim\limits_{x\to x_0} f(x)=A$ 的充分必要条件是 $f(x)=A+\alpha(x)$,其中 $\alpha(x)$ 当 $x\to x_0$ 时是无穷小量.

当 $x\to\infty$ 时,上述结论仍然成立.

定理 1.3 的结论表明,对函数极限的研究可通过以 0 为极限的函数来进行,即将一般的极限问题转化为特殊极限问题.因此,无穷小量在极限理论中扮演了十分重要的角色.

3.无穷小量的性质

性质 1 有限个无穷小量的代数和仍为无穷小量.

性质 2 有界函数与无穷小量的积仍为无穷小量.

性质 3 常数与无穷小量的积仍为无穷小量.

性质 4 有限个无穷小量的积仍为无穷小量.

在实际中,利用无穷小量的性质,可以求一些函数的极限.

例 1.31 求 $\lim\limits_{x\to 0} x\sin\dfrac{1}{x}$.

解 因为当 $x\to 0$ 时，x 是无穷小量，$\sin\dfrac{1}{x}$ 的极限不存在,但 $\left|\sin\dfrac{1}{x}\right|\leqslant 1$，即 $\sin\dfrac{1}{x}$ 为有界函数,根据性质 2 知

$$\lim_{x\to 0} x\sin\frac{1}{x}=0.$$

(二)无穷大量

1.无穷大量的概念

引例 1.9 小王有本金 A ,银行的存款年利率为 r ,不考虑个人所得税,按复利计算,第 n 年末小王所得的本息和为 $A(1+r)^n$. 存款时间越长,本息和越多,当存款期限无限延长时,本息和将无限增大.

对于上述引例中变量的变化趋势给出如下定义:

定义 1.19 如果当 $x\to x_0$(或 $x\to\infty$) 时,函数 $f(x)$ 的绝对值无限增大,则称函数 $f(x)$ 为当 $x\to x_0$(或 $x\to\infty$) 时的**无穷大量**,简称为**无穷大**.

如果函数 $f(x)$ 当 $x\to x_0$(或 $x\to\infty$) 时为无穷大量,则它的极限是不存在的,但为了方便也说“函数的极限是无穷大”,并记作 $\lim\limits_{\substack{x\to x_0\\(x\to\infty)}} f(x)=\infty$.

例如，$f(x)=\dfrac{1}{1-x}$ 为当 $x\to 1$ 时的无穷大，记作 $\lim\limits_{x\to 1}\dfrac{1}{1-x}=\infty$.

$f(x)=e^x$ 是当 $x\to+\infty$ 时的无穷大，记作 $\lim\limits_{x\to+\infty}e^x=\infty$.

如果函数 $f(x)$ 当 $x\to x_0$（或 $x\to\infty$）时，$f(x)$ 只取正值且无限增大，则称 $f(x)$ 为当 $x\to x_0$（或 $x\to\infty$）时的正无穷大，记作 $\lim\limits_{\substack{x\to x_0\\(x\to\infty)}}f(x)=+\infty$.

如果函数 $f(x)$ 当 $x\to x_0$（或 $x\to\infty$）时，$f(x)$ 只取负值且绝对值无限增大，则称 $f(x)$ 为当 $x\to x_0$（或 $x\to\infty$）时的负无穷大，记作 $\lim\limits_{\substack{x\to x_0\\(x\to\infty)}}f(x)=-\infty$.

注意　(1)无穷大量是一个变量，当自变量具有某种状态时这种变量的绝对值无限增大，不能把绝对值很大的数与无穷大量混为一谈.

(2)一个变量是否为无穷大量与自变量的变化趋势紧密相连，同一个变量在自变量不同的变化趋势下，可能是无穷大量，也可能不是无穷大量.

(3)按函数极限定义来说，无穷大的极限是不存在的.但为了便于叙述函数的这一性态，我们也说“函数的极限是无穷大”.

例 1.32　当推出一种新的商品时，在短时间内销售量会迅速增加，然后开始下降，其函数关系为 $y=\dfrac{200t}{t^2+100}$，请对该商品的长期销售作出预测.

解　该商品的长期销售量应为当 $t\to+\infty$ 时的销售量.由于

$$\lim_{t\to+\infty}y=\lim_{t\to+\infty}\frac{200t}{t^2+100}=0,$$

所以，购买该商品的人随着时间的增加会越来越少.

例 1.33　实践告诉我们，从大气或水中清除其中大部分的污染成分所需要的费用相对来说是不太贵的.然而，若要进一步去清除那些剩余的污染物，则会使费用增大.设清除污染成分的 $x\%$ 与清除费用 C（元）之间的函数关系是 $C(x)=\dfrac{7\,300x}{100-x}$. 请问：能否 100%地清除污染？

解　由于

$$\lim_{x\to 100^-}C(x)=\lim_{x\to 100^-}\frac{7\,300x}{100-x}=+\infty,$$

所以，清除费用随着清除污染成分的增加会越来越大，我们不能 100%地清除污染.

2.无穷大量与无穷小量之间的关系

定理 1.4　在自变量 x 的同一变化过程中，如果 $f(x)$ 为无穷大，则 $\dfrac{1}{f(x)}$ 为无穷小；反之，如果 $f(x)$ 为无穷小，且 $f(x)\neq 0$，则 $\dfrac{1}{f(x)}$ 为无穷大.

例如,当 $x \to 0$ 时,函数 $f(x)=\dfrac{1}{x}$ 为无穷大,而当 $x \to 0$ 时,函数 $\dfrac{1}{f(x)}=x$ 为无穷小.

例 1.34 讨论下列函数在自变量怎样的变化状态下为无穷小,又在怎样的变化状态下为无穷大.

(1)$f(x)=\dfrac{x-2}{x}$;　　　　(2)$y=\ln x$.

解 (1)因为 $\lim\limits_{x \to 2}\dfrac{x-2}{x}=0$, 所以当 $x \to 2$ 时, $f(x)=\dfrac{x-2}{x}$ 为无穷小.

又因为 $\lim\limits_{x \to 0}\dfrac{x-2}{x}=\infty$, 所以当 $x \to 0$ 时, $f(x)=\dfrac{x-2}{x}$ 为无穷大.

(2)因为 $\lim\limits_{x \to 1}\ln x=0$, 所以当 $x \to 1$ 时, $f(x)=\ln x$ 为无穷小.

又因为 $\lim\limits_{x \to 0^+}\ln x=-\infty$, $\lim\limits_{x \to +\infty}\ln x=+\infty$, 所以当 $x \to 0^+$ 及 $x \to +\infty$ 时, $y=\ln x$ 都是无穷大.

例 1.35 求 $\lim\limits_{x \to 1}\dfrac{2x-3}{x^2+2x-3}$.

解 因为分母的极限 $\lim\limits_{x \to 1}(x^2+2x-3)=1^2+2\times 1-3=0$,不能应用商的极限的运算法则,但分子极限 $\lim\limits_{x \to 1}(2x-3)=2\times 1-3=-1\neq 0$,故先求原式倒数的极限:

$$\lim_{x \to 1}\frac{x^2+2x-3}{2x-3}=\frac{1^2+2\times 1-3}{2\times 1-3}=0.$$

由无穷小与无穷大的关系,得

$$\lim_{x \to 1}\frac{2x-3}{x^2+2x-3}=\infty.$$

二、无穷小量的比较

根据无穷小的性质可知,两个无穷小的和、差及乘积均为无穷小,那么两个无穷小的商是否仍为无穷小呢?回答是否定的.

例如,当 $x \to 0$ 时, $x, x^2, 2x, \sin x$ 都是无穷小,由于

$$\lim_{x \to 0}\frac{x}{2x}=\frac{1}{2},\ \lim_{x \to 0}\frac{x^2}{x}=0,\ \lim_{x \to 0}\frac{x}{x^2}=\infty,\ \lim_{x \to 0}\frac{x}{\sin x}=1,$$

所以两个无穷小的商可以是无穷小,可以是无穷大,也可以是以非 0 为极限的变量等.

两个无穷小的商之所以出现以上问题,是因为无穷小趋近于 0 的速度不同.研究无穷小趋近于 0 的快慢问题,就是关于无穷小的比较问题.

两个无穷小之比的极限的各种不同情况,反映了不同的无穷小趋于 0 的“快慢”程度.就上面几个例子来说,在 $x \to 0$ 的过程中, $x^2 \to 0$ 比 $x \to 0$“快些”,反过来 $x \to 0$ 比 $x^2 \to 0$“慢

些”，而 $\sin x\to 0$ 与 $x\to 0$“快慢相当”.

下面，我们就无穷小之比的极限存在或为无穷大时，来说明两个无穷小之间的比较.应当注意，下面的 α 及 β 都是在同一个自变量的变化过程中的无穷小，且 $\alpha\neq 0$，而 $\lim\dfrac{\beta}{\alpha}$ 也是在这个变化过程中的极限.

定义 1.20　设 α 和 β 是自变量在相同变化过程中的两个无穷小.

(1) 如果 $\lim\dfrac{\beta}{\alpha}=0$，则称 β 是比 α **高阶的无穷小**，记作 $\beta=o(\alpha)$；

(2) 如果 $\lim\dfrac{\beta}{\alpha}=\infty$，则称 β 是比 α **低阶的无穷小**；

(3) 如果 $\lim\dfrac{\beta}{\alpha}=C(C\neq 0)$，则称 β 与 α 是**同阶无穷小**；

(4) 如果 $\lim\dfrac{\beta}{\alpha}=1$，则称 β 与 α 是**等价无穷小**，记作 $\alpha\sim\beta$.

根据定义 1.20，对两个无穷小进行比较，实际上就是求两个无穷小商的极限.

例如，由于 $\lim\limits_{x\to 0}\dfrac{\sin x}{x}=1$，所以，当 $x\to 0$ 时，$x\sim\sin x$；由 $\lim\limits_{x\to 0}\dfrac{5x^2}{x}=0$ 可知，当 $x\to 0$ 时，$5x^2=o(x)$.

例 1.36　比较下列无穷小的阶：

(1) 当 $x\to 1$ 时，$1-x$ 与 $1-x^2$；

(2) 当 $x\to 0$ 时，x 与 $\sqrt{1+x}-\sqrt{1-x}$.

解　(1) 因为

$$\lim_{x\to 1}\frac{1-x^2}{1-x}=\lim_{x\to 1}\frac{(1+x)(1-x)}{1-x}=\lim_{x\to 1}(1+x)=2,$$

所以当 $x\to 1$ 时，$1-x$ 与 $1-x^2$ 是同阶无穷小.

(2) 因为

$$\lim_{x\to 0}\frac{\sqrt{1+x}-\sqrt{1-x}}{x}=\lim_{x\to 0}\frac{(1+x)-(1-x)}{x(\sqrt{1+x}+\sqrt{1-x})}=\lim_{x\to 0}\frac{2}{\sqrt{1+x}+\sqrt{1-x}}=1,$$

所以当 $x\to 0$ 时 x 与 $\sqrt{1+x}-\sqrt{1-x}$ 是等价无穷小.

当两个无穷小之比的极限不存在时，这两个无穷小之间不能进行比较.

定理 1.5　若 $\alpha\sim\alpha_1$，$\beta\sim\beta_1$，且 $\lim\limits_{x\to x_0}\dfrac{\beta_1}{\alpha_1}$ 存在，则

$$\lim_{x\to x_0}\frac{\beta}{\alpha}=\lim_{x\to x_0}\frac{\beta_1}{\alpha_1}.$$

把定理 1.5 中的自变量改换成其他变化状态，定理的结论仍然成立.

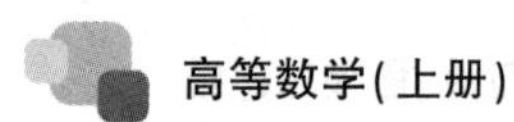

可以证明当 $x \to 0$ 时,下列各式成立:

$\sin x \sim x$; $\tan x \sim x$; $\arcsin x \sim x$; $1-\cos x \sim \frac{1}{2}x^2$;

$\ln(1+x) \sim x$; $e^x - 1 \sim x$; $\sqrt[n]{1+x} - 1 \sim \frac{1}{n}x$.

在计算函数的极限时,经常利用等价无穷小之间的相互替代,简化极限的计算过程.

例 1.37 求下列各极限:

(1) $\lim\limits_{x \to 0} \frac{\tan 2x}{\sin 3x}$; (2) $\lim\limits_{x \to 0} \frac{3x^2 - x}{\tan x}$; (3) $\lim\limits_{x \to 0} \frac{\tan x - \sin x}{\sin x^3}$.

解 (1)因为当 $x \to 0$ 时,$\sin x \sim x$,$\tan x \sim x$,所以当 $x \to 0$ 时,$\sin 3x \sim 3x$,$\tan 2x \sim 2x$.故

$$\lim_{x \to 0} \frac{\tan 2x}{\sin 3x} = \lim_{x \to 0} \frac{2x}{3x} = \frac{2}{3}.$$

(2)因为当 $x \to 0$ 时, $\tan x \sim x$, 所以

$$\lim_{x \to 0} \frac{3x^2 - x}{\tan x} = \lim_{x \to 0} \frac{3x^2 - x}{x} = \lim_{x \to 0}(3x - 1) = -1.$$

(3)因为 $x \to 0$ 时, $1 - \cos x \sim \frac{1}{2}x^2$, $\sin x \sim x$, 所以

$$\lim_{x \to 0} \frac{\tan x - \sin x}{\sin x^3} = \lim_{x \to 0} \frac{\frac{\sin x}{\cos x} - \sin x}{\sin x^3} = \lim_{x \to 0} \frac{\sin x(1 - \cos x)}{\cos x \sin x^3}$$

$$= \lim_{x \to 0} \frac{x \cdot \frac{1}{2}x^2}{x^3 \cos x} = \frac{1}{2}.$$

注意 (1)等价无穷小之间的替代只能是商或积的情形,对于和与差的情形不能替代.

(2)在利用定理 1.5 时可以根据情况灵活运用:

$$\lim \frac{\beta}{\alpha} = \lim \frac{\beta_1}{\alpha_1} = \lim \frac{\beta_1}{\alpha} = \lim \frac{\beta}{\alpha_1}.$$

从上面所学的内容可以看到,持续不断地在原有基础上进步,是飞速发展的一种方式,而且,进步时间间隔越短,进步速度越快.因此,要惜时如金,若能抓住每一个瞬间提高自己,必将实现自我的飞速发展.正如我们国家今日的发展成就,正是来自无数国人争分夺秒的埋头苦干.

练习题 1.4

1.填空题.

(1) $\lim\limits_{x\to\infty}\left(x\sin\dfrac{1}{x}+\dfrac{\sin 3x}{x}\right)=$ ________；　(2) $\lim\limits_{x\to\infty}\dfrac{x-\sin x}{x}=$ ________；

(3) $\lim\limits_{x\to 0}\dfrac{\ln(1+x)}{x}=$ ________；　(4) $\lim\limits_{x\to 0}\dfrac{\arcsin x}{x}=$ ________.

2.选择题.

(1)当 $x\to 0$ 时,比 $1-\cos x$ 高阶的无穷小是(　　)；

A. $\sqrt{x^2+1}-1$　B. $\sin x$　C. $\ln(1+x^2)$　D. $\arctan x^3$

(2)当 $x\to 0$ 时, $e^{2x^2}-1$ 是 x^2+2x 的(　　)无穷小;

A.等价　B.低阶　C.高阶　D.同阶但不等价

(3)当 $x\to 0$ 时, $x^2-\sin x$ 是 x 的(　　)无穷小;

A.等价　B.低阶　C.高阶　D.同阶但不等价

(4)当 $x\to 0$ 时,下列函数为无穷小的是(　　).

A. $\dfrac{\sin x}{x}$　B. $x^2+\sin x$　C. $\dfrac{\ln(1+x)}{x}$　D. $2x+1$

3.下列函数在自变量怎样的变化过程中为无穷小？又在怎样的变化过程中为无穷大？

(1) $y=\dfrac{x^2-4}{x-2}$；　(2) $y=\dfrac{1}{x^3+1}$；

(3) $y=2^x-1$；　(4) $y=e^{\frac{1}{x}}$.

4.比较下列无穷小的阶：

(1)当 $x\to 0$ 时, x^3+3x^2 与 $\sin x$；

(2)当 $x\to -1$ 时, $1+x$ 与 $1+x^3$；

(3)当 $x\to 0$ 时, $x\tan x+x^3$ 与 $x(1+\cos x)$；

(4)当 $x\to 0$ 时, $\sqrt{1+x^2}-1$ 与 $1-\sqrt{1-x^2}$.

5.求下列各极限：

(1) $\lim\limits_{x\to 0}x\cos\dfrac{1}{x}$；　(2) $\lim\limits_{x\to\infty}\dfrac{\arctan x}{x}$；

(3) $\lim\limits_{x\to 0}\dfrac{\sin x}{\sin 3x}$；　(4) $\lim\limits_{x\to 0}\dfrac{1-\cos x}{x\sin x}$.

6.证明:当 $x\to 0$ 时,

(1) $\sqrt{1+x}-1\sim\dfrac{1}{2}x$；　(2) $x^3+3x^2=o(\sin x)$.

第五节　函数的连续性

在客观世界中,很多变量的变化是连续不断的,例如,动植物的生长、气温的变化等,都有一个共同的特点,当时间变化很小时,动植物及气温的变化也很小.从函数关系上讲,就是当自变量的变化很小时,函数值的变化也很小;从极限概念上看,就是当自变量的改变量趋向于0时,对应函数值的改变量也趋近于0.这些现象反映到数学领域,就是函数的连续性,它是函数的重要性态之一,具有这样性质的变量在数学上称为连续变量.

下面我们先引入增量的概念,然后再给出函数连续性的定义.

一、函数连续的概念

1.函数的增量

定义 1.21　设函数 $f(x)$ 在点 x_0 的某邻域内有定义,给自变量 x 一个增量 Δx, 当自变量 x 从 x_0 变到 $x_0+\Delta x$ ($x_0+\Delta x$ 仍在该邻域内)时,相应地函数值也从 $f(x_0)$ 变到 $f(x_0+\Delta x)$,称 $\Delta y=f(x_0+\Delta x)-f(x_0)$ 为**函数的增量**.

例如,设函数 $f(x)=x^2$, $x_0=1$, $\Delta x=0.1$, 则

$$\Delta y=f(1+0.1)-f(1)=1.1^2-1=0.21.$$

注意　Δx , Δy 可以是正的,也可以是负的.另外 Δx , Δy 均是一个不可分割的整体,并不是 Δ 与 x, Δ 与 y 的乘积.

2.在点 x_0 处函数连续性的概念

引例 1.10　观察图 1.16 和图 1.17 中两条曲线在 $x=x_0$ 处的情况.

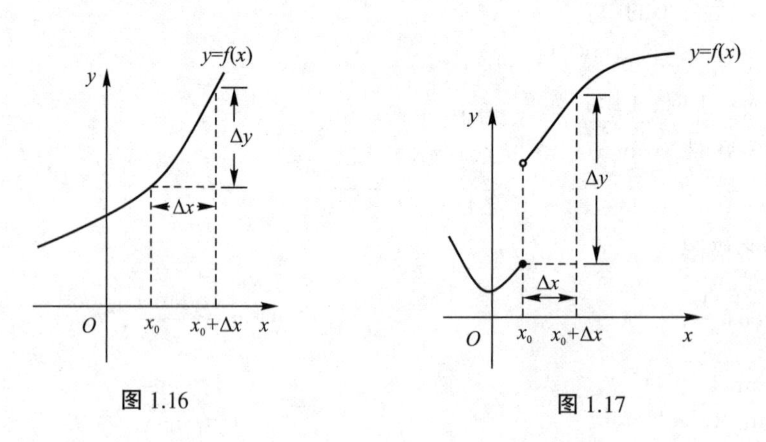

图 1.16　　　　图 1.17

从图 1.16 可以看出,函数 $y=f(x)$ 在点 x_0 处是连续的,且显然当 $\Delta x\to 0$, $\Delta y\to 0$.

从图 1.17 可以看出,函数 $y=f(x)$ 在点 x_0 处是断开的,且显然当 $\Delta x\to 0$ 时, Δy 不趋近于0.

定义 1.22　设函数 $y=f(x)$ 在点 x_0 的某邻域内有定义，如果当自变量的增量 $\Delta x=x-x_0$ 趋近于 0 时，相应地函数值的增量也趋近于 0，即

$$\lim_{\Delta x\to 0}\Delta y=\lim_{\Delta x\to 0}[f(x_0+\Delta x)-f(x_0)]=0,$$

则称**函数 $y=f(x)$ 在点 x_0 处是连续的**.

例 1.38　证明函数 $f(x)=\sin x$ 在点 x_0 处连续.

证明　在 x_0 点给 x 一个增量 Δx，则对应函数值的增量为

$$\Delta y=\sin(x_0+\Delta x)-\sin x_0=2\cos\frac{2x_0+\Delta x}{2}\cdot\sin\frac{\Delta x}{2}.$$

所以

$$\lim_{\Delta x\to 0}\Delta y=\lim_{\Delta x\to 0}2\cos\frac{2x_0+\Delta x}{2}\cdot\sin\frac{\Delta x}{2}=0.$$

根据定义 1.22 可知，函数 $f(x)=\sin x$ 在点 x_0 处连续.

由于 $\Delta x=x-x_0$，所以 $x=x_0+\Delta x$，于是

$$\Delta y=f(x_0+\Delta x)-f(x_0)=f(x)-f(x_0).$$

从而

$$\lim_{\Delta x\to 0}\Delta y=\lim_{\Delta x\to 0}[f(x_0+\Delta x)-f(x_0)]=\lim_{x\to x_0}[f(x)-f(x_0)]=0,$$

即

$$\lim_{x\to x_0}f(x)=f(x_0).$$

所以，函数 $y=f(x)$ 在点 x_0 连续的定义又可叙述如下：

定义 1.23　设函数 $y=f(x)$ 在点 x_0 的某邻域内有定义，如果 $\lim\limits_{x\to x_0}f(x)=f(x_0)$，则称**函数 $y=f(x)$ 在点 x_0 处连续**.

根据定义 1.23 可知，函数 $y=f(x)$ 在点 x_0 处连续的定义包含以下三层内容：

(1) 函数在点 x_0 及其附近有定义；

(2) 函数在 x_0 点有极限，即 $\lim\limits_{x\to x_0}f(x)$ 存在；

(3) 极限值与函数值相等，即 $\lim\limits_{x\to x_0}f(x)=f(x_0)$.

例 1.39　证明函数 $f(x)=x^3+1$ 在点 $x=0$ 处连续.

证明　(1) 函数 $y=x^3+1$ 的定义域是 $(-\infty,+\infty)$，因此函数 $y=x^3+1$ 在 $x=0$ 及其附近有定义，且 $f(0)=1$；

(2) $\lim\limits_{x\to 0}f(x)=\lim\limits_{x\to 0}(x^3+1)=1$；

(3) $\lim\limits_{x\to 0}f(x)=1=f(0)$.

根据定义 1.23 知，函数 $f(x)=x^3+1$ 在点 $x=0$ 处连续.

例 1.40　已知 $f(x)=\begin{cases}x^2, x\geqslant 1,\\ 1-x, x<1,\end{cases}$ 讨论 $f(x)$ 在 $x=0, x=1$ 处函数的连续性.

解　虽然函数的定义域为 $(-\infty,+\infty)$，但由于函数不是初等函数，所以其连续性要根据函数连续的定义进行讨论.

(1)在点 $x=0$ 处,显然函数有定义,并且

$$\lim_{x\to 0}f(x)=\lim_{x\to 0}(1-x)=1, f(0)=1,$$

所以在 $x=0$ 处函数是连续的.

(2)在点 $x=1$ 处,函数有定义,且 $f(1)=1$, 由于

$$\lim_{x\to 1^-}f(x)=\lim_{x\to 1^-}(1-x)=0, \lim_{x\to 1^+}f(x)=\lim_{x\to 1^+}x^2=1,$$

所以 $\lim\limits_{x\to 1}f(x)$ 不存在.

根据函数连续性的定义知,函数在 $x=1$ 处不连续.

3.左连续与右连续

实际中,有时还要考虑当自变量 x 从某一定值 x_0 的一侧趋近于 x_0 时,函数的变化情况.类似于左、右极限,我们给出左、右连续的概念.

定义 1.24 如果函数 $y=f(x)$ 在点 x_0 处的左极限 $\lim\limits_{x\to x_0^-}f(x)$ 存在,且 $\lim\limits_{x\to x_0^-}f(x)=f(x_0)$,则称函数 $y=f(x)$ 在点 x_0 处**左连续**;如果函数 $y=f(x)$ 在点 x_0 处的右极限 $\lim\limits_{x\to x_0^+}f(x)$ 存在,且 $\lim\limits_{x\to x_0^+}f(x)=f(x_0)$,则称函数 $y=f(x)$ 在点 x_0 处**右连续**.

根据函数连续性的定义,我们不难得出如下结论:

函数 $y=f(x)$ 在点 x_0 处连续的充分必要条件是函数 $y=f(x)$ 在点 x_0 处既左连续又右连续.

4.区间上函数的连续性

如果函数 $f(x)$ 在区间 (a,b) 内的任意一点都连续,则称**函数 $f(x)$ 在区间 (a,b) 内连续**,区间 (a,b) 叫作**函数的连续区间**.

例如,函数 $y=\sin x$, $y=x^2$ 在区间$(-\infty,+\infty)$内连续,所以$(-\infty,+\infty)$是其连续区间.

如果函数 $f(x)$ 在区间 (a,b) 内连续,在点 a 右连续,在点 b 左连续,则称函数 $f(x)$ 在区间 $[a,b]$ 上连续,区间 $[a,b]$ 叫作函数的连续区间.

连续函数的图形是一条连续而不间断的曲线.

二、函数的间断点

引例 1.11 导线中的电流通常是连续变化的,但当电流增加到一定程度时,会烧断保险丝,电流突然为 0,这时电流的连续性被破坏而出现间断.对于此种现象称函数不连续,也就是间断.

定义 1.25 如果函数 $f(x)$ 在点 x_0 处不连续,则称函数在 x_0 处**间断**, x_0 叫作**函数的间断点**.

根据函数连续性的定义,当函数 $f(x)$ 有下列情况之一时, x_0 就是函数的一个间断点:

(1)在点 x_0 处函数无定义;

(2)在点 x_0 处函数有定义,但极限 $\lim\limits_{x\to x_0}f(x)$ 不存在;

(3)在点 x_0 处函数有定义,且极限 $\lim\limits_{x\to x_0}f(x)$ 存在,但 $\lim\limits_{x\to x_0}f(x)\neq f(x_0)$.

例如,函数 $f(x)=\dfrac{x^2-9}{x-3}$ 在点 $x=3$ 处无定义,所以在 $x=3$ 处函数不连续;

函数 $f(x)=\begin{cases}1,x>0,\\0,x=0,\\-1,x<0\end{cases}$ 在点 $x=0$ 处无极限,因此在 $x=0$ 处函数不连续;

函数 $f(x)=\begin{cases}x+1,x\neq 0,\\0,x=0\end{cases}$ 在点 $x=0$ 处 $\lim\limits_{x\to 0}f(x)\neq f(0)$, 所以函数在点 $x=0$ 处不连续.

由于在点 x_0 处函数间断产生的原因不同,因此我们对函数的间断点进行分类.

定义 1.26　设 x_0 是函数 $f(x)$ 的间断点,若在点 x_0 处,函数的左、右极限都存在,则称 x_0 为**第一类间断点**;若在点 x_0 处,函数的左、右极限至少有一个不存在,则称 x_0 为**第二类间断点**.

在第一类间断点中还包含:

(1)若 $\lim\limits_{x\to x_0}f(x)$ 存在,这时称 x_0 为**可去间断点**;

(2)若在点 x_0 处左、右极限均存在,但不相等,这时称 x_0 为**跳跃间断点**.

对于函数 $f(x)=\dfrac{1}{(x-2)^2}$, 由于函数在点 $x=2$ 处无定义,因此不连续,并且 $\lim\limits_{x\to 2}\dfrac{1}{(x-2)^2}=\infty$, 所以 $x=2$ 是函数的第二类间断点,通常称为**无穷间断点**.

对于函数 $f(x)=\sin\dfrac{1}{x}$, 在 $x=0$ 处无定义,且 $\lim\limits_{x\to 0}\sin\dfrac{1}{x}$ 不存在, $x=0$ 是第二类间断点.因为 $x\to 0$ 时,函数值在-1 与 1 之间变动无限多次,这样的间断点通常称为**振荡间断点**.

例 1.41　讨论函数 $f(x)=\dfrac{\sin x}{x(x-1)}$ 在 $x=0$ 处的连续性,若间断,指出间断点的类型.

解　由于函数 $f(x)=\dfrac{\sin x}{x(x-1)}$ 在 $x=0$ 处无定义,因此在 $x=0$ 处不连续.

又因为

$$\lim_{x\to 0}\frac{\sin x}{x(x-1)}=\lim_{x\to 0}\frac{\sin x}{x}\cdot\frac{1}{x-1}=-1,$$

所以 $x=0$ 是函数的第一类间断点,并且是可去间断点.

例 1.42　讨论符号函数 $\operatorname{sgn} x=\begin{cases}1,x>0,\\0,x=0,\\-1,x<0\end{cases}$ 在 $x=0$ 处的连续性,若不连续,指出间断点

的类型.

解 因为

$$\lim_{x\to0^-}\operatorname{sgn} x=\lim_{x\to0^-}(-1)=-1,$$

$$\lim_{x\to0^+}\operatorname{sgn} x=\lim_{x\to0^+}1=1,$$

所以 $\lim\limits_{x\to0}\operatorname{sgn} x$ 不存在,故符号函数在点 $x=0$ 处不连续,$x=0$ 是函数的第一类间断点,因 $y=\operatorname{sgn} x$ 的图象在 $x=0$ 处产生跳跃现象,所以 $x=0$ 是跳跃间断点.

三、初等函数的连续性

1.连续函数的运算法则

(1)连续函数的和、差、积、商的连续性.

根据函数连续性的概念及极限的四则运算法则,可以得到如下定理:

定理 1.6 设函数 $f(x)$、$g(x)$ 在点 x_0 处都连续,则它们的和、差、积、商(分母不为零)在点 x_0 处也连续.

由于 $\sin x$ 和 $\cos x$ 在定义区间内是连续的,根据定理 1.6 可知, $\tan x,\cot x,\sec x,\csc x$ 在定义区间内都是连续的.

(2)反函数的连续性.

定理 1.7 如果函数 $y=f(x)$ 在某区间上单调增加(或减少)且连续,那么它的反函数 $x=\varphi(y)$ 在对应区间上也单调增加(或减少)且连续.

例如, $y=\sin x$ 在区间 $\left[-\dfrac{\pi}{2},\dfrac{\pi}{2}\right]$ 上单调增加且连续,则其反函数 $y=\arcsin x$ 在对应区间 $[-1,1]$ 上也单调增加且连续.

同样地, $y=\arccos x,y=\arctan x,y=\operatorname{arccot} x$ 在其定义域内也是单调且连续的.

(3)复合函数的连续性.

定理 1.8 设函数 $y=f(u)$ 在 u_0 处连续,函数 $u=\varphi(x)$ 在点 x_0 处连续,且 $u_0=\varphi(x_0)$,则复合函数 $y=f[\varphi(x)]$ 在点 x_0 处也连续.

例如, $y=\sin u$ 在 $(-\infty,+\infty)$ 内连续, $u=\dfrac{1}{x}$ 在 $(-\infty,0)\cup(0,+\infty)$ 内连续,则复合函数 $y=\sin\dfrac{1}{x}$ 在 $(-\infty,0)\cup(0,+\infty)$ 内连续.

2.初等函数的连续性

(1)基本初等函数的连续性.

由以上讨论知,三角函数及反三角函数在定义域内是连续的.

可以证明,指数函数 $y=a^x(a>0,a\neq1)$ 在 $(-\infty,+\infty)$ 内单调且连续,因此其反函数 $y=\log_a x(a>0,a\neq1)$ 在定义区间内也是连续的.

幂函数 $y=x^{\mu}$ 可以写成 $y=x^{\mu}=a^{\mu\log_a x}$，即 $y=x^{\mu}$ 可以看成是由 $y=a^{u'}$ 与 $u'=\mu\log_a x$ 复合而成的函数，由定理 1.8 可得幂函数在定义区间内是连续的.

于是，基本初等函数在它们的定义区间内都是连续的.

(2)初等函数的连续性.

定理 1.9　一切初等函数在各自的定义区间内是连续的.

例 1.43　求函数 $f(x)=\dfrac{x+2}{x^2-5x+6}$ 的连续区间.

解　由于函数为初等函数，由定理 1.9 知，函数的连续区间就是函数的定义域，因此函数的连续区间为 $(-\infty,2)\cup(2,3)\cup(3,+\infty)$.

根据初等函数的连续性，若 x_0 是初等函数的连续点，则 $\lim\limits_{x\to x_0}f(x)=f(x_0)$.

这说明求连续函数的极限，可归结为计算函数值.

例 1.44　求 $\lim\limits_{x\to\frac{\pi}{2}}\ln\sin x$.

解　由于 $x=\dfrac{\pi}{2}$ 在函数的定义域内，因此

$$\lim_{x\to\frac{\pi}{2}}\ln\sin x=\ln\sin\frac{\pi}{2}=\ln 1=0.$$

四、闭区间上连续函数的性质

定理 1.10(最值定理)　如果函数 $f(x)$ 在闭区间 $[a,b]$ 上连续，则 $f(x)$ 在区间 $[a,b]$ 上一定有最大值与最小值.

该定理反映在几何上就是，闭区间上的连续曲线上必有一最高点，也必有一最低点，如图 1.18 所示，函数 $y=f(x)$ 在点 x_1 处取得最小值 $f(x_1)$，在点 x_2 处取得最大值 $f(x_2)$.

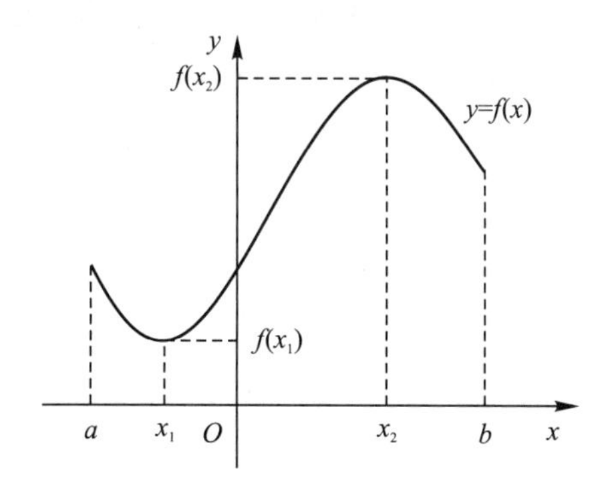

图 1.18

函数的最大值与最小值统称为函数的**最值**；函数取得最大(最小)值时对应的自变量的值，叫作函数的最大(最小)值点，统称为**最值点**.

由定理 1.10 可得下列推论：

推论 1(**有界性定理**)　在闭区间上连续的函数一定在该区间上有界.

注意　如果函数在开区间内连续,或在闭区间上不连续,则该函数在该区间上就不一定有最大值或最小值.

例如,$y = x^2$ 在区间 $(0,1)$ 内连续,但函数在 $(0,1)$ 既无最大值,也无最小值.

又如,函数 $f(x) = \begin{cases} 1 - x, 0 \leqslant x < 1, \\ 1, x = 1, \\ 3 - x, 1 < x \leqslant 2 \end{cases}$ 在闭区间 $[0,2]$ 上不连续,从图 1.19 可以看出,函数既没有最大值,也没有最小值.

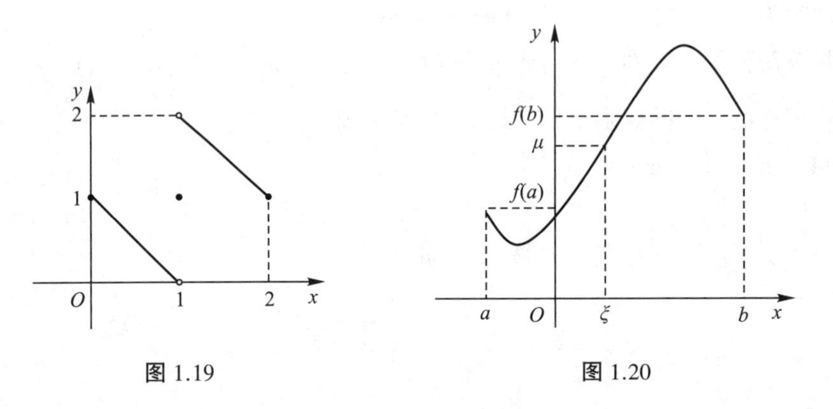

图 1.19　　图 1.20

定理 1.11(**介值定理**)　如果函数 $f(x)$ 在闭区间 $[a,b]$ 上连续,且 $f(a) \neq f(b)$,则对于介于 $f(a)$ 与 $f(b)$ 之间的任意数 μ,在 (a,b) 内至少存在一点 ξ,使得 $f(\xi) = \mu$.

定理 1.11 说明,闭区间上的连续函数可以取得介于区间两个端点处函数值之间的所有值.它的几何意义是:连续曲线弧 $y = f(x)$ 与水平直线 $y = \mu$ 至少相交于一点(如图 1.20所示).即在闭区间上连续的函数必取得介于最大值与最小值之间的任何值.

例如,自由落体是连续运动,从 5 m 高的地方下落到地面要经过 5 m 以下的所有高度.

推论 2(**零点存在定理**)　若函数 $f(x)$ 在 $[a,b]$ 上连续,且在端点处函数值异号,那么在 (a,b) 内至少存在一点 ξ,使得 $f(\xi) = 0(a < \xi < b)$.

如果 x_0 使 $f(x_0) = 0$,则 x_0 称为函数 $f(x)$ 的零点.

如图 1.21 所示,闭区间 $[a,b]$ 上连续的曲线,满足 $f(a) \cdot f(b) < 0$,则在 (a,b) 内曲线与 x 轴至少有一个交点.从几何上看,零点定理表示:如果连续曲线弧 $y = f(x)$ 的两个端点位于 x 轴的不同侧,那么这段曲线弧与 x 轴至少有一个交点.

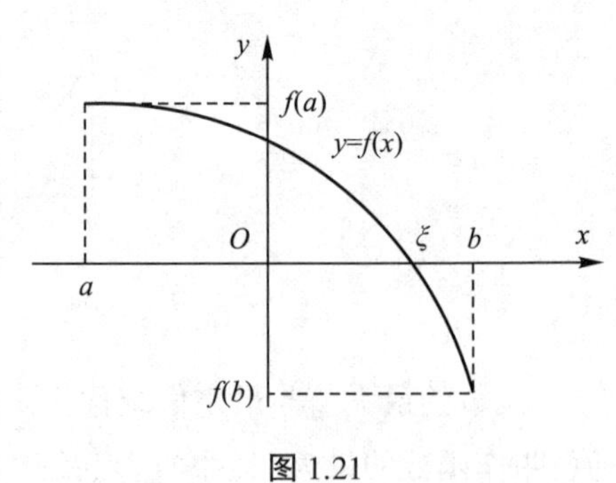

图 1.21

在日常生活中,即使是最知己的朋友,有时候看某些事物的观点也将处在完全对立的状态,零点定理告诉我们,只要彼此双方的心是相通(连续)的,总能

找到解决问题的关键点(平衡点).

利用零点存在定理,可以讨论方程根的存在情况.

例 1.45　验证方程 $x \cdot 2^x = 1$ 至少有一个小于 1 的正根.

解　令 $f(x) = x \cdot 2^x - 1$, 则 $f(x)$ 在 $[0,1]$ 上连续, $f(0) = -1, f(1) = 1$, 由零点存在定理知,在 $(0,1)$ 内至少存在一点 ξ, 使得 $f(\xi) = 0$, 即

$$f(\xi) = \xi \cdot 2^{\xi} - 1 = 0.$$

这说明方程 $x \cdot 2^x = 1$ 在 $(0,1)$ 内至少有一个根,也就是方程 $x \cdot 2^x = 1$ 至少有一个小于 1 的正根.

例 1.46　某赛车跑完 120 km 用了 30 min,问:在 120 km 的路程中是否至少有一段长为 20 km 的距离恰用 5 min 跑完?

解　5 min 跑完 20 km 恰好是平均速度,直观上感到回答应该是肯定的.下面我们用连续函数的性质来严格地论证它的正确性.

设从开始时刻到 t 分钟时刻跑过的距离为 $s(t)$ km,则 $s(0) = 0, s(30) = 120$, 且 $s(t)$ 是 t 的连续函数.

令 $f(t) = s(t+5) - s(t)$, 则 $f(t)$ 在 $[0,25]$ 上连续.于是该问题归结为:是否存在一点 $\xi \in [0,25]$, 使得 $f(\xi) = 20$?

设 $f(t)$ 在 $[0,25]$ 上的最小值、最大值分别为 m 和 M, 由

$f(0) + f(5) + f(10) + f(15) + f(20) + f(25) = s(30) = 120$, 及

$m \leqslant \dfrac{f(0) + f(5) + f(10) + f(15) + f(20) + f(25)}{6} \leqslant M$ 可知,

$m \leqslant 20 \leqslant M.$

所以,由连续函数的介值定理知,至少存在一点 $\xi \in [0,25]$, 使得 $f(\xi) = 20$.

这说明从时刻 ξ 开始的 5 min 内跑完了 20 km.

练习题 1.5

1.填空题.

(1)函数 $f(x) = \begin{cases} e^{ax} - a, x \leqslant 0, \\ a\cos 2x + x, x > 0 \end{cases}$ 是连续函数,则 $a =$ ________;

(2)函数 $f(x) = \begin{cases} \dfrac{x^2 + bx + 2}{1 - x}, x \neq 1, \\ a, x = 1 \end{cases}$ 在点 $x = 1$ 处连续,则 $a =$ ________, $b =$ ________;

(3)设函数 $f(x)$ 在点 $x = 1$ 处连续,且 $\lim\limits_{x \to 1} \dfrac{f(x) - 2}{x - 1} = 1$, 则 $f(1) =$ ________;

(4)函数$f(x)=\begin{cases}\dfrac{\tan ax}{x},x<0\\ x+2,x\geqslant 0\end{cases}$在点$x=0$处连续,则$a=$__________.

2.选择题.

(1)点$x=0$是函数$f(x)=\arctan\dfrac{1}{x}$的(　　);

A.连续点　B.可去间断点　C.跳跃间断点　D.第二类间断点

(2)点$x=0$是函数$f(x)=\dfrac{3^{\frac{1}{x}}-1}{3^{\frac{1}{x}}+1}$的(　　);

A.连续点　B.可去间断点　C.跳跃间断点　D.第二类间断点

(3)点$x=0$是函数$f(x)=\sin^2\dfrac{1}{x}$的(　　);

A.连续点　B.可去间断点　C.跳跃间断点　D.第二类间断点

(4)点$x=1$是函数$f(x)=\dfrac{\sqrt[3]{x}-1}{x-1}$的(　　);

A.连续点　B.可去间断点　C.跳跃间断点　D.无穷间断点

(5)函数$f(x)=\dfrac{x^2-1}{x^2-3x+2}$的连续区间是(　　);

A.$(-\infty,2)$　B.$(1,+\infty)$

C.$(-\infty,1)\cup(1,2)\cup(2,+\infty)$　D.$(2,+\infty)$

(6)若$f(x)=\begin{cases}\dfrac{x^2-3x+2}{x-2},x\neq 2,\\ 3a,x=2\end{cases}$是连续函数,则$a=$(　　);

A.$\dfrac{1}{3}$　B.3　C.2　D.1

(7)点$x=1$是函数$f(x)=\dfrac{x^2-1}{x^2-x-2}$的(　　);

A.跳跃间断点　B.可去间断点　C.连续点　D.第二类间断点

(8)点$x=0$是函数$f(x)=\dfrac{\sin 2x}{x}$的(　　).

A.跳跃间断点　B.可去间断点　C.连续点　D.无穷间断点

3.讨论函数$f(x)=\begin{cases}x^2,0\leqslant x\leqslant 1,\\ 2-x,1<x\leqslant 2\end{cases}$在点$x=1$处的连续性.

4.求函数$f(x)=\dfrac{x+3}{x^2+x-6}$的连续区间,并求$\lim\limits_{x\to 2}f(x)$,$\lim\limits_{x\to -3}f(x)$,$\lim\limits_{x\to 0}f(x)$.

5.讨论下列函数的间断点,并指出间断点的类型:

(1) $f(x)=\dfrac{1}{x^2+x-2}$;　　(2) $f(x)=\dfrac{x+3}{x^2-9}$;

(3) $f(x)=\cos^2\dfrac{1}{x}$;　　(4) $f(x)=\begin{cases}x^2+1, x\leqslant 0,\\ x-1, x>0.\end{cases}$

6.已知函数 $f(x)=\begin{cases}\sqrt{x^2+4}, x<0,\\ a, x=0,\\ 2x+b, x\geqslant 0\end{cases}$ 在点 $x=0$ 处连续,求 a 与 b 的值.

7.求下列极限:

(1) $\lim\limits_{x\to\frac{\pi}{6}}\ln(2\cos 2x)$;　　(2) $\lim\limits_{x\to 1}\dfrac{\sqrt{3x-2}-\sqrt{x}}{x-1}$;

(3) $\lim\limits_{x\to 0}(1+3\tan^2 x)^{\cot^2 x}$;　　(4) $\lim\limits_{x\to 0}\dfrac{\ln(1+x)}{x}$.

8.证明方程 $x^5-3x=1$ 在区间(1,2)内至少有一个实数根.

9.证明方程 $3\sin x=x$ 在区间 $\left(\dfrac{\pi}{2},\pi\right)$ 内至少有一个实数根.

10.某地一长途汽车线路全长 60 km,票价规定如下:乘坐 20 km 以下票价 5 元,坐满 20 km不足 40 km 票价 10 元,坐满 40 km 票价 15 元.试建立票价 y(元)与路程 x(km)之间的函数关系式,并讨论函数在点 $x=20$ 处的连续性.

【本章小结】

一、本章主要内容与重点

1.函数的概念及其性质

(1)函数的概念.

(2)函数的性质.

(3)复合函数的概念.

(4)反函数.

2.函数的极限

(1)函数极限的概念和性质.

(2)函数极限存在的充分必要条件.

(3)函数极限的四则运算法则.

(4)两个重要极限.

① $\lim\limits_{x \to 0} \dfrac{\sin x}{x} = 1$;

② $\lim\limits_{x \to \infty} \left(1 + \dfrac{1}{x}\right)^x = \mathrm{e}$.

3.无穷小的比较

设 α 和 β 是自变量在相同变化过程中的两个无穷小.

(1)如果 $\lim \dfrac{\beta}{\alpha} = 0$,则称 β 是比 α 高阶的无穷小,记作 $\beta = o(\alpha)$.

(2)如果 $\lim \dfrac{\beta}{\alpha} = \infty$,则称 β 是比 α 低阶的无穷小.

(3)如果 $\lim \dfrac{\beta}{\alpha} = C(C \neq 0)$,则称 β 与 α 是同阶无穷小.

(4)如果 $\lim \dfrac{\beta}{\alpha} = 1$,则称 β 与 α 是等价无穷小,记作 $\alpha \sim \beta$.

对两个无穷小进行比较,实际上就是求两个无穷小商的极限.

4.函数的连续性和间断点

(1)函数的连续性.

所谓函数 $y = f(x)$ 在点 x_0 处连续,必须满足以下三个条件:

①函数 $y = f(x)$ 在点 x_0 及其附近有定义;

②函数 $y = f(x)$ 在点 x_0 有极限,即 $\lim\limits_{x \to x_0} f(x)$ 存在;

③函数 $y = f(x)$ 在点 x_0 处的极限值与该点的函数值相等,即 $\lim\limits_{x \to x_0} f(x) = f(x_0)$.

如果函数 $f(x)$ 在区间 (a,b) 内的任意一点都连续,则函数 $f(x)$ 在区间 (a,b) 内连续;

如果函数 $f(x)$ 在区间 (a,b) 内连续,在点 a 右连续,在点 b 左连续,则函数 $f(x)$ 在区间 $[a,b]$ 上连续.

分段函数在分段点 x_0 处连续,必须满足 $f(x_0^-) = f(x_0^+) = f(x_0)$.

(2)函数的间断点.

重点　函数的概念及其性质,复合函数的概念,函数定义域的确定,基本初等函数的图象与性质,极限的概念,函数连续的概念,极限的四则运算法则,两个重要极限,求极限的若干方法.

二、学习指导

1.判断两个函数是否相同

确定函数是否相同的关键要素是定义域和对应法则.对于两个函数来说,当且仅当它们的定义域和对应法则都相同时,这两个函数才是同一个函数.

2.求函数的定义域

通常讨论的函数定义域是指使函数解析式有意义的自变量的取值范围.使算式有意义的情形,一般有以下四种:

(1)分式的分母不为零.

(2) $\sqrt[2n]{f(x)}, n \in \mathbf{N}_+$, 要求 $f(x) \geqslant 0$.

(3) $\log_a f(x)(a > 0$,且 $a \neq 1)$, 要求 $f(x) > 0$.

(4) $\arcsin f(x)$ 或 $\arccos f(x)$, 要求 $|f(x)| \leqslant 1$.

对于涉及实际问题建立的函数关系的定义域,还要注意其实际意义.

3.函数的性质

函数的有界性、奇偶性和周期性,一般都是从定义出发进行讨论.有界性还要注意函数所在的区间.判断函数的单调性,在本章只能根据单调性的定义对一些简单函数作出判断,以后我们还可以利用函数所在区间导数的符号进行判断.

4.复合函数的复合与分解

两个函数 $y=f(u)$ 与 $u=\varphi(x)$ 复合的条件是 $u=\varphi(x)$ 的值域与函数 $y=f(u)$ 的定义域的交集不是空集.

复合函数的分解与复合是相反的两个方向,把几个能够进行复合的函数进行复合,就是依次代入,也就是由内向外;把一个函数进行分解,就是引入一些中间变量,把函数分解为几个简单的函数,引入中间变量是由外向内.

5.求反函数

已知直接函数,求反函数的方法:一般先从方程 $y=f(x)$ 中解出 x,然后再将所得结果中的 x 与 y 互换位置即可.

6.求函数极限的方法

求函数极限是本章的重点之一,在求极限的过程中,应当注意使用求极限方法的条件,以防出错.

本章求极限的方法主要有:

(1)利用极限的四则运算法则求极限.

(2)利用两个重要极限求极限.

(3)利用有界变量与无穷小的乘积仍为无穷小求极限.

(4)利用等价无穷小替换求极限.

(5)利用无穷大与无穷小的倒数关系求极限.

(6)利用初等函数的连续性求极限.

7.求分段函数的极限

分段函数在分段点处的极限的计算,要利用函数 $y=f(x)$ 在点 x_0 处存在极限的充分必要条件 $f(x_0^-)$ 和 $f(x_0^+)$ 都存在且相等求解.

8.求函数的间断点并判断其类型

初等函数的间断点必定是没有定义的点;分段函数的间断点必定是分段点.

判断函数间断点类型的方法类似于判断在这些点是否连续(左、右极限是否存在,是否相等,极限值是否等于函数值等).

9.利用零点存在定理证明方程根的存在性

若函数 $f(x)$ 在闭区间 $[a,b]$ 上连续,且 $f(a)\cdot f(b)<0$, 则在区间 (a,b) 内至少存在一点 ξ, 使得 $f(\xi)=0$. 这个 ξ 就是满足上述条件的方程 $f(x)=0$ 的根.

习题一

1.选择题.

(1)函数 $f(x)=\dfrac{1}{\sqrt{1-x}}$ 的定义域是(　　);

A.$(-\infty,-1]$　　B.$(-\infty,-1)$　　C.$(-\infty,1]$　　D.$(-\infty,1)$

(2)函数 $f(x)=\sin\sqrt{9-x^2}+\ln(x-1)$ 的定义域是(　　);

A.$(1,3]$　　B.$(1,+\infty)$　　C.$(3,+\infty)$　　D.$[-3,1)$

(3)已知 $f(x)$ 的定义域为 $[1,e]$, 则 $f(e^x)$ 的定义域为(　　);

A.$(0,1]$　　B.$[0,1]$　　C.$(0,1)$　　D.$[0,1)$

(4)已知 $f(2x)=x^2-2x$,则 $f(x)=$(　　);

A. $\dfrac{1}{4}x^2+1$　　B. $\dfrac{1}{4}x^2-1$

C. $\dfrac{1}{4}x^2-x$　　D. $\dfrac{1}{4}x+1$

(5)已知函数 $f(x)$ 为奇函数, $g(x)$ 为偶函数,则下列为奇函数的是(　　);

A.$f(x^4)$　　B.$f(x)+g(x)$　　C.$f(x)g(x)$　　D.$f[g(x)]$

(6)函数 $f(x)=\ln(\sqrt{1+x^2}-x)$ 在定义域上(　　);

A.奇偶性不确定　　B.是偶函数

C.是非奇非偶函数　　D.是奇函数

(7)设$f(x)$的定义域为$\mathbf{R}$,则$g(x)=f(x)-f(-x)$(　　);

A.是偶函数　　B.是奇函数

C.不是奇函数,也不是偶函数　　D.既是奇函数,也是偶函数

(8)设$f(x)$为$(-\infty,+\infty)$上的奇函数,则函数$\sin f(x)+\ln(\sqrt{1+x^2}-x)$在$(-\infty,+\infty)$上(　　);

A.是偶函数　　B.是奇函数

C.既不是奇函数,也不是偶函数　　D.无法判断其奇偶性

(9)已知函数$f(x+1)=2x+1$,则$f^{-1}(x-5)=$(　　);

A. $2x-9$　　B. $2x-11$

C. $\frac{x}{2}-3$　　D. $\frac{x}{2}-2$

(10)已知$f(x)=\frac{x}{1+2x}$,则$f^{-1}(1)=$(　　);

A.-1　　B.1　　C.$-\frac{1}{3}$　　D.$\frac{1}{3}$

(11)设$f(x)=\begin{cases}x-1,x<0,\\0,x=0,\\x+1,x>0,\end{cases}$ 则$\lim\limits_{x\to0}f(x)$(　　);

A.1　　B.-1　　C.0　　D.不存在

(12)$\lim\limits_{x\to1}\frac{x-1}{|x-1|}=$(　　);

A.1　　B.-1　　C.0　　D.不存在

(13)当$x\to+\infty$时,下列不是无穷大的是(　　);

A. $\frac{x^2+1}{\sqrt{2x^3+4}}$　　B. $\ln x$

C. 3^x　　D. $\arctan x$

(14)下列极限存在的是(　　);

A. $\lim\limits_{x\to\infty}\frac{x+1}{x^2+1}$　　B. $\lim\limits_{x\to\infty}\frac{1}{2^x+1}$

C. $\lim\limits_{x\to0}\frac{1}{x}$　　D. $\lim\limits_{x\to+\infty}\sqrt{\frac{x^2+2}{x}}$

(15)当$x\to0$时,$e^{2x^2}-1$是x^2的(　　);

A.等价无穷小　　B.同阶但不等价

C.高阶　　D.低阶

(16)当 $x \to 0$ 时, $\sqrt[3]{1+ax^2}-1$ 与 $-\dfrac{1}{2}x^2$ 等价,则 $a=$(　　);

A. $-\dfrac{3}{2}$　　B.1　　C.2　　D. $\dfrac{3}{2}$

(17)当 $x \to 0$ 时,下列无穷小量中阶数最高的是(　　);

A. x^2　　B. $1-\cos x$

C. $\sqrt{1-x}-1$　　D. $\sin x-\tan x$

(18)已知 $\lim\limits_{x\to 2}\dfrac{ax^2+4}{x-2}=-4$,则(　　);

A. $a=-1$　　B. $a=0$　　C. $a=1$　　D. $a=2$

(19)设函数 $f(x)$ 在点 x_0 连续,则下列说法正确的是(　　);

A. $\lim\limits_{x\to x_0}f(x)$ 可能不存在

B. $\lim\limits_{x\to x_0}f(x)$ 必定存在,但不一定等于 $f(x_0)$

C.当 $x \to x_0$ 时, $f(x)-f(x_0)$ 必为无穷小

D.在点 x_0 处必定可导

(20)已知函数 $f(x)=\begin{cases}a+\ln x,\\2ax-1\end{cases}$ 在 $x=1$ 处连续,则 $a=$(　　);

A.1　　B.2　　C.3　　D.-1

(21)设函数 $f(x)=\begin{cases}2x+\dfrac{\sin x}{x},x>0,\\x\cos x,x<0,\end{cases}$ 则 $x=0$ 是(　　);

A.无穷间断点　　B.可去间断点

C.跳跃间断点　　D.振荡间断点

(22)对于函数 $y=\dfrac{x^2-1}{x^2-x-2}$,下列结论正确的是(　　).

A. $x=-1$ 是第二类间断点, $x=2$ 是第二类间断点

B. $x=-1$ 是第一类间断点, $x=2$ 是第一类间断点

C. $x=-1$ 是第二类间断点, $x=2$ 是第一类间断点

D. $x=-1$ 是第一类间断点, $x=2$ 是第二类间断点

2.填空题.

(1)设 $f(x)=\ln 2$, 则 $f(x+1)-f(x)=$ __________;

(2)设 $f(x)=\dfrac{1}{1+x}$, 则 $f[f(x)]=$ __________;

(3) $f(x)=\sqrt{\sin x}+\lg(16-x^2)$ 的定义域是__________;

(4)设$f(1-2x)$的定义域为$(-3,0]$,则$f(\ln x)$的定义域为________;

(5)设$f(2x-1)=4x$,且$f(a)=6$,则$a=$________;

(6)设$f\left(x+\frac{1}{x}\right)=x^2+\frac{1}{x^2}+3$,则$f(x)=$________;

(7)已知$f(1+x)=\arctan x$,$f[\varphi(x)]=x-2$,则$\varphi(x+2)=$________;

(8)已知$f(x)=x-1$,则其反函数是$y=$________;

(9)已知$\lim\limits_{x\to\infty}\left(1-\frac{3}{x}\right)^{px}=e^{-2}$,则$p=$________;

(10)函数$f(x)=\frac{1}{\sqrt{9-x^2}}+\ln(x+1)$的连续区间是________.

3.判断下列命题是否正确,为什么?

(1)两个无穷大之和为无穷大;

(2)两个无穷小之商为无穷小;

(3)若$\lim\limits_{x\to a}f(x)$不存在,则$f(x)$在$x=a$处不连续;

(4)分段函数一定不是初等函数.

4.求下列函数的定义域:

(1) $f(x)=\ln(1-x)+\sqrt{x+2}$;　　(2) $f(x)=\arcsin(x-3)$;

(3) $f(x)=\frac{\sqrt{3-x}}{x}$;　　(4) $f(x)=\frac{x}{x^2-2x-3}$.

5.判断下列函数的奇偶性:

(1) $f(x)=2x^3+5\sin x$;　　(2) $f(x)=\ln\frac{1+x}{1-x}$;

(3) $f(x)=2^x+2^{-x}$;　　(4) $f(x)=\sin x-4\cos x$.

6.设$f(x+1)=x^2+4x-2$,求$f(x)$,$f(x-1)$.

7.下列函数可以看成是由哪些简单函数复合而成的?

(1) $y=(x^2+5)^3$;　　(2) $y=\sin^3(2x+1)$;

(3) $y=e^{\sqrt{x+1}}$;　　(4) $y=\ln\cos\sqrt{x^2+3}$.

8.求下列极限:

(1) $\lim\limits_{x\to1}\frac{x^2-2x+1}{x^3-x}$;　　(2) $\lim\limits_{x\to0}\frac{x^2}{\sqrt{1+x^2}-1}$;

(3) $\lim\limits_{x\to1}\left(\frac{1}{1-x}+\frac{1-3x}{1-x^2}\right)$;　　(4) $\lim\limits_{x\to1}\frac{\sqrt{5x-4}-\sqrt{x}}{x-1}$;

(5) $\lim\limits_{x\to+\infty}(\sqrt{x^2+x}-\sqrt{x^2-x})$;　　(6) $\lim\limits_{x\to\infty}\frac{1}{x}\sin 2x$;

(7) $\lim\limits_{x\to 0}\dfrac{\arcsin 2x}{3x}$;　　(8) $\lim\limits_{x\to\infty}\left(1+\dfrac{3}{x}\right)^{2x}$;

(9) $\lim\limits_{x\to 0}(1+\sin x)^{\frac{1}{\sin x}}$;　　(10) $\lim\limits_{x\to 0}\dfrac{1-\cos x}{x\sin x}$;

(11) $\lim\limits_{x\to 0}\dfrac{\sin\sin x}{x}$;　　(12) $\lim\limits_{x\to a}\dfrac{\sin x-\sin a}{\sin(x-a)}$;

(13) $\lim\limits_{x\to\infty}\left(1+\dfrac{a}{x}\right)^{x}$;　　(14) $\lim\limits_{x\to+\infty}\dfrac{\cos x}{e^{x}+e^{-x}}$.

9.已知 $\lim\limits_{x\to\infty}\left(\dfrac{x^2+1}{x+1}-ax-b\right)=0$,求 a,b 的值.

10.当 $x\to 0$ 时,证明:

(1) $\arcsin x\sim x$;　　(2) $\tan x-\sin x=o(x)$;

(3) $\ln(1+x^2)=o(x)$;　　(4) $\sec x-1\sim\dfrac{x^2}{2}$.

11.求下列函数的连续区间:

(1) $y=\dfrac{x+2}{x^2+3x-10}$;　　(2) $y=\dfrac{1}{\sqrt{x^2-3x+2}}$.

12.讨论下列函数在指定点处的连续性,如果间断,指出间断点的类型.

(1) $f(x)=\begin{cases}\dfrac{\sin 2x}{x}, x\neq 0,\\ 1, x=0,\end{cases}$ $x=0$;

(2) $f(x)=\begin{cases}\ln(1-x), x<0,\\ 1, x=0,\\ e^{x}+1, x>0,\end{cases}$ $x=0$.

13.已知函数 $f(x)=\begin{cases}\dfrac{\sin ax}{x}+(1+ax)^{\frac{1}{x}}, x\neq 0,\\ a+2, x=0,\end{cases}$ 在区间 $(-\infty,+\infty)$ 内连续,试求 a 的值.

14.旅客乘坐火车时,随身携带物品的收费标准为:不超过 20 kg 免费;超过 20 kg 的部分,每千克收费 0.20 元;超过 50 kg 的部分,再加收 50%.试列出收费与物品重量之间的函数关系式.

15.在特定的假设下,雨滴在 t 时刻的下落速度为

$$v(t)=v_0\left(1-e^{-\frac{gt}{v_0}}\right)$$

其中 g 是重力加速度, v_0 是雨滴的最终速度.求 $\lim\limits_{t\to+\infty}v(t)$.

16.证明方程 $\sin x+x+1=0$ 在 $\left(-\frac{\pi}{2},\frac{\pi}{2}\right)$ 内至少有一个根.

17.证明方程 $x=a\sin x+b(a>0,b>0)$ 至少有一个不超过 $a+b$ 的正根.

【阅读材料】

中国现代数学先驱——熊庆来

熊庆来

熊庆来(1893—1969),字迪之,云南弥勒人,中国数学家,中国函数论的主要开拓者之一.

熊庆来于1920年获得马赛大学理科硕士学位;1933年,获得法国国家理科博士学位;1934年至1937年,回国后任清华大学算学系教授兼系主任;1937年至1949年,任云南大学校长;1957年至1969年,任中国科学院数学研究所研究员、函数论研究室主任;1969年逝世,享年76岁.

熊庆来主要从事函数论方面的研究工作.

熊庆来是中国数学界的泰斗级人物,他一生做了两件大事:一是研究数学,二是教书育人.在数学方面,他的函数论研究成果被誉为“熊氏无穷极”(即“熊氏定理”),并载入世界数学史册;在育人方面,他培养了华罗庚、严济慈、赵忠尧、陈省身、许宝騄、庄圻泰、钱三强、杨乐、张广厚等一大批优秀数学家,使中国数学的研究达到国际先进水平.

第二章　导数与微分

在一切理论成就中，未必有什么像17世纪下半叶微积分的发明那样被看成人类精神的最高胜利了.

——恩格斯

【学习目标】

1.理解导数的概念,能用导数描述一些实际变化率问题.

2.了解函数可导性与连续性的关系,会求分段函数在分段点处的导数.

3.了解导数的几何意义,会求平面曲线的切线与法线方程.

4.熟练掌握导数和微分的四则运算法则和复合运算法则.

5.熟悉导数和微分的基本公式.

6.掌握隐函数和参数方程所确定的函数的一阶导数的求法.

7.知道高阶导数的概念,掌握求初等函数的一阶、二阶导数的方法,会求简单函数的 n 阶导数.

8.理解微分的定义,掌握微分与导数的区别与联系.

9.了解微分在近似计算中的应用.

前面已经学了函数与极限两个概念,本章在此基础上研究两个基本概念:导数与微分.17世纪后期出现了一个崭新的数学分支——微积分,它在数学领域中占据着主导地位.导数主要研究函数相对于自变量的变化快慢程度,而微分主要研究当自变量有微小变化时,函数大体上改变多少.本章将介绍导数与微分的概念及函数的基本求导公式、运算法则.

第一节　导数的概念

历史上,导数的概念产生于以下两个经典问题的研究:求曲线的切线问题和求非匀速直线运动的速度问题.微分学中最基本的概念是“导数”,而导数来源于许多实际问题的变化率,它描述了非均匀变化现象的快慢程度.

一、两个实例

引例2.1　变速直线运动物体的瞬时速度:

设一物体做变速直线运动,设直线运动物体的路程函数为 $s=s(t)$,求物体在 t_0 时刻的瞬时速度.

我们知道,对于匀速直线运动,速度 $=\dfrac{\text{路程}}{\text{时间}}$. 但是对于变速直线运动,该公式只能表示在某时间段内的平均速度,不能反映物体在某一时刻的运动快慢情况.

考虑物体从时刻 t_0 到 $t_0+\Delta t$ 这个时间段的平均速度:

$$\bar{v}=\frac{\Delta s}{\Delta t}=\frac{s(t_0+\Delta t)-s(t_0)}{\Delta t}.$$

在变速直线运动中,它不仅与 t_0 有关,而且与 Δt 也有关.但当 Δt 很小时,速度的变化不大,可以近似地看作是匀速直线运动,即当 Δt 很小时,平均速度 $\dfrac{\Delta s}{\Delta t}$ 便近似地等于物体在 t_0 时刻的瞬时速度. Δt 越小,近似程度便越高.当 Δt 趋于 0 时,平均速度 $\bar{v}$ 的极限便是物体在时刻 t_0 时的瞬时速度,即

$$v=\lim_{\Delta t\to 0}\bar{v}=\lim_{\Delta t\to 0}\frac{\Delta s}{\Delta t}=\lim_{\Delta t\to 0}\frac{s(t_0+\Delta t)-s(t_0)}{\Delta t}.$$

引例 2.2　曲线的切线斜率:

在中学时,切线定义为与曲线只有一个交点的直线,但是对高等数学中研究的曲线就不适合了,比如曲线 $y=x^2$, 在 $x=0$ 处, x 轴和 y 轴与直线相交均只有一个交点,显然 y 轴不是切线(见图 2.1).下面给出一般曲线切线的定义.

设点 P 是曲线 L 上的一个定点,点 Q 是动点,作割线 PQ .当点 Q 沿着曲线 L 趋向于点 P 时,如果割线 PQ 的极限位置 PT 存在,则称直线 PT 为曲线 L 在点 P 处的**切线**(见图 2.2).下面求曲线的切线的斜率.

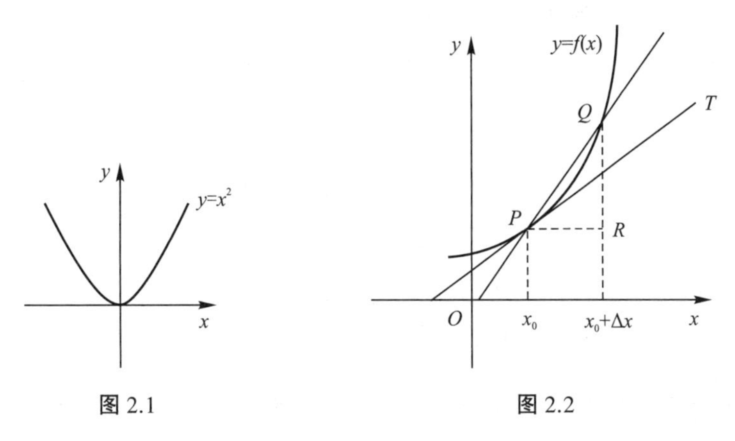

图 2.1　　　　图 2.2

设函数 $y=f(x)$ 的图象是曲线 L ,在点 $P(x_0,y_0)$ 的附近取一点 $Q(x_0+\Delta x,y_0+\Delta y)$, 那么割线 PQ 的斜率为

$$k_1 = \frac{f(x_0 + \Delta x) - f(x_0)}{\Delta x}.$$

当割线 PQ 逼近切线 PT 时, $\Delta x \to 0$, 从而切线 PT 的斜率为

$$k = \lim_{\Delta x \to 0} \frac{f(x_0 + \Delta x) - f(x_0)}{\Delta x}.$$

从以上两个引例可以看出,虽然两个问题的背景不同,但从数量关系的角度来研讨,其共同之处都是研究函数当自变量的增量趋向于 0 时,函数值的增量与自变量的增量之比的极限.在自然科学和工程技术领域内,还有许多概念,如化学反应速率、生物繁殖率、电流强度、角速度、线密度等,都可以归结为上述的数学形式.我们撇开这些量的具体意义,抓住它们在数量关系上的共性,就得到函数的导数的概念.

二、导数的概念

定义 2.1 设函数 $y=f(x)$ 在点 x_0 的某邻域内有定义,当自变量 x 在 x_0 处有增量 Δx (点 $x_0+\Delta x$ 仍在该邻域内)时,函数 y 取得相应的增量 $\Delta y = f(x_0+\Delta x) - f(x_0)$. 如果当 $\Delta x \to 0$ 时,比值 $\frac{\Delta y}{\Delta x}$ 的极限存在,则称函数 $y=f(x)$ 在点 x_0 处可导,并称此极限为函数 $y=f(x)$ **在点 x_0 处的导数**,记为 $f'(x_0)$, 即

$$f'(x_0) = \lim_{\Delta x \to 0} \frac{\Delta y}{\Delta x} = \lim_{\Delta x \to 0} \frac{f(x_0 + \Delta x) - f(x_0)}{\Delta x}, \qquad (2.1)$$

也可记作 $y'|_{x=x_0}$ 或 $\left.\frac{\mathrm{d}y}{\mathrm{d}x}\right|_{x=x_0}$ 或 $\left.\frac{\mathrm{d}f}{\mathrm{d}x}\right|_{x=x_0}$.

如果极限 $\lim\limits_{\Delta x \to 0} \frac{\Delta y}{\Delta x}$ 不存在,则称函数在点 x_0 处**不可导**.当极限 $\lim\limits_{\Delta x \to 0} \frac{\Delta y}{\Delta x}$ 为 ∞ 时,习惯称函数 $y=f(x)$ 在 x_0 处具有**无穷导数**,记作 $f'(x_0) = \infty$.

函数 $y=f(x)$ 在点 x_0 的导数的另外两种等价形式为

$$f'(x_0) = \lim_{h \to 0} \frac{f(x_0 + h) - f(x_0)}{h},$$

$$f'(x_0) = \lim_{x \to x_0} \frac{f(x) - f(x_0)}{x - x_0}.$$

如果函数 $y=f(x)$ 在开区间 I 内的每一点处都可导,就称函数 $f(x)$ 在开区间 I 内可导.这时,对于任一 $x \in I$, 都对应着 $f(x)$ 的一个确定的导数值.这样就构成了一个新的函数,这个新的函数叫作原来函数 $y=f(x)$ 的**导函数**,简称**导数**,记作 y', $f'(x)$, $\frac{\mathrm{d}y}{\mathrm{d}x}$ 或 $\frac{\mathrm{d}f(x)}{\mathrm{d}x}$.

$$y' = \lim_{\Delta x \to 0} \frac{f(x + \Delta x) - f(x)}{\Delta x}.$$

显然，函数 $f(x)$ 在 x_0 处的导数等于导函数 $f'(x)$ 在 x_0 处的函数值，即

$$f'(x_0)=f'(x)\big|_{x=x_0}.$$

在实际中，需要讨论各种具有不同意义的变量的变化“快慢”问题，在数学上就是所谓函数的变化率问题.导数的概念就是对函数变化率这一概念的精确描述.因变量的增量与自变量的增量之比 $\frac{\Delta y}{\Delta x}$ 是因变量 y 在以 x_0 和 $x_0+\Delta x$ 为端点的区间上的**平均变化率**，而导数 $f'(x_0)$ 则是因变量在点 x_0 处的**变化率**，它反映了因变量随自变量的变化而变化的快慢程度.比如我们可以把速度看作是路程对时间的导数，类似地，角速度就是旋转角度对时间的导数，放射性元素镭的衰变速率就是镭的现有量对时间的导数，细菌的增长率就是细菌总量对时间的导数.

函数 $y=f(x)$ 在点 x_0 的导数

$$f'(x_0)=\lim_{\Delta x\to 0}\frac{\Delta y}{\Delta x}=\lim_{\Delta x\to 0}\frac{f(x_0+\Delta x)-f(x_0)}{\Delta x}$$

是一个极限，考虑 $\frac{\Delta y}{\Delta x}$ 在 $\Delta x\to 0$ 时的左、右极限.这两个极限分别称为函数 $f(x)$ 在点 x_0 处的**左导数**、**右导数**，记作 $f'_-(x_0)$ 及 $f'_+(x_0)$，即

$$f'_-(x_0)=\lim_{\Delta x\to 0^-}\frac{f(x_0+\Delta x)-f(x_0)}{\Delta x},$$

$$f'_+(x_0)=\lim_{\Delta x\to 0^+}\frac{f(x_0+\Delta x)-f(x_0)}{\Delta x}.$$

于是，利用极限存在的充分必要条件是左、右极限都存在且相等可以得到，函数 $f(x)$ 在点 x_0 处可导的充分必要条件是左导数 $f'_-(x_0)$ 和右导数 $f'_+(x_0)$ 都存在且相等.

左导数、右导数统称为**单侧导数**.

由导数的定义可知，导数反映函数 $y=f(x)$ 在点 x 处的变化快慢程度.

根据定义求导数的方法：

(1)求函数的改变量 $\Delta y=f(x+\Delta x)-f(x)$；

(2)求平均变化率 $\frac{\Delta y}{\Delta x}=\frac{f(x+\Delta x)-f(x)}{\Delta x}$；

(3)取极限，得导数 $y'=\lim\limits_{\Delta x\to 0}\frac{\Delta y}{\Delta x}=\lim\limits_{\Delta x\to 0}\frac{f(x+\Delta x)-f(x)}{\Delta x}$.

例 2.1　求函数 $f(x)=C$（C 为常数）的导数.

解　$f'(x)=\lim\limits_{\Delta x\to 0}\frac{f(x+\Delta x)-f(x)}{\Delta x}=\lim\limits_{\Delta x\to 0}\frac{C-C}{\Delta x}=0$，

即

$$C'=0.$$

这就是说，常数的导数等于 0.

例 2.2 求函数 $y = x^n (n \in \mathbf{N}_+)$ 的导数.

解 $y' = \lim\limits_{\Delta x \to 0} \dfrac{(x+\Delta x)^n - x^n}{\Delta x}$

$$= \lim_{\Delta x \to 0} \frac{C_n^0 x^n (\Delta x)^0 + C_n^1 x^{n-1}\Delta x + \cdots + C_n^n (x)^0 (\Delta x)^n - x^n}{\Delta x}$$

$$= \lim_{\Delta x \to 0} [C_n^1 x^{n-1} + C_n^2 x^{n-2}\Delta x + \cdots + C_n^n (\Delta x)^{n-1}]$$

$$= nx^{n-1}.$$

一般地,对于幂函数 $y = x^\mu$ (μ 为实数, $x > 0$),有

$$(x^\mu)' = \mu x^{\mu-1}.$$

这就是幂函数的导数公式.利用这个公式,可以很方便地求出幂函数的导数.例如:

$(x^2)' = 2x$;

$(x^{\frac{3}{2}})' = \dfrac{3}{2}x^{\frac{3}{2}-1} = \dfrac{3}{2}x^{\frac{1}{2}}$;

$\left(\dfrac{1}{\sqrt{x}}\right)' = (x^{-\frac{1}{2}})' = \left(-\dfrac{1}{2}\right)x^{-\frac{1}{2}-1} = -\dfrac{1}{2}x^{-\frac{3}{2}}$.

例 2.3 求 $y = \sin x$ 的导数.

解 $\Delta y = f(x+\Delta x) - f(x) = \sin(x+\Delta x) - \sin x = 2\cos\left(x + \dfrac{\Delta x}{2}\right)\sin\dfrac{\Delta x}{2}$,

$$y' = \lim_{\Delta x \to 0}\frac{\Delta y}{\Delta x} = \lim_{\Delta x \to 0}\frac{2\cos\left(x+\frac{\Delta x}{2}\right)\sin\frac{\Delta x}{2}}{\Delta x} = \lim_{\Delta x \to 0}\cos\left(x+\frac{\Delta x}{2}\right)\lim_{\Delta x \to 0}\frac{\sin\frac{\Delta x}{2}}{\frac{\Delta x}{2}} = \cos x.$$

即

$$(\sin x)' = \cos x.$$

用类似的方法,可求得 $(\cos x)' = -\sin x$.

例 2.4 求函数 $y = \log_a x (a > 0, a \neq 1)$ 的导数.

解 $y' = \lim\limits_{h \to 0}\dfrac{\log_a(x+h) - \log_a x}{h} = \lim\limits_{h \to 0}\log_a\left(\dfrac{x+h}{x}\right)^{\frac{1}{h}}$

$$= \lim_{h \to 0}\log_a\left(1+\frac{h}{x}\right)^{\frac{x}{h}\cdot\frac{1}{x}} = \frac{1}{x}\lim_{h \to 0}\log_a\left(1+\frac{h}{x}\right)^{\frac{x}{h}}$$

$$= \frac{1}{x}\log_a \mathrm{e} = \frac{1}{x\ln a}.$$

特别地 $(\ln x)' = \dfrac{1}{x}$.

例 2.5　设有分段函数

$$f(x)=\begin{cases}3x^2-2x, x<0,\\0, x=0,\\\sin ax, x>0,\end{cases}$$

问：当 a 取何值时，$f(x)$ 在点 $x=0$ 处可导？

解　分别考察 $f(x)$ 在点 $x=0$ 的左导数和右导数.

当 $x<0$ 时，$f(x)=3x^2-2x$，

$$f'_-(0)=\lim_{x\to 0^-}\frac{f(x)-f(0)}{x}=\lim_{x\to 0^-}\frac{3x^2-2x-0}{x}=-2;$$

当 $x>0$ 时，$f(x)=\sin ax$，

$$f'_+(0)=\lim_{x\to 0^+}\frac{f(x)-f(0)}{x}=\lim_{x\to 0^+}\frac{\sin ax}{x}=a.$$

如果 $f'(0)$ 存在，则必有 $f'_-(0)=f'_+(0)$，由此得到 $a=-2$.

因此，当 $a=-2$ 时，$f(x)$ 在点 $x=0$ 处可导.

三、可导与连续的关系

定理 2.1　如果函数 $y=f(x)$ 在点 x_0 处可导，则函数 $y=f(x)$ 在点 x_0 处连续.

证明　因 $y=f(x)$ 在点 x_0 处可导，所以 $f'(x_0)=\lim\limits_{\Delta x\to 0}\dfrac{\Delta y}{\Delta x}$.

由于 $\Delta x\neq 0$ 时，$\Delta y=\dfrac{\Delta y}{\Delta x}\cdot\Delta x$，所以

$$\lim_{\Delta x\to 0}\Delta y=\lim_{\Delta x\to 0}\left(\frac{\Delta y}{\Delta x}\cdot\Delta x\right)=\lim_{\Delta x\to 0}\frac{\Delta y}{\Delta x}\cdot\lim_{\Delta x\to 0}\Delta x=f'(x_0)\cdot 0=0.$$

于是，函数 $y=f(x)$ 在点 x_0 处连续.

该定理的逆命题不成立，即函数 $y=f(x)$ 在点 x_0 处连续，但函数 $y=f(x)$ 在点 x_0 处不一定可导.这说明函数 $y=f(x)$ 在点 x_0 处连续是它在该点处可导的必要条件，但不是充分条件.若函数在某点处不连续，则它在该点处一定不可导.

例 2.6　证明：函数 $y=|x|$ 在 $x=0$ 处连续但不可导.

证明　当自变量 x 在 $x=0$ 处有增量 Δx 时，相应地，函数 $y=|x|$ 有增量 $\Delta y=|0+\Delta x|-|0|=|\Delta x|$，且

$$\lim_{\Delta x\to 0}\Delta y=\lim_{\Delta x\to 0}|\Delta x|=0,$$

所以 $y=|x|$ 在 $x=0$ 处连续，见图 2.3.但

$$\lim_{\Delta x\to 0}\frac{\Delta y}{\Delta x}=\lim_{\Delta x\to 0}\frac{|\Delta x|}{\Delta x}.$$

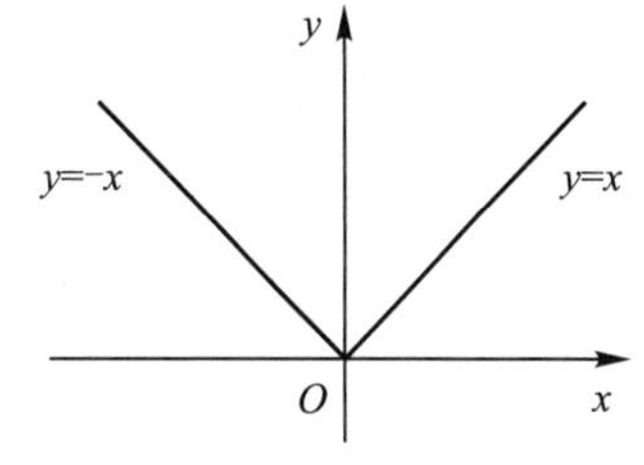

图 2.3

由于
$$\lim_{\Delta x \to 0^+} \frac{\Delta y}{\Delta x} = \lim_{\Delta x \to 0^+} \frac{|\Delta x|}{\Delta x} = \lim_{\Delta x \to 0^+} \frac{\Delta x}{\Delta x} = 1,$$
$$\lim_{\Delta x \to 0^-} \frac{\Delta y}{\Delta x} = \lim_{\Delta x \to 0^-} \frac{|\Delta x|}{\Delta x} = \lim_{\Delta x \to 0^-} \frac{-\Delta x}{\Delta x} = -1,$$
故 $\lim\limits_{\Delta x \to 0} \frac{\Delta y}{\Delta x}$ 不存在,所以函数 $y = |x|$ 在 $x = 0$ 处不可导.

四、导数的几何意义

由引例 2.1 可知,函数 $y = f(x)$ 在点 x_0 处可导,则曲线 $y = f(x)$ 在点 $M(x_0, f(x_0))$ 处必存在切线,该切线的斜率为 $f'(x_0)$,即函数 $y = f(x)$ 在点 x_0 处的导数 $f'(x_0)$ 在几何上表示曲线 $y = f(x)$ 在点 $M(x_0, f(x_0))$ 处的切线的斜率.由此可分别得到曲线在该点的切线方程和法线方程:

切线方程为 $y - f(x_0) = f'(x_0)(x - x_0)$;

法线方程为 $y - f(x_0) = -\frac{1}{f'(x_0)}(x - x_0), f'(x_0) \neq 0.$

例 2.7 曲线 $y = \ln x$ 上哪一点的切线与直线 $y = 2x + 1$ 平行?

解 设曲线 $y = \ln x$ 在 $M(x, y)$ 处的切线与直线 $y = 2x + 1$ 平行,则 $y' = \frac{1}{x} = 2.$

从而 $x = \frac{1}{2}, y = \ln \frac{1}{2} = -\ln 2.$

即曲线 $y = \ln x$ 在 $M\left(\frac{1}{2}, -\ln 2\right)$ 处的切线与直线 $y = 2x + 1$ 平行.

例 2.8(边际成本模型) 在经济学中,边际成本是指新增一个单位的产品时所增加的总成本.

解 设某产品产量为 x 单位时所需的总成本为 $C(x)$,称为总成本函数,简称成本函数.当产量由 x 变为 $x + \Delta x$ 时,总成本函数的增量为
$$\Delta C = C(x + \Delta x) - C(x).$$
这时总成本函数的平均变化率为
$$\frac{\Delta C}{\Delta x} = \frac{C(x + \Delta x) - C(x)}{\Delta x}.$$
它表示产量由 x 变到 $x + \Delta x$ 时,在平均意义下的边际成本.

当总成本函数 $C(x)$ 可导时,其变化率
$$C'(x) = \lim_{\Delta x \to 0} \frac{\Delta C}{\Delta x} = \lim_{\Delta x \to 0} \frac{C(x + \Delta x) - C(x)}{\Delta x}$$
表示该产品产量为 x 时的边际成本,即边际成本是总成本函数关于产量的导数.

边际成本的经济意义:$C'(x)$ 近似等于产量为 x 时再生产一个单位产品所须增加的成

本,这是因为

$$C(x+1)-C(x)=\Delta C(x)\approx C'(x).$$

类似地,在经济学中还可以定义边际收益、边际利润等.

例 2.9(**化学反应速率模型**)　在化学反应中,某种物质的浓度 N 和时间 t 的关系为 $N=N(t)$,求在时刻 t 该物质的瞬时反应速率.

解　当时间从 t 变到 $t+\Delta t$ 时,浓度的增量为

$$\Delta N=N(t+\Delta t)-N(t).$$

此时,浓度函数的平均变化率为

$$\frac{\Delta N}{\Delta t}=\frac{N(t+\Delta t)-N(t)}{\Delta t}.$$

当 $\Delta t\to 0$, 则该物质在时刻 t 的瞬时反应速率为

$$N'(t)=\lim_{\Delta t\to 0}\frac{\Delta N}{\Delta t}=\lim_{\Delta t\to 0}\frac{N(t+\Delta t)-N(t)}{\Delta t}.$$

练习题 2.1

1.已知质点做直线运动的方程为 $s=t^2+3$, 求该质点在 $t=5$ 时的瞬时速度.

2.一个圆的铝盘加热时,随温度的升高而膨胀.设该圆盘在温度为 t ℃时的半径为 $r=r_0(1+\alpha t)$ (α 为常数),求 t_0 ℃时,铝盘半径对温度 t 的变化率.

3.设 $f'(x_0)$ 存在,利用导数的定义求下列极限:

(1) $\lim\limits_{h\to 0}\dfrac{f\left(x+\frac{1}{2}h\right)-f(x)}{h}$;　　(2) $\lim\limits_{h\to 0}\dfrac{f(x+2h)-f(x)}{h}$;

(3) $\lim\limits_{h\to 0}\dfrac{f(x_0-3h)-f(x_0)}{2h}$;　　(4) $\lim\limits_{h\to 0}\dfrac{f(x_0+h)-f(x_0-h)}{h}$.

4.若 $\lim\limits_{x\to a}\dfrac{f(x)-f(a)}{x-a}=A$ (A 为常数),试判断下列命题是否正确:

(1) $f(x)$ 在点 $x=a$ 处可导;　(　　)

(2) $f(x)$ 在点 $x=a$ 处连续.　(　　)

5.函数 $y=\sqrt[3]{x}$ 在点 $x=0$ 处(　　).

A.极限不存在　　B.间断　　C.连续但不可导　　D.连续且可导

6.函数 $f(x)=1-|x-1|$ 在点 $x=1$ 处(　　).

A.不连续　　B.连续且可导

C.既不连续也不可导　　D.连续但不可导

7.已知 $\lim\limits_{x\to1}\dfrac{f(x)-f(1)}{x^2-1}=3$, 求 $f'(1)$.

8.根据导数的定义,证明:$(e^x)'=e^x$.

9.若曲线 $y=x^3$ 在 (x_0,y_0) 处的切线的斜率等于3,求点 (x_0,y_0) 的坐标.

10.求下列曲线在指定点处的切线方程和法线方程:

(1) $y=x^3$ 在点(1,1)处;

(2) $y=x^2$ 在点(2,4)处;

(3) $y=\cos x$ 在点 $\left(\dfrac{\pi}{4},\dfrac{\sqrt{2}}{2}\right)$ 处.

11.讨论 $f(x)=\begin{cases}x^2, x<1,\\2x, x\geqslant1\end{cases}$ 在点 $x=1$ 处的连续性与可导性.

12.设函数 $f(x)=\begin{cases}-x, x<0,\\0, x=0,\\x, x>0,\end{cases}$ 求 $f'(x)$.

13.讨论函数 $f(x)=\begin{cases}x\sin\dfrac{1}{x}, x\neq0,\\0, x=0\end{cases}$ 在点 $x=0$ 处的连续性与可导性.

第二节　导数的运算法则

求导数是微分学中最基本的运算,上一节给出了按定义求导数的方法,但函数较复杂时,用这种方法求导数比较困难.本节将介绍求导数的几个基本法则和基本初等函数的导数公式,以解决初等函数的求导问题.

一、函数和、差、积、商的求导法则

定理2.2　如果函数 $u=u(x)$, $v=v(x)$ 在点 x 处都可导,那么它们的和、差、积、商(分母不为零)在点 x 处也可导,且有:

(1) $[u(x)\pm v(x)]'=u'(x)\pm v'(x)$;

(2) $[u(x)v(x)]'=u'(x)v(x)+u(x)v'(x)$;

(3) $\left[\dfrac{u(x)}{v(x)}\right]'=\dfrac{u'(x)v(x)-u(x)v'(x)}{v^2(x)}(v(x)\neq0)$.

证明　(1)令 $y=u(x)\pm v(x)$, 则

$$\begin{aligned}\Delta y&=[u(x+\Delta x)\pm v(x+\Delta x)]-[u(x)\pm v(x)]\\&=[u(x+\Delta x)-u(x)]\pm[v(x+\Delta x)-v(x)]\\&=\Delta u\pm\Delta v,\end{aligned}$$

从而
$$\frac{\Delta y}{\Delta x}=\frac{\Delta u}{\Delta x}\pm\frac{\Delta v}{\Delta x},$$

则
$$\lim_{\Delta x\to 0}\frac{\Delta y}{\Delta x}=\lim_{\Delta x\to 0}\left(\frac{\Delta u}{\Delta x}\pm\frac{\Delta v}{\Delta x}\right)=\lim_{\Delta x\to 0}\frac{\Delta u}{\Delta x}\pm\lim_{\Delta x\to 0}\frac{\Delta v}{\Delta x}=u'(x)\pm v'(x).$$

由导数的定义可知, $u(x)\pm v(x)$ 在点 x 处可导,且
$$[u(x)\pm v(x)]'=u'(x)\pm v'(x).$$

(2)令 $y=u(x)v(x)$, 则
$$\begin{aligned}\frac{\Delta y}{\Delta x}&=\frac{u(x+\Delta x)v(x+\Delta x)-u(x)v(x)}{\Delta x}\\&=\frac{u(x+\Delta x)v(x+\Delta x)-u(x)v(x+\Delta x)+u(x)v(x+\Delta x)-u(x)v(x)}{\Delta x}\\&=\frac{[u(x+\Delta x)-u(x)]v(x+\Delta x)}{\Delta x}+\frac{u(x)[v(x+\Delta x)-v(x)]}{\Delta x}\\&=\frac{\Delta u}{\Delta x}v(x+\Delta x)+u(x)\frac{\Delta v}{\Delta x}.\end{aligned}$$

所以
$$\begin{aligned}\lim_{\Delta x\to 0}\frac{\Delta y}{\Delta x}&=\lim_{\Delta x\to 0}\left[\frac{\Delta u}{\Delta x}v(x+\Delta x)+u(x)\frac{\Delta v}{\Delta x}\right]\\&=\lim_{\Delta x\to 0}\frac{\Delta u}{\Delta x}\cdot\lim_{\Delta x\to 0}v(x+\Delta x)+u(x)\cdot\lim_{\Delta x\to 0}\frac{\Delta v}{\Delta x}\\&=u'(x)v(x)+u(x)v'(x).\end{aligned}$$

其中 $\lim\limits_{\Delta x\to 0}v(x+\Delta x)=v(x)$ 是因为 $v(x)$ 在点 x 处可导,则 $v(x)$ 在点 x 处连续.所以 $u(x)v(x)$ 在点 x 处可导,且
$$[u(x)v(x)]'=u'(x)v(x)+u(x)v'(x).$$

(3)先求 $\frac{1}{v(x)}$ 的导数,再利用(2)中的公式即可求出结论.
$$\begin{aligned}\left[\frac{1}{v(x)}\right]'&=\lim_{\Delta x\to 0}\frac{\frac{1}{v(x+\Delta x)}-\frac{1}{v(x)}}{\Delta x}\\&=\lim_{\Delta x\to 0}\frac{v(x)-v(x+\Delta x)}{\Delta x}\cdot\frac{1}{v(x+\Delta x)\cdot v(x)}\\&=-\lim_{\Delta x\to 0}\frac{\Delta v}{\Delta x}\cdot\lim_{\Delta x\to 0}\frac{1}{v(x+\Delta x)\cdot v(x)}\\&=\frac{-v'(x)}{v^2(x)}.\end{aligned}$$

以上各式分别可以简记为
$$(u\pm v)'=u'\pm v',$$

$$(u \cdot v)' = u'v + uv',$$

$$\left(\frac{u}{v}\right)' = \frac{u'v - uv'}{v^2}.$$

推论　$(Cu)' = Cu'$（C 为常数）.

说明:定理 2.2 中的(1)、(2)可推广到有限个可导函数的情形.如:

设 $u = u(x), v = v(x), w = w(x)$ 均可导,则有

$$(u + v - w)' = u' + v' - w';$$

$$(uvw)' = u'vw + uv'w + uvw'.$$

例 2.10　求 $y = x^2 + e^x + 2$ 的导数.

解　$y' = (x^2)' + (e^x)' + 0 = 2x + e^x$.

例 2.11　求 $y = e^x \sin x$ 的导数.

解　$y' = (e^x)'\sin x + e^x(\sin x)' = e^x \sin x + e^x \cos x$.

例 2.12　求 $y = \tan x$ 的导数.

解　$y' = (\tan x)' = \left(\dfrac{\sin x}{\cos x}\right)' = \dfrac{(\sin x)'\cos x - \sin x(\cos x)'}{\cos^2 x}$

$$= \frac{\cos^2 x + \sin^2 x}{\cos^2 x} = \frac{1}{\cos^2 x} = \sec^2 x.$$

类似地,可得 $(\cot x)' = -\csc^2 x$.

例 2.13　求 $y = \sec x$ 的导数.

解　$y' = (\sec x)' = \left(\dfrac{1}{\cos x}\right)' = \dfrac{1' \cdot \cos x - 1 \cdot (\cos x)'}{\cos^2 x} = \dfrac{\sin x}{\cos^2 x} = \tan x \sec x$.

类似地,可得 $(\csc x)' = -\cot x \csc x$.

二、反函数的求导法则

定理 2.3　如果函数 $x = \varphi(y)$ 单调可导,而且 $\varphi'(y) \neq 0$,则 $x = \varphi(y)$ 的反函数 $y = f(x)$ 也可导,而且

$$f'(x) = \left.\frac{1}{\varphi'(y)}\right|_{y=f(x)} \text{ 或 } \frac{dy}{dx} = \frac{1}{\dfrac{dx}{dy}}.$$

证明　因为 $x = \varphi(y)$ 是单调、可导(从而连续)的函数,所以反函数 $y = f(x)$ 存在,也单调、连续.

给 x 以增量 Δx,相应地,y 的增量为Δy,由 $x = \varphi(y)$,$y = f(x)$ 的单调性可知,$\Delta x \neq 0$ 与 $\Delta y \neq 0$ 是等价的.再由这两个函数的连续性可知,$\Delta x \to 0$ 与$\Delta y \to 0$ 也是等价的,所以

$$\frac{\Delta y}{\Delta x} = \frac{1}{\dfrac{\Delta x}{\Delta y}},$$

$$\lim_{\Delta x \to 0} \frac{\Delta y}{\Delta x} = \lim_{\Delta x \to 0} \frac{1}{\frac{\Delta x}{\Delta y}} = \frac{1}{\lim\limits_{\Delta y \to 0} \frac{\Delta x}{\Delta y}} = \frac{1}{\varphi'(y)}.$$

所以，$y=f(x)$ 也可导，且

$$f'(x) = \left.\frac{1}{\varphi'(y)}\right|_{y=f(x)}.$$

上述结论可简单地说成：**反函数的导数等于直接函数导数的倒数.**

例 2.14　求函数 $y=\arcsin x$ 的导数.

解　因为 $y=\arcsin x$ 是 $x=\sin y$ ($y \in \left[-\frac{\pi}{2},\frac{\pi}{2}\right]$)的反函数，故

$$(\arcsin x)' = \frac{1}{(\sin y)'} = \frac{1}{\cos y} = \frac{1}{\sqrt{1-\sin^2 y}} = \frac{1}{\sqrt{1-x^2}}.$$

注　由于定义 $y=\arcsin x$ 时规定了 $y \in \left[-\frac{\pi}{2},\frac{\pi}{2}\right]$，而 $\cos y$ 在此区间上是正的，故上式中 $\cos y=\sqrt{1-\sin^2 y}$.

同理可求出

$$(\arccos x)' = -\frac{1}{\sqrt{1-x^2}}.$$

例 2.15　求函数 $y=\arctan x$ 的导数.

解　因为 $y=\arctan x$ 是 $x=\tan y$ 的反函数，故

$$(\arctan x)' = \frac{1}{(\tan y)'} = \frac{1}{\sec^2 y} = \frac{1}{1+\tan^2 y} = \frac{1}{1+x^2}.$$

同理可求出

$$(\text{arccot}\, x)' = -\frac{1}{1+x^2}.$$

例 2.16　求函数 $y=a^x$ ($a>0, a\neq 1$)的导数.

解　因为 $x=\log_a y$ 是 $y=a^x$ 的反函数，而 $(\log_a y)'=\frac{1}{y\ln a}$，所以

$$(a^x)' = \frac{1}{(\log_a y)'} = \frac{1}{\frac{1}{y\ln a}} = y\ln a = a^x \ln a.$$

特别地，当 $a=\mathrm{e}$ 时，由上式得

$$(\mathrm{e}^x)' = \mathrm{e}^x.$$

三、导数的基本公式

基本初等函数的导数在初等函数的求导中起着十分重要的作用，为了便于熟练掌握，归

纳如下:

(1) $C' = 0$;

(2) $(x^{\mu})' = \mu x^{\mu-1}$;

(3) $(a^x)' = a^x \ln a$;

(4) $(e^x)' = e^x$;

(5) $(\log_a x)' = \dfrac{1}{x\ln a}$;

(6) $(\ln x)' = \dfrac{1}{x}$;

(7) $(\sin x)' = \cos x$;

(8) $(\cos x)' = -\sin x$;

(9) $(\tan x)' = \sec^2 x$;

(10) $(\cot x)' = -\csc^2 x$;

(11) $(\sec x)' = \tan x\sec x$;

(12) $(\csc x)' = -\cot x\csc x$;

(13) $(\arcsin x)' = \dfrac{1}{\sqrt{1-x^2}}$;

(14) $(\arccos x)' = -\dfrac{1}{\sqrt{1-x^2}}$;

(15) $(\arctan x)' = \dfrac{1}{1+x^2}$;

(16) $(\text{arccot}\, x)' = -\dfrac{1}{1+x^2}$.

注 函数的求导公式应熟练记忆,这不仅是学习微分学的基础,对后面积分学的学习也大有好处.

到目前为止,所有基本初等函数的导数我们都求出来了,那么如何对由基本初等函数构成的较复杂的初等函数求导呢?比如,如何求函数 $y = e^{2x+1}$, $y = \sqrt{\sin x^2}$ 的导数?这就需要运用复合函数的求导法则.

四、复合函数的求导法则

定理 2.4 如果函数 $u = u(x)$ 在点 x 处可导,函数 $y = f(u)$ 在对应点 u 处可导,则复合函数函数 $y = f[u(x)]$ 在点 x 处可导,且

$$\frac{dy}{dx} = \frac{dy}{du} \cdot \frac{du}{dx},$$

也可记为 $y' = f'[u(x)] \cdot u'(x)$.

证明 当自变量 x 的增量为 Δx 时,相应的函数 u, y 的增量分别为 $\Delta u, \Delta y$.

$$\frac{\Delta y}{\Delta x} = \frac{\Delta y}{\Delta u} \cdot \frac{\Delta u}{\Delta x} \ (\Delta u \neq 0),$$

$$\lim_{\Delta x \to 0} \frac{\Delta y}{\Delta x} = \lim_{\Delta x \to 0} \left(\frac{\Delta y}{\Delta u} \cdot \frac{\Delta u}{\Delta x} \right).$$

因为 $u = u(x)$ 在点 x 处可导,所以 $u = u(x)$ 在点 x 处连续,即当 $\Delta x \to 0$ 时, $\Delta u \to 0$,

又
$$\lim_{\Delta x \to 0} \frac{\Delta y}{\Delta x} = f'(u), \lim_{\Delta x \to 0} \frac{\Delta u}{\Delta x} = u'(x),$$

故得
$$\lim_{\Delta x \to 0} \frac{\Delta y}{\Delta x} = \lim_{\Delta x \to 0} \frac{\Delta y}{\Delta u} \cdot \lim_{\Delta x \to 0} \frac{\Delta u}{\Delta x} = \lim_{\Delta u \to 0} \frac{\Delta y}{\Delta u} \cdot \lim_{\Delta x \to 0} \frac{\Delta u}{\Delta x} = f'(u) \cdot u'(x),$$

即
$$y' = f'[u(x)] \cdot u'(x).$$

当 $\Delta u=0$ 时,可以证明上述结论仍成立.

同样可证,如果 $y=f(u)$, $u=u(v)$, $v=\varphi(x)$, 则 $\frac{\mathrm{d}y}{\mathrm{d}x}=\frac{\mathrm{d}y}{\mathrm{d}u}\cdot\frac{\mathrm{d}u}{\mathrm{d}v}\cdot\frac{\mathrm{d}v}{\mathrm{d}x}$.

上述法则表明,复合函数的导数等于函数对中间变量的导数与中间变量对自变量的导数之积.此法则也称为复合函数求导的**链式法则**.

例 2.17　求函数 $y=\mathrm{e}^{2x+1}$ 的导数.

解　设 $y=\mathrm{e}^u, u=2x+1$, 则

$y'=y'_u\cdot u'_x=(\mathrm{e}^u)'_u\cdot(2x+1)'_x=\mathrm{e}^u\cdot 2=2\mathrm{e}^{2x+1}$.

例 2.18　求 $y=(2x+10)^{100}$ 的导数.

解　设 $y=u^{100}, u=2x+10$, 则有

$y'=y'_u\cdot u'_x=(u^{100})'_u\cdot(2x+10)'_x=100u^{99}\cdot 2=200u^{99}=200(2x+10)^{99}$.

注　复合函数的求导法则在导数的计算中十分重要,一定要能熟练运用,还要注意复合函数求导的规则:先分清复合层次,逐层求导再相乘.

熟练掌握复合函数的求导法则后,就不必写出中间变量了.

例 2.19　求函数 $y=\sin(\ln x)$ 的导数.

解　$y'=[\sin(\ln x)]'=\cos(\ln x)\cdot(\ln x)'=\frac{1}{x}\cos(\ln x)$.

例 2.20　求函数 $y=3^{\arcsin\sqrt{x}}$ 的导数.

解
$$\begin{aligned}y'&=(3^{\arcsin\sqrt{x}})'=3^{\arcsin\sqrt{x}}\cdot\ln 3\cdot(\arcsin\sqrt{x})'\\&=3^{\arcsin\sqrt{x}}\cdot\ln 3\cdot\frac{1}{\sqrt{1-x}}(\sqrt{x})'\\&=\frac{\ln 3}{2\sqrt{x(1-x)}}3^{\arcsin\sqrt{x}}.\end{aligned}$$

复合函数求导法则在实际问题中也有很好的应用,现举例说明.

例 2.21　假设某钢棒的长度 L(单位:cm)取决于气温 H(单位:℃),而气温 H 又取决于时间 t(单位:h).如果气温每升高 1 ℃,钢棒长度增加 2 cm,而每隔 1 h,气温上升 3 ℃,问:钢棒长度关于时间的变化率为多少?

解　已知长度对气温的变化率为 $L'(H)=2$ (cm/℃), 气温对时间的变化率为 $H'(t)=3$ (℃/h),要求长度对时间的变化率,即 $L'(t)$. 将 L 看作 H 的函数, H 看作 t 的函数,由复合函数求导法则可得

$$L'(t)=L'(H)\cdot H'(t)=2\times 3=6\ (\mathrm{cm/h}),$$

即钢棒长度关于时间的变化率为 6 cm/h.

例 2.22　设某细菌的增长函数为 $y=k\mathrm{e}^{2t}$ (其中 k 为大于 0 的常数),求细菌的增长率.

解　细菌的增长率即细菌的增长函数对时间 t 的导数.

因为 $$y' = ke^{2t}\cdot(2t)' = 2ke^{2t},$$
所以细菌的增长率为 $$y' = 2ke^{2t}.$$

五、隐函数的求导法则

形如 $y=f(x)$ 的函数称为**显函数**,如 $y=\sin x$, $y=\ln(\sin x)$ 都是显函数.

由方程 $F(x,y)=0$ 所确定的 y 是 x 的函数关系,即为**隐函数**,如 $xy=e^x+y^2$, $x^2+y^2=1$ 等都是隐函数.

有些隐函数可以化为显函数,但有些隐函数的显化很难甚至无法化为显函数.

对隐函数求导时,只要把 y 看成是 x 的函数关系,利用复合函数求导法则,将方程 $F(x,y)=0$ 的两边分别对 x 求导,然后解出 y', 即得隐函数的导数.

例 2.23 求由方程 $x^2+y^2=4$ 确定的函数的导数 y'.

解 这里 x^2 是 x 的函数,而 y^2 可以看成是 x 的复合函数,故将方程两边同时对自变量 x 求导,有

$$(x^2)'+(y^2)'=4',$$
$$2x+2y\cdot y'=0,$$

解得 $$y'=-\frac{x}{y}.$$

利用该结果,即可求出过圆 $x^2+y^2=4$ 上一点 $(1,\sqrt{3})$ 处的切线方程为

$$y-\sqrt{3}=-\frac{1}{\sqrt{3}}(x-1), \text{即 } y=-\frac{\sqrt{3}}{3}(x-4).$$

例 2.24 求由方程 $xy-e^x+e^y=0$ 所确定的隐函数 y 在 $x=0$ 的导数.

解 将方程两边同时对 x 求导,得

$$(xy-e^x+e^y)'=0,$$
$$y+xy'-e^x+e^y\cdot y'=0,$$

解得 $$y'=\frac{e^x-y}{x+e^y},$$

当 $x=0$ 时, $y=0$ 代入上式,可得 $y'|_{x=0}=1$.

六、参数方程的求导法则

设 y 与 x 的函数关系是由参数方程 $\begin{cases}x=\varphi(t),\\ y=\psi(t)\end{cases}$ 确定的,则称此函数关系所表达的函数为由参数方程所确定的函数(t 为参数).

如果 $x=\varphi(t)$, $y=\psi(t)$ 都可导,且 $\varphi'(t)\neq0$, 则由复合函数求导法则与反函数求导法则,得

$$\frac{dy}{dx}=\frac{dy}{dt}\cdot\frac{dt}{dx}=\frac{dy}{dt}\cdot\frac{1}{\frac{dx}{dt}}=\frac{\psi'(t)}{\varphi'(t)},$$

即

$$\frac{dy}{dx}=\frac{\psi'(t)}{\varphi'(t)} \text{或} \frac{dy}{dx}=\frac{\frac{dy}{dt}}{\frac{dx}{dt}}.$$

例 2.25　已知椭圆的参数方程为 $\begin{cases}x=b\cos t,\\ y=a\sin t,\end{cases}$ 求椭圆在 $t=\frac{\pi}{4}$ 处的切线的斜率.

解
$$\frac{dy}{dx}=\frac{(a\sin t)'}{(b\cos t)'}=\frac{a\cos t}{-b\sin t}=-\frac{a}{b}\cot t.$$

故椭圆在点 M_0 处的切线的斜率为

$$k=\left.\frac{dy}{dx}\right|_{t=\frac{\pi}{4}}=-\left.\frac{a}{b}\cot t\right|_{t=\frac{\pi}{4}}=-\frac{a}{b}.$$

七、对数求导法

形如 $y=[u(x)]^{v(x)}$ 的函数,称为**幂指函数**.

求幂指函数的导数,通常采用先对式子两端取对数,然后按隐函数求导法则进行.这种求函数导数的方法称为**对数求导法**.下面举例说明.

例 2.26　求函数 $y=x^{\sin x}(x>0)$ 的导数.

解　将函数 $y=x^{\sin x}$ 两边取对数,得

$$\ln y=\sin x\ln x,$$

两边同时对 x 求导数,得

$$\frac{1}{y}y'=\cos x\ln x+\frac{\sin x}{x},$$

所以

$$y'=y\left(\cos x\ln x+\frac{\sin x}{x}\right),$$

即

$$y'=x^{\sin x}\left(\cos x\ln x+\frac{\sin x}{x}\right).$$

通常情况下,对由多个因子通过乘、除、乘方、开方等运算构成的复杂函数的求导,也采用对数求导法,可使得运算大为简化.

例 2.27　求函数 $y=\sqrt{\frac{(x-1)(x-2)}{(x-3)(x-4)}}(x>4)$ 的导数.

解　将函数两边取对数,得

$$\ln y=\frac{1}{2}[\ln(x-1)+\ln(x-2)-\ln(x-3)-\ln(x-4)],$$

两边同时对 x 求导数,得

$$\frac{y'}{y}=\frac{1}{2}\left(\frac{1}{x-1}+\frac{1}{x-2}-\frac{1}{x-3}-\frac{1}{x-4}\right),$$

所以
$$y'=\frac{y}{2}\left(\frac{1}{x-1}+\frac{1}{x-2}-\frac{1}{x-3}-\frac{1}{x-4}\right),$$

即
$$y'=\frac{1}{2}\sqrt{\frac{(x-1)(x-2)}{(x-3)(x-4)}}\left(\frac{1}{x-1}+\frac{1}{x-2}-\frac{1}{x-3}-\frac{1}{x-4}\right).$$

例 2.28 雨滴(假定为球状)在下落过程中,由于水分的不断蒸发而减小,已知水分蒸发速率正比于雨滴的表面积,试求雨滴半径的变化率.

分析 在上一节中,我们已经学习了函数的变化率如何用导数来表示.在本题中,水分蒸发速率可以用雨滴的体积对半径的导数来表述,利用水分蒸发速率正比于表面积求出雨滴半径的变化率,这种利用变量间的函数关系,从一个变量的变化率求出另一个变量的变化率的问题就是**相关变化率问题**.

解 设 V 表示雨滴的体积,r 表示雨滴的半径,S 表示雨滴的表面积,则

$$S=4\pi r^2,\ V=\frac{4}{3}\pi r^3,$$

所以
$$\frac{\mathrm{d}V}{\mathrm{d}t}=4\pi r^2\frac{\mathrm{d}r}{\mathrm{d}t}.$$

由已知条件可知,蒸发速率 $-\frac{\mathrm{d}V}{\mathrm{d}t}=kS(k>0)$,则得

$$4\pi r^2\frac{\mathrm{d}r}{\mathrm{d}t}=-kS,\quad 即\ \frac{\mathrm{d}r}{\mathrm{d}t}=-k.$$

例 2.29 一气球从离开观察员 500 m 处离地面铅直上升,当气球高度为 500 m 时,其速率为 140 m/min.求此时观察员视线的仰角增加的速率是多少.

解 设气球上升 t s 后,其高度为 h,观察员视线的仰角为 α, 则 $\tan\alpha=\frac{h}{500}$.

将上式两边对 t 求导,得

$$\sec^2\alpha\frac{\mathrm{d}\alpha}{\mathrm{d}t}=\frac{1}{500}\frac{\mathrm{d}h}{\mathrm{d}t}.$$

由已知条件可知,存在 t_0, 在 t_0 s 时, $h=500$ m, $\frac{\mathrm{d}h}{\mathrm{d}t}=140$ m/min, $\tan\alpha=1$, $\sec^2\alpha=2$, 则在 t_0 s 时,有

$$2\frac{\mathrm{d}\alpha}{\mathrm{d}t}=\frac{1}{500}\times 140,\ \frac{\mathrm{d}\alpha}{\mathrm{d}t}=0.14\ (\mathrm{rad/min}),$$

即此时观察员视线的仰角增加的速率是 0.14(rad/min).

练习题 2.2

1.求下列函数的导数：

(1) $y=4x^2+3x+1$；

(2) $y=2x^5-\frac{1}{x}+\sin x$；

(3) $y=x^4\ln x$；

(4) $y=\sin x+x+1$；

(5) $y=2\cos x+3x$；

(6) $y=2^x+3^x$；

(7) $y=\log_2 x+x^2$；

(8) $y=x+\ln x+1$；

(9) $y=e^x(x^2+1)\cos x$；

(10) $y=\frac{1-x}{1+x}$.

2.求下列函数的导数：

(1) $y=4(x+1)^2+(3x+1)^2$；

(2) $y=(1-2x)^7$；

(3) $y=\sin x\cos x$；

(4) $y=\ln\sin(e^x)$；

(5) $y=\cos 8x$；

(6) $y=e^x\sin 2x$；

(7) $y=\arctan 2x$；

(8) $y=xe^{2x}+10$；

(9) $y=\sin(2x+5)$；

(10) $y=(3x-1)^9$；

(11) $y=\sin\ln\sqrt{2x+1}$；

(12) $y=\ln\ln x$；

(13) $y=\sqrt{\arcsin\frac{1}{x}}$；

(14) $y=\tan^2(1+x^3)$.

3.求由下列方程所确定的隐函数的导数 y'：

(1) $x^2+y^2-xy=4$；

(2) $x+y-e^{2x}+e^y=0$；

(3) $y^2-3xy+x^3=1$；

(4) $x^{\frac{2}{3}}+y^{\frac{2}{3}}=a^{\frac{2}{3}}$；

(5) $xy=e^{x+y}$；

(6) $e^y-xy^2=e^2$.

4.利用对数求导法求下列函数的导数：

(1) $y=x^x$；

(2) $y=(\ln x)^x(x>1)$；

(3) $y=\left(\frac{x}{1+x}\right)^x$；

(4) $y=\left[\frac{(x+1)(x+2)(x+3)}{x^3\cdot(x+4)}\right]^{\frac{2}{3}}$.

5.求下列参数方程的导数：

(1) $\begin{cases}x=\sqrt{1+t},\\ y=\sqrt{1-t};\end{cases}$

(2) $\begin{cases}x=\frac{1}{2}\cos^3 t,\\ y=\frac{1}{2}\sin^3 t\end{cases}\left(0<t<\frac{\pi}{2}\right)$；

(3) $\begin{cases}x=\ln(1+t^2),\\ y=t-\arctan t;\end{cases}$

(4) $\begin{cases}x=\theta(1+\cos\theta),\\ y=\theta\sin\theta.\end{cases}$

6.求下列曲线在指定点处的切线方程与法线方程:

(1)曲线 $y = \arctan x$ 在点 $\left(1, \dfrac{\pi}{4}\right)$ 处;

(2)曲线 $y = \dfrac{\sin x}{1 + x}$ 在点(0,0)处;

(3)曲线 $x^2 + xy + y^2 = 4$ 在点 $(2, -2)$ 处;

(4)曲线 $\begin{cases} x = 3t + 1, \\ y = 2t^2 - t + 1 \end{cases}$ 在 $t = 1$ 处.

7.设 $f(x) = \ln(1 + x)$, $y = f[f(x)]$, 求 y'.

8.过曲线 $y = x\ln x$ 上 M 点的切线平行于直线 $y = 2x + 1$, 求点 M 的坐标.

9.设 $y = f(u)$, $u = \sin x^2$, 求 y'.

10.落在平静水面上的石头,使水面产生同心圆形波纹,在持续的一段时间内,若最外一圈波半径的最大速率总是 6 m/s,问:在 2 s 末扰动水面面积增大的速率为多少?

11.注水入深 8 m、上顶直径 8 m 的正圆锥形容器中,其速率为 4 m^3/min.当水深为 5 m 时,其表面上升的速率为多少?

第三节　高阶导数

通过导数的计算发现,许多可导函数的导数仍是自变量的函数,它在自变量变化的同时也能产生变化率,成为一个新的导数,即函数导数的导数——高阶导数,它们都反映增量比的极限.

一般地,函数 $y = f(x)$ 的导数 $y' = f'(x)$ 仍然是 x 的函数,如果导函数 $y' = f'(x)$ 仍然可导,则称 $y' = f'(x)$ 的导数为函数 $y = f(x)$ 的**二阶导数**,记作 y'' 或 $\dfrac{d^2y}{dx^2}$, 即

$$y'' = (y')' \text{ 或 } \frac{d^2y}{dx^2} = \frac{d}{dx}\left(\frac{dy}{dx}\right).$$

类似地,二阶导数的导数称为**三阶导数**,三阶导数的导数称为**四阶导数**,……,一般地,$n - 1$ 阶导数的导数称为 n **阶导数**,分别记作

$$y''', y^{(4)}, \cdots, y^{(n)} \text{ 或 } \frac{d^2y}{dx^2}, \frac{d^3y}{dx^3}, \cdots, \frac{d^ny}{dx^n}.$$

要注意四阶及四阶以上导数的记号,例如,四阶导数记为 $y^{(4)}$, 而不是 y''''. y' 称为一阶导数,二阶和二阶以上的各阶导数统称为**高阶导数**.

例 2.30　求 $y = x^n (n \in \mathbf{N}_+)$ 的各阶导数.

解　$y' = nx^{n-1}$,

$y'' = n(n - 1)x^{n-2}$,

……

$y^{(k)} = n(n-1)\cdots(n-k+1)x^{n-k}\ (k < n)$,

当 $k = n$ 时, $y^{(n)} = (x^n)^{(n)} = n(n-1)\cdot\cdots\cdot 3\cdot 2\cdot 1 = n!$.

当 $k > n$ 时, $(x^n)^{(k)} = 0$.

例 2.31　求 $y = \mathrm{e}^x$ 的 n 阶导数.

解　因为 $y' = (\mathrm{e}^x)' = \mathrm{e}^x$, 所以 $(\mathrm{e}^x)^{(n)} = \mathrm{e}^x$.

例 2.32　求 $y = \sin x$ 的 n 阶导数.

解　$y' = \cos x = \sin\left(x + \frac{\pi}{2}\right)$,

$$y'' = \cos\left(x + \frac{\pi}{2}\right) = \sin\left(x + \frac{\pi}{2} + \frac{\pi}{2}\right) = \sin\left(x + 2\cdot\frac{\pi}{2}\right),$$

$$y''' = \cos\left(x + 2\cdot\frac{\pi}{2}\right) = \sin\left(x + 3\cdot\frac{\pi}{2}\right),$$

……

一般地,可得　$y^{(n)} = \sin\left(x + n\cdot\frac{\pi}{2}\right)$.

用类似的方法,可得 $y = \cos x$ 的 n 阶导数为 $y^{(n)} = (\cos x)^{(n)} = \cos\left(x + n\cdot\frac{\pi}{2}\right)$.

例 2.33　求由方程 $y = \sin(x+y)$ 所确定的隐函数 $y = y(x)$ 的二阶导数 y''.

解　将 $y = \sin(x+y)$ 两边同时对 x 求导,得

$$y' = \cos(x+y)(1+y'), \tag{1}$$

即

$$y' = \frac{\cos(x+y)}{1-\cos(x+y)}. \tag{2}$$

再将(1)式两边同时对 x 求导,得

$$y'' = -\sin(x+y)(1+y')(1+y') + \cos(x+y)y'',$$

移项化简,得

$$y''[1-\cos(x+y)] = -\sin(x+y)(1+y')^2,$$

即

$$y'' = \frac{-\sin(x+y)}{1-\cos(x+y)}\cdot(1+y')^2. \tag{3}$$

将(2)式代入(3)式,得

$$y'' = \frac{\sin(x+y)}{[\cos(x+y)-1]^3}.$$

在前面我们学习了参数方程的求导,知道对于参数方程 $\begin{cases} x = \varphi(t), \\ y = \psi(t), \end{cases}$ 如果 $x = \varphi(t)$, $y =$

$\psi(t)$ 都可导,且 $\varphi'(t)\neq 0$, 则 $\dfrac{dy}{dx}=\dfrac{\psi'(t)}{\varphi'(t)}$. 如果 $x=\varphi(t)$, $y=\psi(t)$ 又二阶可导,那么可以得到参数方程的二阶导数公式:

$$\begin{aligned}\frac{d^2y}{dx^2}&=\frac{d}{dx}\left(\frac{dy}{dx}\right)=\frac{d}{dt}\left[\frac{\psi'(t)}{\varphi'(t)}\right]\cdot\frac{dt}{dx}\\&=\frac{\psi''(t)\varphi'(t)-\psi'(t)\varphi''(t)}{[\varphi'(t)]^2}\cdot\frac{1}{\varphi'(t)}\\&=\frac{\psi''(t)\varphi'(t)-\psi'(t)\varphi''(t)}{[\varphi'(t)]^3}.\end{aligned}$$

例 2.34 求由参数方程 $\begin{cases}x=1-t^2,\\y=t-t^3\end{cases}$ 所确定的函数的二阶导数 $\dfrac{d^2y}{dx^2}$.

解 因为 $\dfrac{dy}{dx}=\dfrac{1-3t^2}{-2t}$,

所以

$$\begin{aligned}\frac{d^2y}{dx^2}&=\frac{-6t(-2t)+2(1-3t^2)}{(-2t)^2}\cdot\frac{1}{(-2t)}\\&=-\frac{3t^2+1}{4t^3}.\end{aligned}$$

练习题 2.3

1.已知 $y=x^4+e^x$,求 y', y'', y''', $y^{(4)}$.

2.求下列函数在相应点处的高阶导数:

(1) $y=\sin x+\cos x$, 求 $y'''|_{x=\pi}$;

(2) $y=e^{2x}$, 求 $y^{(4)}|_{x=0}$;

(3) $y=e^{\tan x}$, 求 $y''|_{x=\pi}$;

(4) $y=x\ln x$,求 $y'''|_{x=1}$;

(5) $y=\ln(1+x^2)$, 求 $y''|_{x=0}$.

3.求下列函数的 n 阶导数:

(1) $y=e^{ax}$ (a 为常数); (2) $y=\ln(1+x)$; (3) $y=xe^x$.

4.求由方程 $\begin{cases}x=t-\dfrac{1}{t},\\y=\dfrac{t^2}{2}+\ln t\end{cases}$ $(t>0)$ 所确定函数的一阶导数 $\dfrac{dy}{dx}$ 及二阶导数 $\dfrac{d^2y}{dx^2}$.

5.求由方程 $x^2-y+1=e^y$ 所确定的隐函数 $y=y(x)$ 的二阶导数 $y''|_{x=0}$.

第四节　函数的微分

在实际问题中,常常会遇到当自变量有一个微小的增量时,如何求出函数的增量的问题.一般说来,计算函数增量的精确值是比较困难的,而对于一些实际问题只需要知道其增量的近似值就足够了.那么如何方便地求出函数增量的近似值呢?这就是我们所要研究的微分.

一、微分的概念

1.微分的定义

先看下面两个实例.

引例 2.3　一块正方形金属薄片受温度变化影响,其边长由 x_0 变到 $x_0+\Delta x$,如图 2.4 所示,问:此薄片的面积大约改变了多少?

解　设此薄片的边长为 x,面积为 S,则 $S=x^2$.

薄片受到温度变化的影响,面积的改变量就是自变量 x 在 x_0 处取得增量 Δx 时,相应的函数的增量 ΔS,即

$$\Delta S=(x_0+\Delta x)^2-x_0^2=2x_0\Delta x+(\Delta x)^2.$$

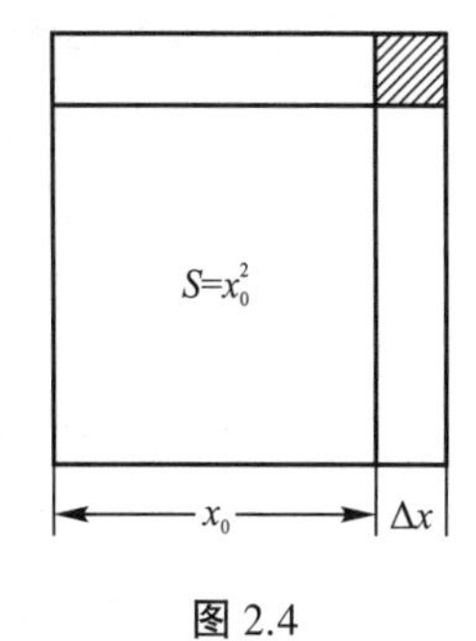

图 2.4

又因为
$$\lim_{\Delta x\to 0}\frac{(\Delta x)^2}{\Delta x}=0,$$

所以
$$(\Delta x)^2=o(\Delta x).$$

于是
$$\Delta S=2x_0\Delta x+o(\Delta x)\ (\Delta x\to 0).$$

从上式看出,ΔS 分成两部分,一部分是 $2x_0\Delta x$,它是 Δx 的线性函数,即图中两个小矩形面积之和;另一部分是 Δx 的高阶无穷小量.因此,当 $\Delta x\to 0$ 时,$\Delta S\approx 2x_0\Delta x$.

引例 2.4　求自由落体由时刻 t 到 $t+\Delta t$ 所经过路程的近似值.

解　自由落体的路程 s 与时间 t 的关系是 $s=\frac{1}{2}gt^2$,当时间从 t 变到 $t+\Delta t$ 时,相应的路程 s 有改变量:

$$\Delta s=\frac{1}{2}g(t+\Delta t)^2-\frac{1}{2}gt^2=gt\Delta t+\frac{1}{2}(\Delta t)^2.$$

又因为
$$\lim_{\Delta x\to 0}\frac{\frac{1}{2}(\Delta t)^2}{\Delta t}=0,$$

所以
$$\frac{1}{2}(\Delta t)^2=o(\Delta t).$$

于是 $$\Delta s = gt\Delta t + o(\Delta t)(\Delta t \to 0).$$

从上式看出，Δs 分成两部分，一部分是 Δt 的线性函数，另一部分是 Δt 的高阶无穷小量.当 $|\Delta t|$ 很小时，此部分可以忽略不计.从而得到路程改变量的近似值 $\Delta s \approx gt\Delta t$.

以上两个例子，尽管它们表示的实际意义不同，但在数量关系上却有共同的特点：函数的改变量可以表示成两部分，一部分为自变量增量的线性函数，且是函数增量的主要部分；另一部分是当自变量增量趋于0时，是自变量增量的高阶无穷小量，它在函数增量中所起的作用很微小，可以忽略不计.

这个结论具有一般性，由此引出微分的定义：

定义 2.2 如果函数 $y=f(x)$ 在点 x_0 的某邻域内有定义，函数 $y=f(x)$ 在点 x_0 处的增量为
$$\Delta y = f(x_0+\Delta x) - f(x_0),$$
可以表示成
$$\Delta y = A \cdot \Delta x + o(\Delta x),$$
其中 A 是仅与 x_0 有关而与 Δx 无关的常数，$o(\Delta x)$ 是比 Δx 高阶的无穷小，那么称函数 $y=f(x)$ 在 x_0 处**可微**，称 $A \cdot \Delta x$ 为函数 $y=f(x)$ 在 x_0 处的**微分**，记作 $\mathrm{d}y = A \cdot \Delta x$.

定理 2.5 函数 $y=f(x)$ 在点 x_0 处可微的充分必要条件是函数在这一点可导，且 $A=f'(x_0)$.

证明 设函数 $f(x)$ 在点 x_0 可微，则由微分的定义，得
$$\Delta y = A \cdot \Delta x + o(\Delta x).$$
其中 $o(\Delta x)$ 是比 Δx 高阶的无穷小($\Delta x \to 0$).上式两边同除以 Δx，得
$$\frac{\Delta y}{\Delta x} = A + \frac{o(\Delta x)}{\Delta x}.$$
于是，当 $\Delta x \to 0$ 时，由上式就得到
$$\lim_{\Delta x \to 0}\frac{\Delta y}{\Delta x} = A + \lim_{\Delta x \to 0}\frac{o(\Delta x)}{\Delta x} = A,$$
即
$$A = \lim_{\Delta x \to 0}\frac{\Delta y}{\Delta x} = f'(x_0).$$

因此，如果函数 $f(x)$ 在点 x_0 可微，则 $f(x)$ 在点 x_0 也可导，且 $A=f'(x_0)$.

反之，如果函数 $f(x)$ 在点 x_0 处可导，即
$$\lim_{\Delta x \to 0}\frac{\Delta y}{\Delta x} = f'(x_0).$$

由函数极限与无穷小的关系，上式可写成
$$\frac{\Delta y}{\Delta x} = f'(x_0) + \alpha.$$
其中 $\alpha \to 0(\Delta x \to 0)$，且 $f'(x_0)$ 与 Δx 无关.

于是 $$\Delta y = f'(x_0) \cdot \Delta x + \alpha \cdot \Delta x = f'(x_0) \cdot \Delta x + o(\Delta x).$$

由微分定义知，$y=f(x)$ 在点 x_0 处可微.

定义 2.3　函数 $y=f(x)$ 在任意点 x 的微分称为**函数的微分**，记作 $\mathrm{d}y$ 或 $\mathrm{d}f(x)$，即 $\mathrm{d}y=f'(x)\Delta x$.

通常把自变量 x 的增量 Δx 称为**自变量的微分**，记作 $\mathrm{d}x$，即 $\mathrm{d}x=\Delta x$，于是函数 $y=f(x)$ 的微分又可记作 $\mathrm{d}y=f'(x)\mathrm{d}x$，从而有

$$\frac{\mathrm{d}y}{\mathrm{d}x}=f'(x).$$

这就是说，函数 $y=f(x)$ 的微分 $\mathrm{d}y$ 与自变量的微分 $\mathrm{d}x$ 之商等于该函数的导数.因此，导数也叫作"**微商**".由此可见，函数 $y=f(x)$ 在点 x 处可微与可导是等价的，即

$$\mathrm{d}y=f'(x)\mathrm{d}x \Leftrightarrow \frac{\mathrm{d}y}{\mathrm{d}x}=f'(x).$$

例 2.35　求函数 $y=x^3$，当 $x=2,\Delta x=0.02$ 时的微分.

解　先求函数在任意点 x 处的微分：

$$\mathrm{d}y=(x^3)'\Delta x=3x^2\Delta x,$$

再求函数当 $x=2,\Delta x=0.02$ 时的微分：

$$\mathrm{d}y\Big|_{\substack{x=2\\ \Delta x=0.02}}=3x^2\Delta x\Big|_{\substack{x=2\\ \Delta x=0.02}}=0.24.$$

2.微分的几何意义

为了对微分有个比较直观的了解，下面我们研究微分的几何意义.

设可微函数 $y=f(x)$ 的图形如图 2.5 所示.

在曲线上任意取一点 $M(x,y)$，过 M 作曲线的切线，则此曲线在该点的切线斜率 $k=f'(x)=\tan\alpha$.

当自变量在点 x 处取得增量 Δx 时，就得到曲线上另一点 $N(x+\Delta x,y+\Delta y)$，从图 2.5 可知

$$MQ=\Delta x, QN=\Delta y,$$

且　$QP=MQ\cdot\tan\alpha=\Delta x f'(x)=\mathrm{d}y.$

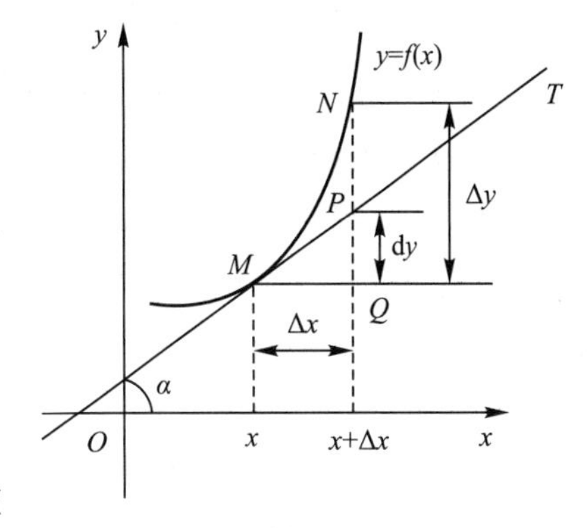

图 2.5

由此可见，当 Δy 是曲线 $y=f(x)$ 上的点 $M(x,y)$ 在曲线上纵坐标的增量时，函数 $y=f(x)$ 的微分 $\mathrm{d}y$ 在几何上表示是曲线 $y=f(x)$ 过点 $M(x,y)$ 的切线上纵坐标的增量.

当 Δx 很小时，$|\Delta y-\mathrm{d}y|$ 比 $|\Delta x|$ 小很多，因此在点 M 的附近，我们可以"以直代曲"——以切线段 MP 代替曲线段 MN.

微分思想的精髓是"局部线性化"，或者说"局部地以直代曲"（即局部地用切线代替曲线）."以直代曲"的主要作用是透过现象看本质，舍去次要的东西，抓住事物的本质部分.

二、微分的基本公式与运算法则

由函数微分的定义可知,只需求出 $y'=f'(x)$, 再乘以自变量的微分 $\mathrm{d}x$, 即得函数 $y=f(x)$ 的微分.可见求微分归结于求导数,并不需要新方法,因而求导数和求微分的方法统称为微分法.利用前面已有的基本初等函数的导数公式,可得出相应的微分公式和微分运算法则.

1.微分基本公式

(1) $\mathrm{d}(C)=0$;
(2) $\mathrm{d}(x^{\mu})=\mu x^{\mu-1}\mathrm{d}x$;
(3) $\mathrm{d}(a^x)=a^x\ln a\mathrm{d}x$;
(4) $\mathrm{d}(\mathrm{e}^x)=\mathrm{e}^x\mathrm{d}x$;
(5) $\mathrm{d}(\log_a x)=\dfrac{\mathrm{d}x}{x\ln a}$;
(6) $\mathrm{d}(\ln x)=\dfrac{\mathrm{d}x}{x}$;
(7) $\mathrm{d}(\sin x)=\cos x\mathrm{d}x$;
(8) $\mathrm{d}(\cos x)=-\sin x\mathrm{d}x$;
(9) $\mathrm{d}(\tan x)=\sec^2 x\mathrm{d}x$;
(10) $\mathrm{d}(\cot x)=-\csc^2 x\mathrm{d}x$;
(11) $\mathrm{d}(\sec x)=\tan x\sec x\mathrm{d}x$;
(12) $\mathrm{d}(\csc x)=-\cot x\csc x\mathrm{d}x$;
(13) $\mathrm{d}(\arcsin x)=\dfrac{\mathrm{d}x}{\sqrt{1-x^2}}$;
(14) $\mathrm{d}(\arccos x)=-\dfrac{\mathrm{d}x}{\sqrt{1-x^2}}$;
(15) $\mathrm{d}(\arctan x)=\dfrac{\mathrm{d}x}{1+x^2}$;
(16) $\mathrm{d}(\mathrm{arccot}\, x)=-\dfrac{\mathrm{d}x}{1+x^2}$.

2.函数的和、差、积、商的微分法则

设 $u=u(x)$, $v=v(x)$ 可导,则:

(1) $\mathrm{d}(u\pm v)=\mathrm{d}u\pm\mathrm{d}v$;

(2) $\mathrm{d}(uv)=u\mathrm{d}v+v\mathrm{d}u$;

(3) $\mathrm{d}(Cu)=C\mathrm{d}u$($C$ 为常数);

(4) $\mathrm{d}\left(\dfrac{u}{v}\right)=\dfrac{v\mathrm{d}u-u\mathrm{d}v}{v^2}$.

3.复合函数的微分法则

设 $y=f(u)$ 及 $u=\varphi(x)$ 都可导,则复合函数 $y=f[\varphi(x)]$ 的微分

$$\mathrm{d}y=y'_x\mathrm{d}x=f'(u)\varphi'(x)\mathrm{d}x.$$

由于 $\varphi'(x)\mathrm{d}x=\mathrm{d}u$, 所以复合函数 $y=f[\varphi(x)]$ 的微分也可以写成

$$\mathrm{d}y=f'(u)\mathrm{d}u.$$

由此可见,无论 u 是自变量还是中间变量,微分形式 $\mathrm{d}y=f'(u)\mathrm{d}u$ 保持不变.这一性质称为**微分形式的不变性**.利用这个性质,求复合函数的微分十分方便.

例 2.36 设 $y=\mathrm{e}^{x^2-1}$, 求 $\mathrm{d}y$.

解 利用一阶微分形式不变性,得

$$dy = e^{x^2-1}d(x^2-1) = 2xe^{x^2-1}dx.$$

例 2.37　设 $y = \sin\ln(2x-1)$，求 dy.

解　$dy = \cos\ln(2x-1)d\ln(2x-1)$

$$= \frac{2}{2x-1}\cos\ln(2x-1)dx.$$

例 2.38　$y = y(x)$ 是由方程 $x^2 + 2xy - y^2 = c^2$ 所确定的隐函数，求 dy.

解　利用一阶微分形式不变性，对方程两边求微分，得

$$2xdx + 2(xdy + ydx) - 2ydy = 0$$

即

$$(x + y)dx = (y - x)dy.$$

解得

$$dy = \frac{x+y}{y-x}dx.$$

三、微分在近似计算中的应用

由微分的定义可以知道，当 $|\Delta x|$ 很小时，$\Delta y \approx dy$，即

$$\Delta y = f(x_0 + \Delta x) - f(x_0) \approx f'(x_0)\Delta x. \tag{2.1}$$

因此有

$$f(x_0 + \Delta x) \approx f(x_0) + f'(x_0)\Delta x. \tag{2.2}$$

(2.1)式提供了求函数增量近似值的方法，(2.2)式提供了求函数值近似值的方法.它们在近似计算中都有广泛的应用.

在(2.1)式中，若令 $x = x_0 + \Delta x$，且取 $x_0 = 0$，则由(2.1)式可得

$$f(x) \approx f(0) + f'(0)x \ (|x| \text{很小}). \tag{2.3}$$

(2.3)式提供了求函数 $f(x)$ 在 $x = 0$ 附近近似值的方法.

例 2.39　利用微分计算 $\sin 30°30'$ 的近似值.

解　因 $30°30' = \frac{\pi}{6} + \frac{\pi}{360}$，设 $f(x) = \sin x$，则

$$df(x) = \cos xdx.$$

当 $x_0 = \frac{\pi}{6}$，$\Delta x = \frac{\pi}{360}$ 时，有

$$\sin 30°30' = \sin\left(\frac{\pi}{6} + \frac{\pi}{360}\right) \approx \sin\frac{\pi}{6} + \cos x\Big|_{x=\frac{\pi}{6}} \cdot \frac{\pi}{360} = 0.507\ 6.$$

例 2.40　半径为 10 cm 的金属圆片加热后，半径伸长了 0.05 cm.问：其面积增大的精确值为多少？其近似值又为多少？

解　(1)设圆面积为 S，半径为 r，则 $S = \pi r^2$.

已知 $r = 10$ cm，$\Delta r = 0.05$ cm，故圆面积 S 的增量的精确值为

$$\Delta S=\pi(10+0.05)^2-\pi\times10^2=1.002\,5\pi(\mathrm{cm}^2)$$

(2)面积增加的近似值为 $\mathrm{d}S$, 则

$$\mathrm{d}S=2\pi r\mathrm{d}r=2\pi\times10\times0.05=\pi(\mathrm{cm}^2).$$

比较两种结果可知 $\Delta S\approx\mathrm{d}S$, 其误差很小.

例 2.41 某工厂每周生产 x 件产品所获得的利润为 y 万元,已知 $y=6\sqrt{1\,000x-x^2}$, 当每周产量由 100 件增至 102 件时,试用微分求其利润增加的近似值.

解 由题知 $x=100$, $\Delta x=\mathrm{d}x=2$, $\Delta y\approx\mathrm{d}y$.

因为
$$\mathrm{d}y=(6\sqrt{1\,000x-x^2})'\mathrm{d}x=\frac{6(500-x)}{\sqrt{1\,000x-x^2}}\mathrm{d}x,$$

所以
$$\mathrm{d}y\Big|_{\substack{x=100\\ \mathrm{d}x=2}}=\frac{6(500-x)}{\sqrt{1\,000x-x^2}}\mathrm{d}x\Big|=\frac{2\,400}{\sqrt{100\,000-10\,000}}\times2=16(\text{万元}),$$

即每周产量由 100 件增至 102 件时,可增加利润约 16 万元.

例 2.42 当 $|x|$ 很小时,求证: $\sqrt[n]{1+x}\approx1+\frac{1}{n}x$.

证明 令 $f(x)=\sqrt[n]{1+x}$, 则

$$f'(x)=\frac{1}{n}(1+x)^{\frac{1}{n}-1}.$$

把 $f(0)=1$, $f'(0)=\frac{1}{n}$ 代入(2.3)式,得

$$\sqrt[n]{1+x}\approx1+\frac{1}{n}x.$$

按照上例的方法,当 $|x|$ 很小时,可以证明下列各式也成立.

① $\mathrm{e}^x\approx1+x$;

② $\sin x\approx x$ (x 以弧度为单位);

③ $\ln(1+x)\approx x$;

④ $\tan x\approx x$ (x 以弧度为单位).

练习题 2.4

1.设 $y=f(x)$ 在点 x_0 的某邻域有定义,且 $f(x_0+\Delta x)-f(x_0)=a\Delta x+b(\Delta x)^2$, 其中 a,b 为常数,下列命题哪个正确?

(1) $f(x)$ 在点 x_0 处可导,且 $f'(x_0)=a$;

(2) $f(x)$ 在点 x_0 处可微,且 $\mathrm{d}f(x)|_{x=x_0}=a\mathrm{d}x$;

(3) $f(x_0+\Delta x)\approx f(x_0)+a\Delta x$ ($|\Delta x|$ 很小时).

2.将适当的函数填入下列括号内,使等式成立:

(1) d(　　　　) $=2\mathrm{d}x$;

(2) d(　　　　) $=x^2\mathrm{d}x$;

(3) d(　　　　) $= \frac{1}{1+t^2}dt$;　　(4) d(　　　　) $= \sin 4x dx$;

(5) d(　　　　) $= \frac{1}{\sqrt{1-t^2}}dt$;　　(6) $d(\sin^2 x) = ($　　　　$)d(\sin x)$;

(7) $d(e^{\sin x}) = ($　　　　$)d(\sin x)$;　　(8) $d\tan(x+1) = ($　　　　$)d(x+1)$.

3.求下列函数的微分:

(1) $y = x^2 + \sin x$;　　(2) $y = \cos(2x+1)$;

(3) $y = xe^x$;　　(4) $y = (3x-1)^{100}$;

(5) $y = \ln\tan\frac{x}{2}$;　　(6) $y = \cos\cos x$;

(7) $y = \tan^2(1-x^2)$;　　(8) $y = \sqrt{x+\sqrt{x+1}}$;

(9) $y = \ln(x^2 - x + 2)$;　　(10) $y = \ln(1+e^x)$;

(11) $y = e^{\sin 2x}$;　　(12) $y = \arctan x^2$.

4.计算以下近似值:

(1) $\sqrt[3]{1.02}$;　　(2) $\sin 29°$;

(3) $\ln 0.98$;　　(4) $e^{-0.03}$.

5.设 $f(x) = \ln(1+x)$,求 $df(x)$.

6.设 $xy = e^{x+y}$,求 dy.

7. $y = y(x)$ 是由方程 $xe^y - \ln y + 2 = 0$ 所确定的隐函数,求 dy.

8.有一半径为 1 cm 的球,为了提高球面的光洁度,要镀上一层铜,厚度为 0.01 cm,估计每只球需用铜多少克(铜的密度是 8.9 g/cm^3)?

【本章小结】

本章主要介绍了导数和微分的概念及计算方法.

一、本章主要内容与重点

(一)导数

1.导数的定义

$$f'(x_0) = \lim_{\Delta x \to 0}\frac{\Delta y}{\Delta x} = \lim_{\Delta x \to 0}\frac{f(x_0+\Delta x) - f(x_0)}{\Delta x} = \lim_{x \to x_0}\frac{f(x) - f(x_0)}{x - x_0}.$$

在这里要注意 $y = f(x)$ 在点 x_0 处的导数 $f'(x_0)$ 与导函数 $f'(x)$ 的区别与联系:$f'(x_0) = f'(x)\big|_{x=x_0}$.

2.单侧导数

左导数：$f'_{-}(x_0)=\lim\limits_{\Delta x\to 0^-}\dfrac{f(x_0+\Delta x)-f(x_0)}{\Delta x}$ 或 $f'_{-}(x_0)=\lim\limits_{x\to x_0^-}\dfrac{f(x)-f(x_0)}{x-x_0}$；

右导数：$f'_{+}(x_0)=\lim\limits_{\Delta x\to 0^+}\dfrac{f(x_0+\Delta x)-f(x_0)}{\Delta x}$ 或 $f'_{+}(x_0)=\lim\limits_{x\to x_0^+}\dfrac{f(x)-f(x_0)}{x-x_0}$.

3.导数存在的充分必要条件

$f'(x_0)$ 存在 $\Leftrightarrow f'_{+}(x_0)$ 与 $f'_{-}(x_0)$ 存在且相等.

利用这个结论可判断分段函数在分段点处的可导性.

4.导数的几何意义与物理意义

(1)导数 $f'(x_0)$ 的几何意义：曲线 $y=f(x)$ 在点 $(x_0,f(x_0))$ 处的切线的斜率.

切线方程为 $y-f(x_0)=f'(x_0)(x-x_0)$；

法线方程为 $y-f(x_0)=-\dfrac{1}{f'(x_0)}(x-x_0)$，$f'(x_0)\neq 0$.

(2)导数 $f'(t_0)$ 的物理意义：做变速直线运动 $s=f(t)$ 的物体在 t_0 时刻的瞬时速度.

二阶导数的物理意义为物体运动的加速度.

5.可导与连续的关系

函数在 x_0 点连续与可导的关系：可导必连续，但连续未必可导.

6.导数的基本公式

(1) $C'=0$；

(2) $(x^\mu)'=\mu x^{\mu-1}$；

(3) $(a^x)'=a^x\ln a$；

(4) $(e^x)'=e^x$；

(5) $(\log_a x)'=\dfrac{1}{x\ln a}$；

(6) $(\ln x)'=\dfrac{1}{x}$；

(7) $(\sin x)'=\cos x$；

(8) $(\cos x)'=-\sin x$；

(9) $(\tan x)'=\sec^2 x$；

(10) $(\cot x)'=-\csc^2 x$；

(11) $(\sec x)'=\tan x\sec x$；

(12) $(\csc x)'=-\cot x\csc x$；

(13) $(\arcsin x)'=\dfrac{1}{\sqrt{1-x^2}}$；

(14) $(\arccos x)'=-\dfrac{1}{\sqrt{1-x^2}}$；

(15) $(\arctan x)'=\dfrac{1}{1+x^2}$；

(16) $(\operatorname{arccot} x)'=-\dfrac{1}{1+x^2}$.

7.导数的四则运算法则

$(u\pm v)'=u'\pm v'$，　$(uv)'=uv'+vu'$，　$\left(\dfrac{u}{v}\right)'=\dfrac{vu'-uv'}{v^2}$.

8.复合函数、隐函数、参数方程确定的函数及对数求导法则

(1)复合函数求导法则:若函数 $u=\varphi(x)$, $y=f(u)$ 可导,则复合函数 $y=f[\varphi(x)]$ 对 x 的导数为 $\{f[\varphi(x)]\}'=f'(u)\varphi'(x)$ 或 $\frac{dy}{dx}=\frac{dy}{du}\cdot\frac{du}{dx}$.

(2)隐函数求导法则:由一般方程 $F(x,y)=0$ 确定的隐函数的导数 $\frac{dy}{dx}$:将方程两端同时对 x 求导,并解出 $\frac{dy}{dx}$.

(3)参数方程求导法则:由参数方程 $\begin{cases}x=\varphi(t),\\ y=\psi(t)\end{cases}$ 确定的隐函数的导数 $\frac{dy}{dx}$: $\frac{dy}{dx}=\frac{\psi'(t)}{\varphi'(t)}$.

(4)对数求导法:对于两类特殊的函数(幂指函数和有连乘连除的函数),可以通过两边取对数,转化为隐函数,然后按隐函数求导方法求出导数 y'.

9.高阶导数的概念

$$f''(x)=[f'(x)]',f'''(x)=[f''(x)]',\cdots,f^{(n)}(x)=[f^{(n-1)}(x)]',\cdots$$

(二)微分

1.微分的定义

若 $f(x)$ 在 x_0 具有导数 $f'(x_0)$, 则 $f'(x_0)\Delta x$ 称为 $y=f(x)$ 在 x_0 的微分,记作 $dy=f'(x_0)dx=f'(x_0)\Delta x$.

$f(x)$ 在任意点 x 处的微分: $dy=f'(x)dx$.

2.微分与导数的关系

$f(x)$ 在点 x_0 处可微 $\Leftrightarrow f(x)$ 在点 x_0 处可导.

3.微分的基本公式

由 $dy=f'(x)dx$ 及导数的基本公式得出微分的基本公式.

(1) $d(C)=0$;　　(2) $d(x^\mu)=\mu x^{\mu-1}dx$;

(3) $d(a^x)=a^x\ln a dx$;　　(4) $d(e^x)=e^x dx$;

(5) $d(\log_a x)=\frac{dx}{x\ln a}$;　　(6) $d(\ln x)=\frac{dx}{x}$;

(7) $d(\sin x)=\cos x dx$;　　(8) $d(\cos x)=-\sin x dx$;

(9) $d(\tan x)=\sec^2 x dx$;　　(10) $d(\cot x)=-\csc^2 x dx$;

(11) $d(\sec x)=\tan x\sec x dx$;　　(12) $d(\csc x)=-\cot x\csc x dx$;

(13) $d(\arcsin x)=\frac{dx}{\sqrt{1-x^2}}$;　　(14) $d(\arccos x)=-\frac{dx}{\sqrt{1-x^2}}$;

(15) $d(\arctan x)=\frac{dx}{1+x^2}$;　　　(16) $d(\text{arccot}\ x)=-\frac{dx}{1+x^2}$.

4.微分四则运算法则

$$d(u\pm v)=du\pm dv,d(uv)=udv+vdu,d\left(\frac{u}{v}\right)=\frac{vdu-udv}{v^2}.$$

5.复合函数微分法则(一阶微分形式的不变性)

设 $y=f(u)$,$u=\varphi(x)$ 复合成 $y=f[\varphi(x)]$,则

$$dy=f'(u)\varphi'(x)dx=f'(u)du.$$

6.微分的简单应用——近似计算

(1)计算函数增量的近似值:

$$\Delta y\approx f'(x_0)\Delta x,\text{ 当 }|\Delta x|\text{ 较小时}.$$

(2)计算函数值的近似值:

$$f'(x_0+\Delta x)\approx f(x_0)+f'(x_0)\Delta x,\text{ 当 }|\Delta x|\text{ 较小时};$$

$$f(x)\approx f(0)+f'(0)x,\text{ 当 }|x|\text{ 较小时}.$$

当 $|x|$ 较小时,有下面一些常用的近似公式:

① $e^x\approx 1+x$;　　② $\sin x\approx x$ (x 以弧度为单位);

③ $\ln(1+x)\approx x$;　　④ $\tan x\approx x$ (x 以弧度为单位);

⑤ $\sqrt[n]{1+x}\approx 1+\frac{1}{n}x$.

重点　导数与微分的概念,初等函数的导数与微分,导数的几何意义,可导与连续的关系.

二、学习指导

(1)本章绝大部分内容都是微分学中的基本内容,其中导数和微分是最基本的概念,务必理解透彻,牢固掌握.

(2)求导数和求微分的运算也是高等数学的基本功,力求运算正确,快速娴熟.

(3)基本初等函数的导数公式和微分公式是求导数、微分运算的基础,应熟记于心.

(4)复合函数求导法则是本章的重点和难点,在求导运算中起着重要的作用,正确分析函数的复合关系,可使运算准确快捷.

(5)函数的和、差、积、商的求导法则以及复合函数的求导法则、隐函数的求导法则、参数方程所确定的函数求导法则、对数求导法,都是求导的基本法则,都要运用熟练,其途径在于多练、多总结.

习题二

1.判断题.

(1)函数 $y=|x|$ 在 $x=0$ 处的导数为0;　　(　　)

(2)初等函数在其定义域内一定可导;　　(　　)

(3)若函数 $f(x)$ 在 $x=1$ 处可导,则 $f'(1)=\lim\limits_{x\to 1}\dfrac{f(x)-f(1)}{x-1}$;　　(　　)

(4)设函数 $y=e^x$, 则 $y^{(n)}=ne^x$.　　(　　)

2.选择题.

(1)若函数 $f(x)$ 在点 x_0 处可导,则(　　)是错误的;

A.函数 $f(x)$ 在点 x_0 处有定义　　B. $\lim\limits_{x\to x_0}f(x)=A$, 但 $A\neq f(x_0)$

C.函数 $f(x)$ 在点 x_0 处连续　　D.函数 $f(x)$ 在点 x_0 处可微

(2)曲线 $y=x^2$ 与曲线 $y=a\ln x(a\neq 0)$ 相切,则 $a=$(　　);

A. 4e　　B. 2e　　C. e　　D. 3e

(3)下列函数中,其导数不等于 $\dfrac{1}{2}\sin 2x$ 的是(　　);

A. $\dfrac{1}{2}\sin^2 x$　　B. $-\dfrac{1}{2}\cos^2 x$　　C. $\dfrac{1}{4}\cos 2x$　　D. $1-\dfrac{1}{4}\cos 2x$

(4)设 $f(u)=e^u, g(x)=\cos x$, 则 $f[g(x)]$ 在 $x=\dfrac{\pi}{2}$ 处的导数是(　　);

A.0　　B. e　　C.−1　　D.1

(5)已知隐函数 $y=1+xe^y$, 则 dy 是(　　);

A. $\dfrac{e^y}{1-xe^y}$　　B. $\dfrac{e^y}{1-xe^y}dx$　　C. $\dfrac{e^y}{1+xe^y}dx$　　D. $\dfrac{1-xe^y}{e^y}dx$

(6)设 $y=\lg 2x$, 则 $dy=$(　　);

A. $\dfrac{1}{2x}dx$　　B. $\dfrac{1}{x}dx$　　C. $\dfrac{\ln 10}{x}dx$　　D. $\dfrac{1}{x\ln 10}dx$

(7)函数 $f(x)=\ln|x-1|$ 的导数是(　　);

A. $\dfrac{1}{|x-1|}$　　B. $\dfrac{1}{x-1}$　　C. $\dfrac{1}{1-x}$　　D.不存在

(8)已知函数 $f(x)=(x-a)g(x)$, 其中 $g(x)$ 在 $x=a$ 处可导,则 $f'(a)=$(　　);

A.0　　B. $g'(a)$　　C. $g(a)$　　D. $f(a)$

(9)已知$f'(0)=a, g'(0)=b$, 且$f(0)=g(0)$, 则$\lim\limits_{x\to 0}\dfrac{f(x)-g(-x)}{x}=$(　　);

A. $a-b$　　B. $2a+b$　　C. $a+b$　　D. $b-a$

(10)已知$f(x)=\ln x$, 则$\lim\limits_{h\to 0}\dfrac{f^2(x+h)-f^2(x)}{2h}=$(　　);

A. $-\dfrac{\ln x}{x^2}$　　B. $\dfrac{\ln x}{x}$　　C. $-\dfrac{1}{x^2}$　　D. $\dfrac{1}{x}$

(11)已知函数$\varphi(x)$在点$x=0$处可导,函数$f(x)=(x-1)\varphi(x-1)$, 则$f'(1)=$(　　);

A. $\varphi'(0)$　　B. $\varphi'(1)$　　C. $\varphi(0)$　　D. $\varphi(1)$

(12)设函数$f(x)$具有任意阶导数,且$f'(x)=[f(x)]^2$, 则$f^{(n)}(x)=$(　　).

A. $n!\,[f(x)]^{(n+1)}$　　B. $n\,[f(x)]^{(n+1)}$

C. $(n+1)\,[f(x)]^{(n+1)}$　　D. $(n+1)!\,[f(x)]^{(n+1)}$

3.填空题.

(1)设$f(x)=\begin{cases}x^a\sin\dfrac{1}{x}, x\neq 0,\\ 0, x=0,\end{cases}$ 当a________时,$f(x)$在$x=0$处可导;

(2)曲线$y=\ln x$上点$(1,0)$处的切线方程为________;

(3)设函数$f(x)=e^{-x}$, 则$[f(2x)]'=$________;

(4)已知函数$y=x+\sin y$, 则$\dfrac{dy}{dx}=$________;

(5)设$f(x)=\ln(1-x)$, 则$f''(0)=$________;

(6)设$f'(x_0)=A$, 则$\lim\limits_{h\to 0}\dfrac{f(x_0)-f(x_0-h)}{2h}=$________, $\lim\limits_{h\to 0}\dfrac{f(x_0+3h)-f(x_0-h)}{h}=$________;

(7)若$\lim\limits_{x\to 0}\dfrac{f(x)-f(0)}{x}=\dfrac{1}{2}$, 则$f'(0)=$________,

若$\lim\limits_{x\to 0}\dfrac{f(2x)-f(0)}{x}=\dfrac{1}{3}$, 则$f'(0)=$________;

(8)设$f(x)$在点$x=0$处可导,且$f(0)=0$, 则$\lim\limits_{x\to 0}\dfrac{f(x)}{x}=$________;

(9)已知$f(x)=e^{2x-1}$, 则$f^{(2007)}(0)=$________.

4.求下列函数的导数.

(1) $y=(x^2+1)(3x-1)$;　　(2) $y=x^2\sin\dfrac{1}{x}$;

(3) $y=(\sin x)^{\cos x}$;　　(4) $y=\tan\dfrac{1+x}{1-x}$;

(5) $y=\tan(x+y)$;　　(6) $\begin{cases}x=a(\cos t+t\sin t),\\ y=a(\sin t-t\cos t).\end{cases}$

5.求曲线 $\begin{cases}x=\mathrm{e}^t\cos t,\\ y=\mathrm{e}^t\sin t\end{cases}$ 在 $t=\dfrac{\pi}{2}$ 处的法线方程.

6.求由方程 $\arctan\dfrac{y}{x}=\ln\sqrt{x^2+y^2}$ 确定的函数 $f(x)$ 的导数.

7.设 $f(x)=\begin{cases}\mathrm{e}^x, x\leqslant 0,\\ a+bx, x>0,\end{cases}$ 当 a,b 为何值时,$f(x)$ 在 $x=0$ 处连续且可导?

8.曲线 $y=\mathrm{e}^{1-x^2}$ 与直线 $x=-1$ 的交点为 Q,求曲线 $y=\mathrm{e}^{1-x^2}$ 在点 Q 处的切线方程.

9.求下列函数的微分:

(1) $y=\ln(1+2^x)$;　　(2) $y=\cos(\tan x)$;

(3) $y=\csc^3(\ln x)$;　　(4) $y=\tan[\ln(1+x^2)]$;

(5) $y=x^{\frac{1}{x}}$;　　(6) $x^2\mathrm{e}^y+y^2=1$;

(7) $y=x^2\sqrt[3]{\dfrac{1-x}{1+x}}$.

10.求函数 $y=\mathrm{e}^x\sin x$ 的 n 阶导数.

11.已知摆线的参数方程为 $\begin{cases}x=a(t-\sin t),\\ y=a(1-\cos t),\end{cases}$ 求 $\dfrac{\mathrm{d}^2y}{\mathrm{d}x^2}$.

12.求由方程 $\mathrm{e}^y+xy=\mathrm{e}$ 所确定的隐函数 $y=y(x)$ 的二阶导数 $y''|_{x=0}$.

13.某一机械挂钟,钟摆的周期为 1 s,在冬季,由于温度低,摆长缩短了 0.01 cm,那么这只钟每天大约快多少?

14.求证:若 $f(x)$ 在 x_0 处不连续,则 $f(x)$ 在 x_0 处必不可导.

15.一个身高 2 m 的人向一个高为 5 m 的灯柱走去,当他走到离灯塔 2.8 m 时,该人的瞬时速度为 2 m/s,求此时人身影的长度的瞬时伸长率,并求身影顶的运动速度.

16.溶液自深 18 cm、顶直径为 12 cm 的正圆锥形漏斗中漏入一直径为 10 cm 的圆柱形筒中,开始时漏斗中盛满了溶液.已知当溶液在漏斗中深为 12 cm 时,其表面下降的速率为 1 cm/min.问:此时圆筒中溶液表面上升的速率为多少?

17.一长为 5 m 的梯子斜靠在墙上,如果梯子下端以 0.5 m/s 的速率滑离墙壁,试求:

(1)梯子下端离墙 3 m 时,梯子上端向下滑落的速率;

(2)梯子与墙的夹角为 $\dfrac{\pi}{3}$ 时,该夹角的增加率.

【阅读材料】

当今世界数学伟人——华罗庚

华罗庚(1910—1985),江苏金坛(今常州市金坛区)人,祖籍江苏丹阳.初中毕业后刻苦自学,取得优异成绩.中国数学家,中国科学院学部委员(院士),美国国家科学院外籍院士,第三世界科学院院士,德国巴伐利亚科学院院士,中国科学院数学研究所研究员、原所长.

华罗庚(左)

1924年华罗庚从金坛县立初级中学毕业;1931年入清华大学;1936年赴英国留学;1938年回国后任西南联合大学教授;1946年任美国普林斯顿高级研究所研究员、伊利诺伊大学教授;1950年回国,在归国途中写下了《致中国全体留美学生的公开信》,之后回到了清华园,担任清华大学数学系主任;1951年当选为中国数学会理事长,同年被任命为即将成立的中国科学院数学研究所所长;1954年当选中华人民共和国第一至六届全国人大常委会委员;1955年被选聘为中国科学院学部委员(院士);1982年当选为美国国家科学院外籍院士;1983年被选聘为第三世界科学院院士;1985年当选为德国巴伐利亚科学院院士.

华罗庚主要从事解析数论、矩阵几何学、典型群、自守函数论、多复变函数论、偏微分方程、高维数值积分等领域的研究;并解决了高斯完整三角和的估计难题、华林和塔里问题改进、一维射影几何基本定理证明、近代数论方法应用研究等;被列为芝加哥科学技术博物馆中当今世界88位数学伟人之一;国际上以华氏命名的数学科研成果有“华氏定理”“华氏不等式”“华-王方法”等.

第三章　导数的应用

宇宙之大，粒子之微，火箭之速，化工之巧，地球之变，生物之谜，日用之繁，无处不用数学.

——华罗庚

【学习目标】

1.了解罗尔中值定理、拉格朗日中值定理及它们的几何意义.

2.掌握函数单调性、极值的判断方法，会用函数的增减性证明简单的不等式.

3.掌握求函数最大值和最小值的方法.

4.掌握用导数讨论函数图形的凹凸性的方法，会求曲线的拐点.

5.会用洛必达法则求$\frac{0}{0}$型和$\frac{\infty}{\infty}$型未定式的极限.

上一章，我们引入了导数的概念，并讨论了导数的求法.本章中，我们将应用导数来研究函数及曲线的某些性态，并利用这些知识解决一些实际问题.为此，我们先介绍微分学的几个中值定理，它们是一元函数微分学的理论基础.

第一节　中值定理

要利用导数研究函数的性质，首先就要了解导数值与函数值之间的联系.反映这些联系的是微分学中的几个中值定理.在本节中，我们先介绍罗尔中值定理，然后根据它推出拉格朗日中值定理和柯西中值定理.

一、罗尔(Rolle)中值定理

我们先介绍一个引理.

费马(Fermat)引理　设函数$f(x)$在点x_0的某邻域$U(x_0)$内有定义，且对该邻域内任一点x，有$f(x)\leqslant f(x_0)$（或$f(x)\geqslant f(x_0)$）.又$f(x)$在点x_0可导，则必有$f'(x_0)=0$.

证明　只就$f(x)\leqslant f(x_0)$时的情形进行证明（$f(x)\geqslant f(x_0)$的情形类似）.

由条件知,存在 x_0 的某邻域 $U(x_0)$,使得对一切 $x \in U(x_0)$, 有 $f(x) \leqslant f(x_0)$.

因此,当 $x < x_0$ 时,有

$$\frac{f(x) - f(x_0)}{x - x_0} \geqslant 0.$$

而当 $x > x_0$ 时,则有

$$\frac{f(x) - f(x_0)}{x - x_0} \leqslant 0.$$

由 $f(x)$ 在 x_0 可导并在上述不等式两边取极限:

$$f'(x_0) = f'_+(x_0) = \lim_{x \to x_0^+} \frac{f(x) - f(x_0)}{x - x_0} \leqslant 0,$$

$$f'(x_0) = f'_-(x_0) = \lim_{x \to x_0^-} \frac{f(x) - f(x_0)}{x - x_0} \geqslant 0.$$

于是,有

$$f'(x_0) = 0.$$

费马引理的几何意义:在曲线的峰点或谷点处(见图3.1),若曲线有切线,则切线必平行于 x 轴.

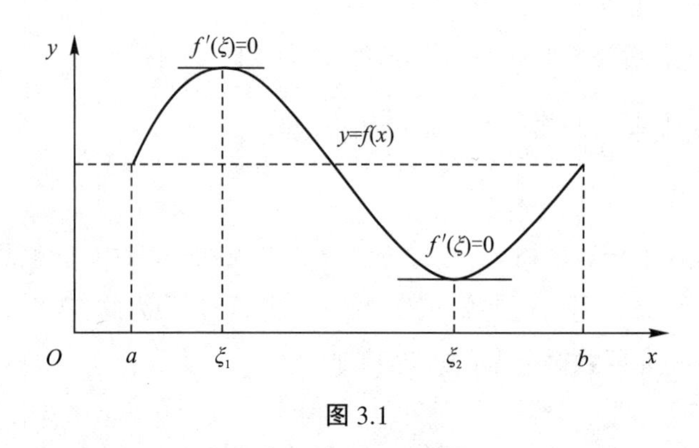

图3.1

定理3.1(**罗尔中值定理**) 如果函数 $f(x)$ 满足:

(1)在闭区间 $[a,b]$ 上连续;

(2)在开区间 (a,b) 内可导;

(3) $f(a) = f(b)$.

则在 (a,b) 内至少存在一点 ξ, 使得 $f'(\xi) = 0$.

证明 因为 $f(x)$ 在 $[a,b]$ 上连续,根据闭区间上连续函数的性质,在 $[a,b]$ 上有最大值 M 与最小值 m. 下面分两种情形讨论:

(ⅰ)若 $M = m$, 则 $f(x)$ 在 $[a,b]$ 上必为常量,从而它的导函数 $f'(x)$ 在 (a,b) 上恒为0,因此在 (a,b) 内任取一点作为 ξ, 都有 $f'(\xi) = 0$.

(ⅱ)若 $M \neq m$,则 M 和 m 两者之中至少有一个不等于函数在端点的值 $f(a)$,因此最大值 M 与最小值 m 中至少有一个是在 (a,b) 内部一点 ξ 取得的.因为 $f(x)$ 在 (a,b) 内可导.再

由费马引理知，$f'(\xi)=0$.

罗尔中值定理的几何意义：如果 $[a,b]$ 上的连续曲线 $y=f(x)$ 在开区间 (a,b) 内的每一点都存在不垂直于 x 轴的切线，并且两个端点 A,B 处的纵坐标相等，即连接两端点的直线 AB 平行于 x 轴，则在此曲线上至少存在一点 $C(\xi,f(\xi))$，使得曲线 $y=f(x)$ 在点 C 处的切线与 x 轴平行.

例 3.1　说明函数 $f(x)=\frac{x^3}{3}-x$ 在 $[-\sqrt{3},\sqrt{3}]$ 上是否满足罗尔中值定理的条件.若满足，求出使 $f'(\xi)=0$ 的点 ξ.

解　$f(x)$ 在 $[-\sqrt{3},\sqrt{3}]$ 上连续且在 $(-\sqrt{3},\sqrt{3})$ 内可导，又

$$f(-\sqrt{3})=f(\sqrt{3})=0,$$

所以 $f(x)$ 在 $[-\sqrt{3},\sqrt{3}]$ 上满足罗尔中值定理的条件.由于

$$f'(x)=x^2-1,$$

令 $f'(\xi)=0$，得 $\xi_1=-1$，$\xi_2=1$.

例 3.2　设 $f(x)=(x+1)(x-1)(x-2)(x-3)$，证明方程 $f'(x)=0$ 有三个实数根，并指出三个实数根所在的区间.

解　$f(x)$ 在 $(-\infty,+\infty)$ 上连续、可导，且 $f(-1)=f(1)=f(2)=f(3)=0$.

由罗尔中值定理知，在区间 $(-1,1)$，$(1,2)$，$(2,3)$ 内分别存在 ξ_1，ξ_2，ξ_3，使得

$$f'(\xi_1)=f'(\xi_2)=f'(\xi_3)=0.$$

另一方面，$f'(x)$ 是一个三次多项式，最多有三个实数根，所以 $f'(x)=0$ 有三个实数根，分别在区间 $(-1,1)$，$(1,2)$，$(2,3)$ 内.

二、拉格朗日(Lagrange)中值定理

定理 3.2(拉格朗日中值定理)　如果函数 $f(x)$ 满足：

(1)在闭区间 $[a,b]$ 上连续；

(2)在开区间 (a,b) 内可导.

则在 (a,b) 内至少存在一点 ξ，使得

$$f'(\xi)=\frac{f(b)-f(a)}{b-a}.$$

证明　欲证 $f'(\xi)=\frac{f(b)-f(a)}{b-a}$，可证在 (a,b) 内至少存在一点 ξ，使得

$$f'(\xi)-\frac{f(b)-f(a)}{b-a}=0.$$

作辅助函数
$$g(x)=f(x)-\frac{f(b)-f(a)}{b-a}x.$$

显然，$g(x)$ 在 $[a,b]$ 上连续，在 (a,b) 内可导，且 $g(b)=g(a)$.

由罗尔中值定理可知,在 (a,b) 内,至少存在一点 ξ, 使得 $g'(\xi)=0$.

又

$$g'(x)=f'(x)-\frac{f(b)-f(a)}{b-a},$$

故在 (a,b) 内至少存在一点 ξ, 使得

$$g'(\xi)=f'(\xi)-\frac{f(b)-f(a)}{b-a}=0,$$

即

$$f'(\xi)=\frac{f(b)-f(a)}{b-a},$$

即证.

拉格朗日中值定理的几何意义:点 A 的坐标是 $[a,f(a)]$,点 B 的坐标是 $[b,f(b)]$,因此,连接 A, B 两点的直线的斜率为 $\frac{f(b)-f(a)}{b-a}$. 在连接 A, B 两点的一条连续的曲线上,如果过每一点,曲线都有不垂直于 x 轴的切线,则曲线上至少有一点 $(\xi,f(\xi))$,过该点的切线平行于弦 AB. 如图 3.2 所示.

注 显然,罗尔中值定理是拉格朗日中值定理(当 $f(a)=f(b)$)的特例,而图 3.2 可以看作是由图 3.1 的坐标作一定角度的旋转使得端点高度不同而得到的.

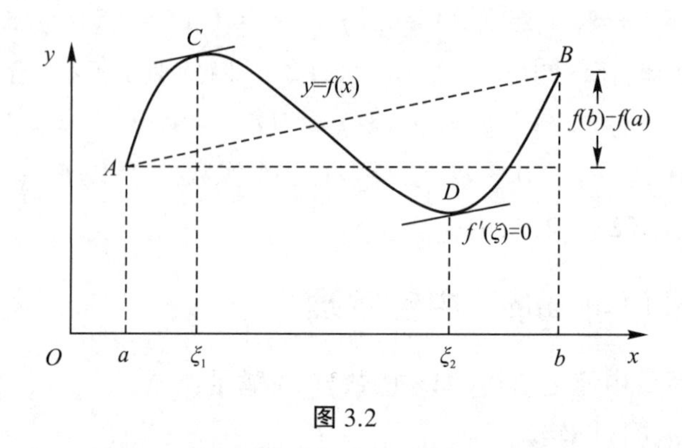

图 3.2

拉格朗日中值定理有以下两个重要推论:

推论 1 设 $f(x)$ 在区间 I 上可导,且如果对于任意的 $x\in I$, 都有 $f'(x)=0$, 则 $f(x)$ 在区间 (a,b) 内恒等于常数.

证明 任取两点 x_1, $x_2\in I$(设 $x_1<x_2$),在区间 $[x_1,x_2]$ 上应用拉格朗日定理,存在 $\xi\in(x_1,x_2)\subset I$,使得

$$f(x_2)-f(x_1)=f'(\xi)(x_2-x_1)=0.$$

这就证得 $f(x)$ 在区间 I 上任何两点的函数值都是相等的,也就是说,$f(x)$ 在区间 I 上是一个常数函数.

推论 2 如果对于任意的 $x\in(a,b)$, 都有 $f'(x)=g'(x)$,则必有 $f(x)=g(x)+C$(C 为常数).

例 3.3　证明恒等式：$\arcsin x + \arccos x = \dfrac{\pi}{2}\ (-1 \leqslant x \leqslant 1)$.

证明　令$f(x) = \arcsin x + \arccos x$，$-1 \leqslant x \leqslant 1$，则$f(x)$在$[-1,1]$上连续，在$(-1,1)$内可导，且

$$f'(x) = (\arcsin x)' + (\arccos x)' = \frac{1}{\sqrt{1-x^2}} - \frac{1}{\sqrt{1-x^2}} = 0.$$

由推论 1 得　$\arcsin x + \arccos x = C,\ -1 \leqslant x \leqslant 1.$

又因为$f(0) = \dfrac{\pi}{2}$，所以$\arcsin x + \arccos x = \dfrac{\pi}{2}$.

例 3.4　证明$|\arctan x - \arctan y| \leqslant |x - y|$.

证明　当$x = y$时，等式成立，当$x \neq y$时，因为x,y的位置可互换，不妨设$x > y$.

令$f(x) = \arctan x$，则$f(x)$在$[y,x]$上满足拉格朗日中值定理的条件，故存在$\xi \in (y,x)$，使得$f(x) - f(y) = f'(\xi)(x - y)$，即

$$\arctan x - \arctan y = \frac{1}{1+\xi^2}(x - y).$$

由于$1 + \xi^2 \geqslant 1$，故

$$|\arctan x - \arctan y| = \frac{1}{1+\xi^2}|x - y| \leqslant |x - y|.$$

即证.

三、柯西(Cauchy)中值定理

定理 3.3(柯西中值定理)　设函数$f(x)$与$g(x)$满足：

(1)在闭区间$[a,b]$上连续；

(2)在开区间(a,b)内可导；

(3)在区间(a,b)内，$g'(x) \neq 0$.

则在(a,b)内至少存在一点ξ，使得

$$\frac{f'(\xi)}{g'(\xi)} = \frac{f(b) - f(a)}{g(b) - g(a)}.$$

注　在此定理中，当$g(x) = x$时，$g(b) - g(a) = b - a$，$g'(x) = 1$，则柯西中值定理就变成了拉格朗日中值定理.这说明拉格朗日定理是柯西中值定理的特殊情形.

通过上面的讨论我们知道，拉格朗日中值定理是罗尔中值定理的推广，柯西中值定理又是拉格朗日中值定理的推广.

练习题 3.1

1.填空题.

(1)函数 $f(x)=e^x-1$ 在区间 $[0,\ln 2]$ 上满足拉格朗日中值定理,则 $\xi=$ ________;

(2)设 $f(x)$ 在 $[a,b]$ 上连续,在 (a,b) 内可导,则在 (a,b) 内至少存在一点 ξ,使得 $f(b)-f(a)=$ ________.

2.选择题.

(1)下列函数中,在 $[-1,1]$ 上满足罗尔中值定理条件的是(　　);

A. $y=|x|$　　B. $y=x^3$　　C. $y=x^2$　　D. $y=\dfrac{1}{x}$

(2)下列函数中,在 $[-1,1]$ 上满足罗尔中值定理条件的是(　　);

A. $y=e^x$　　B. $y=\ln|x|$　　C. $y=1-x^2$　　D. $y=\dfrac{1}{x^2}$

(3) $y=\sin x$ 在 $[0,\pi]$ 上符合罗尔中值定理条件的 $\xi=$(　　);

A.0　　B.$\dfrac{\pi}{2}$　　C.π　　D.$\dfrac{3}{2}\pi$

(4)已知函数 $f(x)=\cos x$ 在闭区间 $[0,2\pi]$ 上满足罗尔中值定理,那么在开区间 $(0,2\pi)$ 内使得等式 $f'(\xi)=0$ 成立的 ξ 的值是(　　);

A.$\dfrac{\pi}{2}$　　B.π　　C.0　　D.2π

(5)下列函数中,在 $[1,e]$ 上满足拉格朗日中值定理条件的是(　　).

A.$\ln\ln x$　　B.$\ln x$　　C.$\dfrac{1}{\ln x}$　　D. $|x-2|$

3.给定函数 $f(x)=x^3-6x^2+11x-6$.

(1)验证在区间 $[1,3]$ 上满足罗尔中值定理条件,并求出罗尔中值定理结论中 ξ 的值;

(2)验证在区间 $[0,3]$ 上满足拉格朗日中值定理的条件,并求出拉格朗日中值定理结论中的 ξ 的值.

4.验证 $f(x)=\sin x$ 和 $g(x)=\cos x$ 在区间 $\left[0,\dfrac{\pi}{2}\right]$ 上满足柯西中值定理条件,并求出柯西中值定理结论中 ξ 的值.

5.不用求出函数 $f(x)=x(x-1)(x-2)(x+1)(x+2)$ 的导数,说明方程 $f'(x)=0$ 有几个实数根,并指出它们所在的区间.

6.设 $f(x)$ 在 $[a,b]$ 上连续,在 (a,b) 内可导,且在 (a,b) 内 $f'(x)\neq 0$,证明 $f(x)$ 在 (a,b) 内至多有一个零点.

7.设函数$f(x)$在$[a,b]$上连续,在(a,b)内二阶可导,且$f(a)=f(c)=f(b)$ ($a<c<b$),试证:至少存在一个$\xi\in(a,b)$,使得$f''(\xi)=0$.

8.证明恒等式: $\arctan x+\operatorname{arccot} x=\frac{\pi}{2}$, $x\in\mathbf{R}$.

9.证明方程$x^5+x-1=0$只有一个正根.

10.证明下列不等式:

(1) $|\sin a-\sin b|\leqslant|a-b|$;

(2)当$x\geqslant1$时, $e^x\geqslant ex$;

(3)当$x\neq0$时, $e^x>1+x$;

(4)当$x>0$时, $\left(\frac{x}{1+x}\right)<\ln(1+x)<x$;

(5)当$x>0$时, $\frac{x}{1+x^2}<\arctan x<x$.

第二节　洛必达法则

如果当$x\to x_0$(或$x\to\infty$)时,两个函数$f(x)$与$g(x)$都趋于0或都趋于无穷大,那么$\lim\limits_{\substack{x\to x_0\\(x\to\infty)}}\frac{f(x)}{g(x)}$可能存在,也可能不存在.通常把这种极限叫作未定式,并分别简记为$\frac{0}{0}$或$\frac{\infty}{\infty}$.

例如, $\lim\limits_{x\to0}\frac{\sin 3x}{x}$, $\lim\limits_{x\to+\infty}\frac{x}{e^x}$等就是未定式,前者是一个$\frac{0}{0}$型,后一个是$\frac{\infty}{\infty}$型.

在第一章中,计算未定式的极限往往需要经过适当地变形,转化成可利用极限运算法则或重要极限的形式进行计算.本节用导数作为工具,给出计算未定式极限的一般方法,即洛必达(L'Hospital)法则.

未定式的基本类型:$\frac{0}{0}$型与$\frac{\infty}{\infty}$型;

未定式的其他类型:$0\cdot\infty$, $\infty-\infty$, 0^0, 1^∞, ∞^0型.

一、$\frac{0}{0}$型未定式的极限求法

定理 3.4　洛必达法则 I

如果$f(x)$与$g(x)$满足:

(1) $\lim\limits_{x\to x_0}f(x)=0$, $\lim\limits_{x\to x_0}g(x)=0$;

(2)在点x_0的某去心邻域内, $f'(x)$与$g'(x)$均存在且$g'(x)\neq0$;

(3) $\lim\limits_{x\to x_0}\frac{f'(x)}{g'(x)}=A$ (或∞).

则有
$$\lim_{x\to x_0}\frac{f(x)}{g(x)}=\lim_{x\to x_0}\frac{f'(x)}{g'(x)}=A\ (或\infty).$$

注意 (1)若将定理中的 $x\to x_0$ 换成 $x\to x_0^{\pm}$, $x\to\pm\infty$, $x\to\infty$ 等,结论同样成立.

(2)如果 $\frac{f'(x)}{g'(x)}$ 当 $x\to x_0$ 时也是 $\frac{0}{0}$ 型,且 $f'(x)$ 与 $g'(x)$ 能满足定理中 $f(x)$, $g(x)$ 所满足的条件,则可继续使用洛必达法则.

例 3.5 求下列极限:

(1) $\lim\limits_{x\to1}\frac{x^3-1}{\ln x}$;　　(2) $\lim\limits_{x\to+\infty}\frac{\frac{\pi}{2}-\arctan x}{\frac{1}{x}}$.

解 (1)该极限为 $\frac{0}{0}$ 型,故
$$\lim_{x\to1}\frac{x^3-1}{\ln x}=\lim_{x\to1}\frac{(x^3-1)'}{(\ln x)'}=\lim_{x\to1}\frac{3x^2}{\frac{1}{x}}=\lim_{x\to1}3x^3=3.$$

(2)该极限为 $\frac{0}{0}$ 型,故
$$\lim_{x\to+\infty}\frac{\frac{\pi}{2}-\arctan x}{\frac{1}{x}}=\lim_{x\to+\infty}\frac{-\frac{1}{1+x^2}}{-\frac{1}{x^2}}=\lim_{x\to+\infty}\frac{x^2}{1+x^2}=\lim_{x\to+\infty}\frac{1}{\frac{1}{x^2}+1}=1.$$

例 3.6 求 $\lim\limits_{x\to0}\frac{\ln(1+3x)}{x^2}$.

解 $\lim\limits_{x\to0}\frac{\ln(1+3x)}{x^2}=\lim\limits_{x\to0}\frac{[\ln(1+3x)]'}{(x^2)'}=\lim\limits_{x\to0}\frac{\frac{3}{1+3x}}{2x}=\lim\limits_{x\to0}\frac{3}{2x(1+3x)}=\infty$.

例 3.7 求 $\lim\limits_{x\to1}\frac{x^3-3x+2}{x^3-x^2-x+1}$.

解
$$\begin{aligned}\lim_{x\to1}\frac{x^3-3x+2}{x^3-x^2-x+1}&=\lim_{x\to1}\frac{(x^3-3x+2)'}{(x^3-x^2-x+1)'}\\&=\lim_{x\to1}\frac{3x^2-3}{3x^2-2x-1}\\&=\lim_{x\to1}\frac{6x}{6x-2}\\&=\frac{3}{2}.\end{aligned}$$

例 3.8　求 $\lim\limits_{x\to 0}\dfrac{e^{x}+e^{-x}-2}{\sin^{2}x}$.

解　$\lim\limits_{x\to 0}\dfrac{e^{x}+e^{-x}-2}{\sin^{2}x}=\lim\limits_{x\to 0}\dfrac{e^{x}-e^{-x}}{2\sin x\cos x}=\lim\limits_{x\to 0}\dfrac{e^{x}-e^{-x}}{\sin 2x}=\lim\limits_{x\to 0}\dfrac{e^{x}+e^{-x}}{2\cos 2x}=1.$

在利用洛必达法则求极限时,还要注意尽量将式子化简以利于求导.

二、$\dfrac{\infty}{\infty}$型未定式的极限求法

定理 3.5　洛必达法则Ⅱ

如果 $f(x)$ 与 $g(x)$ 满足:

(1) $\lim\limits_{x\to x_0}f(x)=\infty$, $\lim\limits_{x\to x_0}g(x)=\infty$;

(2) 在点 x_0 的某去心邻域内, $f'(x)$ 与 $g'(x)$ 均存在且 $g'(x)\neq 0$;

(3) $\lim\limits_{x\to x_0}\dfrac{f'(x)}{g'(x)}=A$ (或∞).

则有

$$\lim_{x\to x_0}\frac{f(x)}{g(x)}=\lim_{x\to x_0}\frac{f'(x)}{g'(x)}=A\ (\text{或}\infty).$$

注意　(1) 若将定理中的 $x\to x_0$ 换成 $x\to x_0^{\pm}$, $x\to\pm\infty$, $x\to\infty$ 等,结论同样成立.

(2) 如果 $\dfrac{f'(x)}{g'(x)}$ 当 $x\to x_0$ 时也是 $\dfrac{\infty}{\infty}$ 型,且 $f'(x)$ 与 $g'(x)$ 能满足定理中 $f(x)$, $g(x)$ 所满足的条件,则再继续使用洛必达法则.

例 3.9　求 $\lim\limits_{x\to+\infty}\dfrac{\ln x}{x^{2}}$.

解　$\lim\limits_{x\to+\infty}\dfrac{\ln x}{x^{2}}=\lim\limits_{x\to+\infty}\dfrac{(\ln x)'}{(x^{2})'}\lim\limits_{x\to+\infty}\dfrac{\frac{1}{x}}{2x}=\lim\limits_{x\to+\infty}\dfrac{1}{2x^{2}}=0.$

由例 3.9 可知,当 $x\to+\infty$ 时,对数函数 $\ln x$ 的增长速度比幂函数 x^2 慢.

例 3.10　求 $\lim\limits_{x\to+\infty}\dfrac{x^{n}}{e^{\lambda x}}$ (n 为正整数, $\lambda>0$).

解　相继使用洛必达法则 n 次,得

$$\lim_{x\to+\infty}\frac{x^{n}}{e^{\lambda x}}=\lim_{x\to+\infty}\frac{nx^{n-1}}{\lambda e^{\lambda x}}=\cdots=\lim_{x\to+\infty}\frac{n!}{\lambda^{n}e^{\lambda x}}=0.$$

由例 3.10 可知,当 $x\to\infty$ 时,幂函数 x^n 的增长速度比指数函数 $e^{\lambda x}$ 慢.

注　不能对任何比式极限都按洛必达法则求解.首先必须注意它是不是未定式的极限,其次是否满足洛必达法则诸条件.

例 3.11 求 $\lim\limits_{x\to+\infty}\dfrac{x+\sin x}{x}$.

解 此极限虽然是$\dfrac{\infty}{\infty}$型,但若不顾条件盲目使用洛必达法则:

$$\lim_{x\to+\infty}\frac{x+\sin x}{x}=\lim_{x\to+\infty}\frac{1+\cos x}{1},$$

由右端极限不存在推出原极限也不存在.

事实上右端极限不存在,但也不为∞,它不满足洛必达法则条件(3).故不能用洛必达法则.正确做法为

$$\lim_{x\to+\infty}\frac{x+\sin x}{x}=\lim_{x\to+\infty}\left(1+\frac{\sin x}{x}\right)=1,$$

原极限存在.

未定式还有 $0\cdot\infty$, $\infty-\infty$, 0^0, 1^∞, ∞^0 等类型.但它们经过简单变换都可先化成上面讨论的$\dfrac{0}{0}$型或$\dfrac{\infty}{\infty}$型,再用洛必达法则来求极限.

例 3.12 求 $\lim\limits_{x\to0^+}x\ln x$.

解 这是 $0\cdot\infty$ 型未定式,将其变形为 $x\ln x=\dfrac{\ln x}{\dfrac{1}{x}}$,则当 $x\to0^+$ 时,右端是$\dfrac{\infty}{\infty}$型未定式,用洛必达法则,得

$$\lim_{x\to0^+}x\ln x=\lim_{x\to0^+}\frac{\ln x}{\dfrac{1}{x}}=\lim_{x\to0^+}(-x)=0.$$

例 3.13 求 $\lim\limits_{x\to1}\left(\dfrac{2}{x^2-1}-\dfrac{1}{x-1}\right)$.

解 这是 $\infty-\infty$ 型未定式,故

$$\lim_{x\to1}\left(\frac{2}{x^2-1}-\frac{1}{x-1}\right)=\lim_{x\to1}\frac{1-x}{x^2-1}=\lim_{x\to1}\frac{-1}{2x}=-\frac{1}{2}.$$

例 3.14 求 $\lim\limits_{x\to0^+}x^x$.

解 这是$\dfrac{0}{0}$型未定式,由 $x^x=e^{x\ln x}$,根据复合函数连续性,只要求得 $x\to0^+$ 时 $x\ln x$ 的极限就可以得到所求函数的极限.并且注意到例 3.12 的结果,可以得出

$$\lim_{x\to0^+}x^x=\lim_{x\to0^+}e^{x\ln x}=e^{\lim\limits_{x\to0^+}x\ln x}=e^0=1.$$

练习题 3.2

1.试说明下列函数求极限不能使用洛必达法则的原因：

(1) $\lim\limits_{x\to\infty}\dfrac{\sin x}{x}$；

(2) $\lim\limits_{x\to\infty}\dfrac{x+\cos x}{x}$；

(3) $\lim\limits_{x\to\frac{\pi}{2}}\dfrac{\tan 5x}{\sin 3x}$；

(4) $\lim\limits_{x\to 0}\dfrac{x^2\sin\dfrac{1}{x}}{\sin x}$.

2.用洛必达法则求下列极限：

(1) $\lim\limits_{x\to 0}\dfrac{\sin ax}{\tan bx}\ (b\neq 0)$；

(2) $\lim\limits_{x\to a}\dfrac{a^x-x^a}{x-a}\ (a>0)$；

(3) $\lim\limits_{x\to 0}\dfrac{x-x\cos x}{x-\sin x}$；

(4) $\lim\limits_{x\to 0}\dfrac{x(e^x+1)-2(e^x-1)}{x^3}$；

(5) $\lim\limits_{x\to+\infty}\dfrac{\ln x}{x^a}\ (a>0)$；

(6) $\lim\limits_{x\to+\infty}\dfrac{x^n}{e^x}$（$n$ 为自然数）；

(7) $\lim\limits_{x\leftarrow+\infty}\dfrac{e^{-x}}{\ln\left(\dfrac{2}{\pi}\arctan x\right)}$；

(8) $\lim\limits_{x\to 0^+}\dfrac{\ln\tan 7x}{\ln\tan 2x}$；

(9) $\lim\limits_{x\to 0}\left[\dfrac{1}{2x}-\dfrac{1}{x(e^x+1)}\right]$；

(10) $\lim\limits_{x\to 0^+}a^{\sin x}\ (a>0)$；

(11) $\lim\limits_{x\to\frac{\pi}{2}}(\sec x-\tan x)$；

(12) $\lim\limits_{x\to 0}\dfrac{x^2\sin\dfrac{1}{x}}{\sin x}$；

(13) $\lim\limits_{x\to 1}x^{\frac{1}{1-x}}$；

(14) $\lim\limits_{x\to 0^+}x^{\sin x}$；

(15) $\lim\limits_{x\to+\infty}\sqrt[x]{x}$；

(16) $\lim\limits_{x\to\frac{\pi}{2}^-}(\tan x)^{\sin 2x}$；

(17) $\lim\limits_{x\to 0}\dfrac{x-\sin x}{x^3}$；

(18) $\lim\limits_{x\to+\infty}\dfrac{\ln(e^x-1)}{x}$；

(19) $\lim\limits_{x\to+\infty}x\left(\dfrac{\pi}{2}-\arctan x\right)$；

(20) $\lim\limits_{x\to 0}\left(\dfrac{1}{x}-\dfrac{1}{e^x-1}\right)$.

第三节　函数的单调性及极值

一、函数的单调性

函数的单调性是函数的一个重要形态,它反映了函数在某个区间随自变量的增大而增大(或减少)的一个特征.但是,利用单调性的定义来讨论函数的单调性往往是比较困难的,本节将利用导数来研究函数的单调性.

由图3.3可以看出,曲线在 (a,b) 内沿着 x 轴的正向是上升的,其上每一点的切线的倾斜角都是锐角,因此它们的斜率都是正的,由导数的几何意义知道,此时,曲线上任一点的导数都是正值,即 $f'(x)>0$.

由图3.4可以看出,曲线在 (a,b) 内沿着 x 轴的正向是下降的,其上每一点的切线的倾斜角都是钝角,因此它们的斜率都是负的,由导数的几何意义知道,此时,曲线上任一点的导数都是负值,即 $f'(x)<0$.

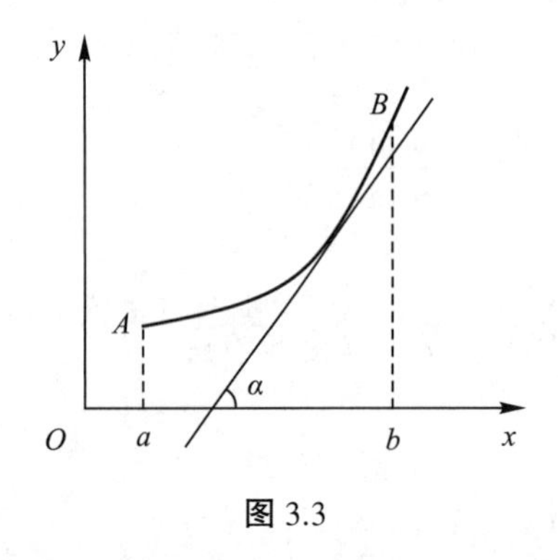

图3.3

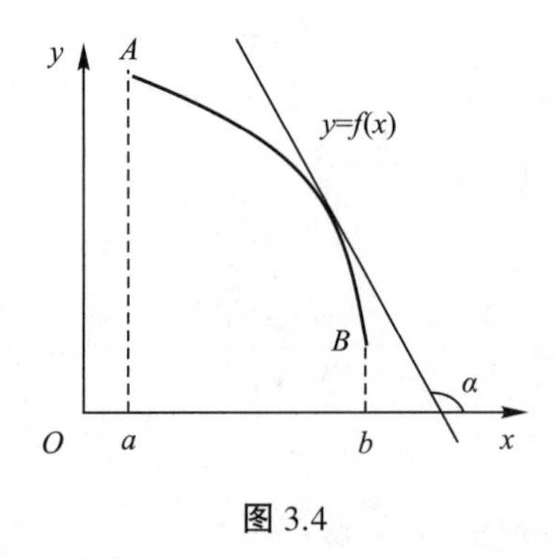

图3.4

由此可见,函数的单调性与导数的符号有着密切的联系.因此,我们自然想到能否用导数的符号来判定函数的单调性呢?

定理3.6　设函数 $y=f(x)$ 在 $[a,b]$ 上连续,在 (a,b) 内可导.

(1)如果在 (a,b) 内 $f'(x)>0$,则 $f(x)$ 在 $[a,b]$ 上单调增加;

(2)如果在 (a,b) 内 $f'(x)<0$,则 $f(x)$ 在 $[a,b]$ 上单调减少.

注意　(1)如果将定理中的闭区间换成其他各种区间(包括无穷区间),结论仍然成立.

(2)如果 $f'(x)$ 在某区间内有限个点处为0,其余各点处均为正(或负)时,那么 $f(x)$ 在该区间上仍旧是单调增加(或单调减少)的.如函数 $y=x^3$,其导数 $y'=3x^2$ 在原点处为0,但它在其定义域 $(-\infty,+\infty)$ 内是单调增加的.

例3.15　判定函数 $f(x)=x-\arctan x$ 的单调性.

解　$f'(x)=1-\dfrac{1}{1+x^2}=\dfrac{x^2}{1+x^2}\geqslant 0.$

在区间$(-\infty,0)$上，$f'(x)>0$，故$f(x)$在$(-\infty,0]$上单调增加；同理$f(x)$在$[0,+\infty)$上单调增加.因此$f(x)$在$(-\infty,+\infty)$上为增函数.

例 3.16　讨论函数$y=x^3-3x$的单调性.

解　函数$y=x^3-3x$的定义域为$(-\infty,+\infty)$，求导数得

$$y'=3x^2-3=3(x+1)(x-1).$$

令$y'=0$，得$x_1=-1$，$x_2=1$.用它们将定义域分为3个小区间，我们分别考察导数y'在各区间的符号，就可以判断出函数的单调区间.为了更清楚，列表(见表3.1)如下：

表 3.1

x	$(-\infty,-1)$	-1	$(-1,1)$	1	$(1,+\infty)$
y'	+	0	−	0	+
y	↗		↘		↗

所以，函数的单调增加区间为$(-\infty,-1)$和$(1,+\infty)$，单调减少区间为$[-1,1]$.函数单调性如图3.5所示.

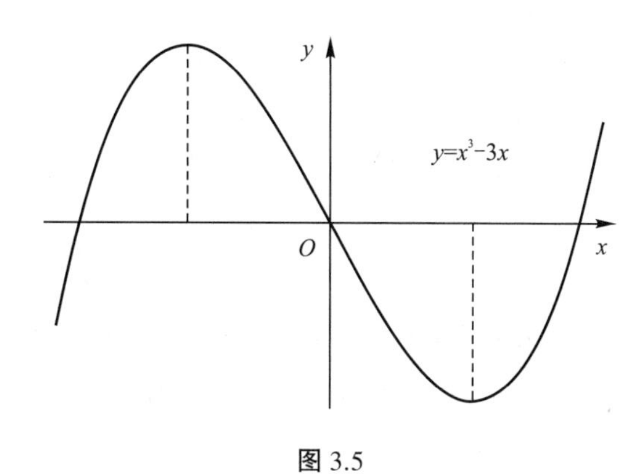

图 3.5

还应该注意到，导数不存在的点，也可能成为单调增区间和单调减区间的分界点，看下面的例子.

例 3.17　确定函数$y=\frac{3}{8}x^{\frac{8}{3}}-\frac{3}{2}x^{\frac{2}{3}}$的单调区间.

解　函数的定义域为$(-\infty,+\infty)$，求导数，得

$$y'=x^{\frac{5}{3}}-x^{-\frac{1}{3}}=\frac{(x+1)(x-1)}{\sqrt[3]{x}}.$$

令$y'=0$，得$x_1=-1$，$x_2=1$，当$x=0$时，y'不存在.

用以上三个点把定义域分成4个小区间，列表(见表3.2)考察各区间内y'的符号：

表 3.2

x	$(-\infty,-1)$	-1	$(-1,0)$	0	$(0,1)$	1	$(1,+\infty)$
y'	$-$	0	$+$	不存在	$-$	0	$+$
y	↘		↗		↘		↗

所以,函数的单调增加区间为$[-1,0]$和$(1,+\infty)$,单调减少区间为$(-\infty,-1)$和$(0,1]$.

从以上三个例子可以看出,研究函数的单调性,应先求出使$f'(x)$等于0的点及$f'(x)$不存在的点,用这些点把定义域分为若干个小区间,考察$f'(x)$在各个区间内的符号,然后根据定理判断函数在各个小区间内的单调性.

最后,我们举一个利用函数的单调性证明不等式的例子.

例 3.18 证明:当$x>0$时,$x>\ln(1+x)$.

证明 设$f(x)=x-\ln(1+x)$,则$f(x)$在$x>0$时连续、可导,又

$$f'(x)=1-\frac{1}{1+x}=\frac{x}{1+x}>0\ (x>0),$$

故当$x\geqslant 0$时,$f(x)$单调增加.

因而当$x>0$时,$f(x)>f(0)=0$,

即$x-\ln(1+x)>0$. 故得$x>\ln(1+x)\ (x>0)$.

二、函数的极值

如图 3.6 所示,函数在x_1的函数值比它在左右近旁的函数值都大,而在x_2的函数值比它在左右近旁的函数值都小,对于这种特殊的点和它对应的函数值,我们给出如下定义:

定义 3.1 设x_0是(a,b)内的一点,函数$f(x)$在区间x_0的某邻域内有定义.

(1)如果对于该邻域内的任一点$x\ (x\neq x_0)$,都有$f(x)<f(x_0)$,那么称$f(x_0)$为函数$f(x)$的一个**极大值**,点x_0称为$f(x)$的一个**极大值点**;

(2)如果对于该邻域内的任一点$x\ (x\neq x_0)$,都有$f(x)>f(x_0)$,那么称$f(x_0)$为函数$f(x)$的一个**极小值**,点x_0称为$f(x)$的一个**极小值点**.

函数的极大值与极小值统称为**函数的极值**,使函数取得极值的点称为**极值点**.

图 3.6 中的x_1和x_3是函数$f(x)$的极大值点,$f(x_1)$和$f(x_3)$是函数$f(x)$的极大值;x_2和x_4是函数$f(x)$的极小值点,$f(x_2)$和$f(x_4)$是函数的极小值.

必须指出,函数的极值只是一个局部概念,它仅是与极值点邻近的函数值比较而言较大或较小的,而不是在整个区间上的最大值或最小值;函数的极大值与极小值可能有很多个,极大值不一定比极小值大,极小值不一定比极大值小.

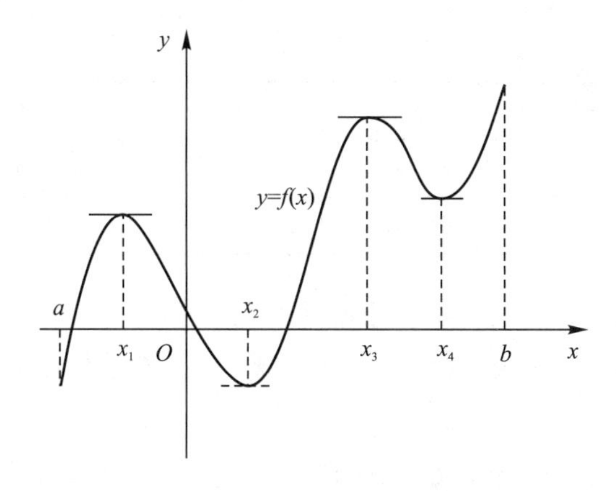

图 3.6

从图 3.6 可以看出,曲线在点 x_1, x_2, x_3, x_4 取得极值处的切线都是水平的,即在极值点处函数 $f(x)$ 的导数等于 0.对此,我们给出函数存在极值的必要条件:

定理 3.7(**极值存在的必要条件**)　若函数 $f(x)$ 在点 x_0 处可导且取得极值,则 $f'(x_0)=0$.

使函数 $f(x)$ 的导数等于 0 的点(即方程 $f'(x_0)=0$ 的实数根)叫作 $f(x)$ 的驻点.定理 3.7 说明,可导函数的极值点必为驻点,但要注意的是函数的驻点不一定是极值点.例如,点 $x=0$ 是 $y=x^3$ 的驻点,但不是极值点.因此,函数的驻点只是可能的极值点.还要指出的是连续但不可导点也可能是其极值点,如 $f(x)=|x|$,在 $x=0$ 处连续,但不可导,而 $x=0$ 是该函数的极小值点.

下面给出判断极值的两个充分条件.

定理 3.8(**第一充分条件**)　设函数 $f(x)$ 在点 x_0 处连续,且在 x_0 的某去心邻域 $\mathring{U}(x_0,\delta)$ 内可导.

(1)若当 $x\in(x_0-\delta,x_0)$ 时,$f'(x)>0$;而当 $x\in(x_0,x_0+\delta)$ 时,$f'(x)<0$,则 $f(x)$ 在 x_0 处取极大值;

(2)若当 $x\in(x_0-\delta,x_0)$ 时,$f'(x)<0$;而当 $x\in(x_0,x_0+\delta)$ 时,$f'(x)>0$,则 $f(x)$ 在 x_0 处取极小值;

(3)若当 $x\in\mathring{U}(x_0,\delta)$ 时,$f'(x)>0$(或 $f'(x)<0$),则 $f(x)$ 在 x_0 处没有极值.

对于定理 3.8 也可以这样简单地表述,当 x 在 x_0 的附近从左到右经过 x_0 时,如果 $f'(x)$ 的符号由正变负,则 $f(x)$ 在 x_0 处取得极大值;如果 $f'(x)$ 的符号由负变正,则 $f(x)$ 在 x_0 处取得极小值;如果 $f'(x)$ 的符号未改变,则 $f(x)$ 在 x_0 处没有极值.

例 3.19　求函数 $f(x)=2x-3x^{\frac{2}{3}}$ 的极值.

解　$f'(x)=2-2x^{-\frac{1}{3}}$.

令 $f'(x)=0$,得驻点 $x=1$,又因为在点 $x=0$ 处,$f'(x)$ 不存在.这两点都有可能是极值点.由此可列下表(见表 3.3)讨论:

表 3.3

x	$(-\infty,0)$	0	$(0,1)$	1	$(1,+\infty)$
$f'(x)$	+	不存在	-	0	+
$f(x)$	↗	极大值	↘	极小值	↗

所以,$f(x)$ 的极大值为 $f(0)=0$,极小值为 $f(1)=-1$.

注 子区间的分界点应为使 $f'(x)=0$ 的点和 $f'(x)$ 不存在的点,即可能改变函数单调性的点.

定理 3.9(第二充分条件) 设函数 $f(x)$ 在 x_0 处具有二阶导数,且 $f'(x_0)=0, f''(x_0)\neq 0$.

(1)若 $f''(x_0)<0$ 时,函数 $f(x)$ 在 x_0 处取得极大值;

(2)若 $f''(x_0)>0$ 时,函数 $f(x)$ 在 x_0 处取得极小值.

注意 (1)该定理表明,若函数在驻点 x_0 处的二阶导数 $f''(x_0)\neq 0$,则该驻点一定是极值点,并可以由二阶导数 $f''(x_0)$ 的符号来判定 $f(x_0)$ 是极大值还是极小值.

(2)当 $f'(x_0)=0, f''(x_0)=0$ 时,$f(x)$ 在 x_0 处可能有极大值,也可能有极小值,也可能没有极值.例如,$f(x)=-x^4$, $f(x)=x^4$, $f(x)=x^3$ 在 $x=0$ 处就分别属于这三种情况.因此当 $f'(x_0)=0, f''(x_0)=0$ 时,只能用**极值的第一充分条件判定**.

例 3.20 求函数 $f(x)=(x^2-1)^3+1$ 的极值.

解 函数的定义域为 $(-\infty,+\infty)$.

$$f'(x)=6x(x^2-1)^2.$$

由 $f'(x_0)=0$,得 $f(x)$ 的驻点为 $x_1=-1$, $x_2=0$, $x_3=1$.

$$f''(x)=6(x^2-1)(5x^2-1).$$

$$f''(0)=6>0, f''(-1)=f''(1)=0.$$

所以 $f(x)$ 在 $x=0$ 处取得极小值 $f(0)=0$.

在 $x=-1$, $x=1$ 处由第一充分条件判定,列表(见表 3.4)考察:

表 3.4

x	$(-\infty,-1)$	-1	$(-1,0)$	0	$(0,1)$	1	$(1,+\infty)$
$f'(x)$	-	0	-	0	+	0	+
$f(x)$	↘	无极值	↘	极小值	↗	无极值	↗

由第一充分条件判别法,$f(x)$ 在 $x=-1$, $x=1$ 处都没有极值,即函数有唯一极小值 $f(0)=0$.

最后我们将求函数极值的方法归纳如下:

(1)确定函数的定义域;

(2)求$f'(x)$和$f''(x)$;

(3)令$f'(x)=0$,求驻点,并找出不可导点;

(4)在$f''(x)\neq 0$的驻点上用第二充分条件判定;

(5)在$f'(x)$不存在的点和$f''(x)=0$的驻点用第一充分条件判定;

(6)求极值.

练习题 3.3

1.判断下列命题是否正确,并说明原因.

(1)极值点一定是函数的驻点,驻点也一定是极值点;

(2)若$f(x_1)$和$f(x_2)$分别是函数$f(x)$在(a,b)上的极大值和极小值,则$f(x_1)>f(x_2)$;

(3)若$f'(x_0)=0, f''(x_0)=0$,则$f(x)$在x_0处无极值.

2.选择题.

(1)函数$y=x+\frac{4}{x}$的单调减少区间是(　　);

A.$(-\infty,-2)\cup(2,+\infty)$　　B.$(-2,2)$

C.$(-\infty,0)\cup(0,+\infty)$　　D.$(-2,0)\cup(0,2)$

(2)$f(x)=x-\frac{3}{2}x^{\frac{2}{3}}$的极值点的个数是(　　);

A.0　　B.1　　C.2　　D.3

(3)若函数$f(x)$在区间(a,b)内连续,在点x_0处不可导,$x_0\in(a,b)$,则(　　);

A. x_0是$f(x)$的极大值点　　B. x_0是$f(x)$的极小值点

C. x_0不是$f(x)$的极值点　　D. x_0可能是$f(x)$的极值点

(4)若$f'(x_0)=0, f''(x_0)>0$,则下列表述正确的是(　　);

A. x_0是函数$f(x)$的极大值点　　B. x_0是函数$f(x)$的极小值点

C. x_0不是函数$f(x)$的极值点　　D.无法确定x_0是否为函数$f(x)$的极值点

(5)设x_0是函数$f(x)$的极值点,则下列命题正确的是(　　).

A.$f'(x_0)=0$　　B.$f'(x_0)\neq 0$

C.$f'(x_0)=0$或$f'(x_0)$不存在　　D.$f'(x_0)\neq 0$不存在

3.确定下列函数的单调区间:

(1) $y=2x^2-\ln x$;　　(2) $y=2x^3-6x^2-18x-7$;

(3) $y=2x+\frac{8}{x}\ (x>0)$;　　(4) $y=2(x-1)^{\frac{2}{3}}$;

(5) $y=\dfrac{2x}{1+x^{2}}$;　　(6) $y=x-e^{x}$;

(7) $y=(x-1)(x+1)^{3}$;　　(8) $y=x+\cos x$.

4.证明下列不等式:

(1)当 $x>1$ 时, $2\sqrt{x}>3-\dfrac{1}{x}$;

(2)当 $0<x<\dfrac{\pi}{2}$ 时, $\sin x+\tan x>2x$;

(3)当 $0<x<\dfrac{\pi}{2}$ 时, $\tan x>x+\dfrac{1}{3}x^{3}$;

(4)当 $x>0$ 时, $x-\ln x\geqslant 1$;

(5)当 $x>0$ 时, $1+\dfrac{1}{2}x>\sqrt{1+x}$;

(6)当 $x>0$ 时, $1+x\ln\left(x+\sqrt{1+x^{2}}\right)>\sqrt{1+x^{2}}$.

5.求下列函数的极值:

(1) $y=x-\ln(1+x)$;　　(2) $y=\dfrac{x}{\ln x}$;

(3) $y=x^{2}-2x+3$;　　(4) $y=2x^{3}-3x^{2}$;

(5) $y=e^{x}\cos x$;　　(6) $y=2e^{x}+e^{-x}$;

(7) $y=-x^{4}+2x^{2}$;　　(8) $y=x+\sqrt{1-x}$;

(9) $y=x+\tan x$;　　(10) $y=\sin^{3}x+\cos^{3}x\ (0<x<2\pi)$;

(11) $y=x^{\frac{1}{x}}$;　　(12) $y=3-2(x+1)^{\frac{1}{3}}$.

6.试问: a 为何值时,函数 $f(x)=a\sin x+\dfrac{1}{3}\sin 3x$ 在 $x=\dfrac{\pi}{3}$ 处取得极值?它是极大值,还是极小值?并求此极值.

第四节　函数的最值及其应用

在现实生活中,常会遇到求最大值与最小值的问题,如用料最省、容量最大、效率最高、成本最低、利润最大等.这类问题在数学往往归结为求某一函数(通常称为目标函数)的最大值或最小值问题.

根据闭区间上连续函数的性质,若函数 $f(x)$ 在 $[a,b]$ 上连续,则 $f(x)$ 在 $[a,b]$ 上有最大值与最小值.最大值与最小值可能在区间内部取得,也可能在区间的端点处取得.如果在区间内部取得,那么,它们一定是在函数的驻点处或者不可导点处取得.

因此,求连续函数 $f(x)$ 在 $[a,b]$ 上的最大(小)值的步骤为:

(1)求出$f(x)$在(a,b)上所有驻点、一阶导数不存在的连续点,并计算各点的函数值;

(2)求出端点处的函数值$f(a)$和$f(b)$;

(3)比较以上所有函数值,其中最大的就是函数在$[a,b]$上的最大值,最小的就是函数在$[a,b]$上的最小值.

例 3.21　求函数$f(x)=2x^3+3x^2-12x+14$在区间$[-3,4]$上的最大值与最小值.

解　$f'(x)=6x^2+6x-12=6(x+2)(x-1)$.

令$f'(x)=0$,得函数$f(x)$在定义区间内的驻点为$x_1=-2$, $x_2=1$.

计算出$f(-2)=34$, $f(1)=7$, $f(-3)=23$, $f(4)=142$.

比较得,最大值$f(4)=142$,最小值$f(1)=7$.

特别值得指出的是,$f(x)$在一个区间(有限或无限,开或闭)内可导且只有一个驻点x_0,并且这个驻点是$f(x)$的唯一极值点,那么,当$f(x_0)$是极大值时,$f(x_0)$就是$f(x)$在该区间上的最大值[见图 3.7(a)];当$f(x_0)$是极小值时,$f(x_0)$就是$f(x)$在该区间上的最小值[见图 3.7(b)].在实际应用问题中常常遇到这种情形.

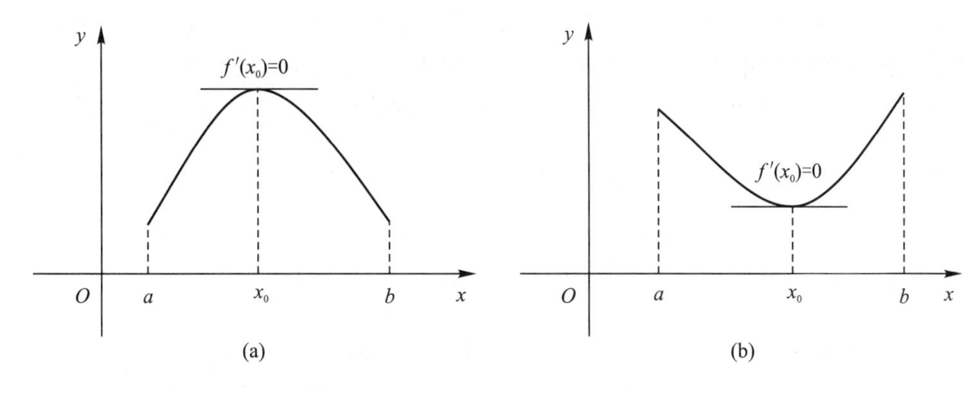

图 3.7

例 3.22　某车间准备靠墙盖一间长方形小屋,现有存砖只够砌 20 m 长的墙壁.问:应围成怎样的长方形,才能使这间小屋的面积最大?最大面积是多少?

解　设长方形的宽为x m,则长为$(20-2x)$ m.

面积$S(x)=x(20-2x)=-2x^2+20x$, $x\in(0,10)$.

$S'(x)=-4x+20$. 令$S'(x)=0$,驻点为$x=5$.

因$S''(5)=-4<0$,所以当$x=5$时,函数取得极大值.因为是唯一极值点,所以就是最大值点.

故小屋的宽为 5 m,长为 10 m 时,这间小屋的面积最大,最大面积为$S(5)=50\ \text{m}^2$.

例 3.23　某房地产公司有 50 套公寓要出租,当租金定为每月 1 000 元时,公寓会全部租出去.当租金每月增加 50 元时,就有一套公寓租不出去,而租出去的房子每月需花费 100 元的整修维护费.试问:房租定为多少可获得最大收入?

解 设房租为每月 x 元,则租出去的房子为 $\left(50-\dfrac{x-1\ 000}{50}\right)$ 套,则每月获得的收入为

$$y=\left(50-\frac{x-1\ 000}{50}\right)(x-100)=-\frac{1}{50}x^2+72x-7\ 000.$$

$y'=-\dfrac{x}{25}+72.$ 由 $y'=0$,得唯一驻点 $x=1\ 800$.

因 $y''(1\ 800)=-\dfrac{1}{25}<0$,所以当 $x=1\ 800$ 时,函数取得极大值.因为是唯一极值点,所以就是最大值点.

所以,当房租为每套 1 800 元时,所获得收入最大,且最大收入为 $y=57\ 800$(元).

练习题 3.4

1.选择题.

(1)设 $f(x)$ 在 $[a,b]$ 上连续,且不是常数函数,若 $f(a)=f(b)$, 则在 (a,b) 内(　　);

A.必有最大值或最小值　　B.既有最大值,又有最小值

C.既有极大值,又有极小值　　D.至少存在一点 ξ, 使得 $f'(\xi)=0$

(2)函数 $f(x)=\dfrac{1}{3}x^3-3x^2+9x$ 在区间[0,4]上的最大值点为(　　).

A. $x=4$　　B. $x=0$　　C. $x=2$　　D. $x=3$

2.求下列函数在指定区间上的最大值与最小值:

(1) $y=\sqrt{100-x^2}$, $[-6,8]$;　　(2) $y=\sin 2x-x$, $\left[-\dfrac{\pi}{2},\dfrac{\pi}{2}\right]$;

(3) $y=x^{\frac{2}{3}}$, $(-\infty,+\infty)$;　　(4) $y=\ln(x^2+1)$, $[-1,2]$;

(5) $y=2x^3-3x^2$, $[-1,4]$;　　(6) $y=x^4-8x^2+2$, $[-1,3]$;

(7) $y=\dfrac{x-1}{x+1}$, $[0,4]$;　　(8) $y=x^2e^{-x^2}$, $(-\infty,+\infty)$.

3.要做一个容积为 V 的有盖圆桶,怎样设计才能使所用材料最省?

4.一扇形面积为 25 cm^2,问:半径 r 为多少时,其周长最小?

5.某乡镇企业的生产成本函数是 $y=f(x)=9\ 000+40x+0.001x^2$, 其中 x 表示产品件数.求该企业生产多少件产品时,平均成本达到最小.

6.在半径为 r 的半圆内,作一个内接梯形.其底为半圆的直径,其他三边为半圆的弦.如图 3.8所示.问:怎样作才能使梯形面积最大?

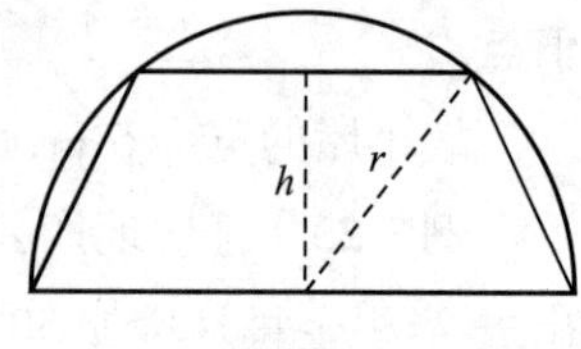

图 3.8

7.设每亩地种植梨树 20 棵时,每棵梨树产 300 kg 的梨.若每亩种植梨树超过 20 棵时,每棵产量平均减少 10 kg.问:每亩地种植多少棵梨树才能使每亩的产量最高?

第五节　曲线的凹凸性与拐点

一、曲线的凹凸性

在前面的学习中,我们用导数为工具研究了函数的单调性.但是单调性只是简单地反映了函数曲线上升、下降的图形特征,而不能说明曲线的弯曲情况.例如函数 $y=x^2$ 与 $y=\sqrt{x}$ 在 $[0,+\infty)$ 上的图形(见图 3.9),其曲线都是单调上升的,但它们的弯曲方向却不同,这就是所谓的凹与凸的区别.曲线 $y=x^2$ 上连接任意两点的弦总位于两点间弧的上方[见图 3.9(a)],形状是上凹的(简称凹的),而曲线 $y=\sqrt{x}$ 上连接任意两点的弦总位于两点间弧的下方[见图 3.9(b)],形状是下凹的(简称凸的).

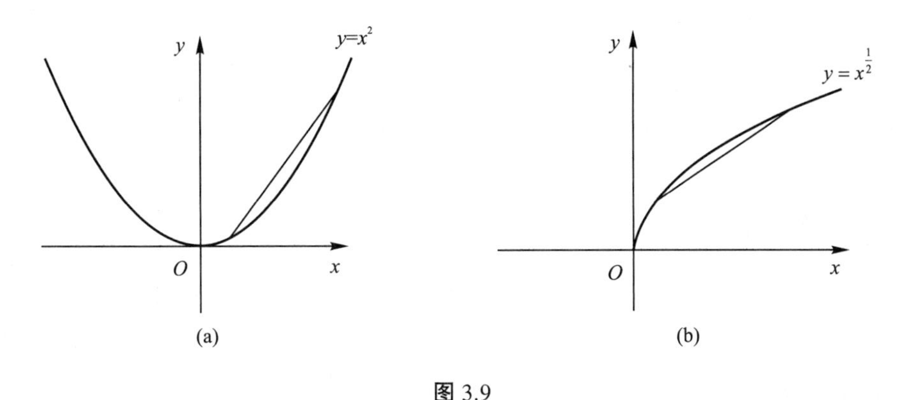

图 3.9

曲线的凹凸性也可用连接曲线弧上任意两点的弦的中点与曲线弧上相应点(即具有相同横坐标的点)的位置关系来描述.我们给出下面的定义:

定义 3.2　设 $f(x)$ 在区间 I 上连续,如果对 I 上任意两点 x_1, x_2,恒有

$$f\left(\frac{x_1+x_2}{2}\right)<\frac{f(x_1)+f(x_2)}{2},$$

则称 $f(x)$ 为 I 上的**凹函数**;如果恒有

$$f\left(\frac{x_1+x_2}{2}\right)>\frac{f(x_1)+f(x_2)}{2},$$

则称 $f(x)$ 为 I 上的**凸函数**.

从图 3.10 中可以看出,对于向上凹的曲线弧,其切线的斜率随 x 的增大而变大,即 $f''(x)>0$; 对于向下凹的曲线弧,其切线的斜率随 x 的增大而变小,即 $f''(x)<0$. 根据函数单调性的判定方法,有如下定理:

定理 3.10 设函数 $y=f(x)$ 在区间 $[a,b]$ 上连续,在 (a,b) 内具有二阶导数.

(1)如果当 $x\in(a,b)$ 时,恒有 $f''(x)>0$,则曲线 $y=f(x)$ 在区间 $[a,b]$ 内是上凹的(简称凹的);

(2)如果当 $x\in(a,b)$ 时,恒有 $f''(x)<0$,则曲线 $y=f(x)$ 在区间 $[a,b]$ 内是下凹的(简称凸的).

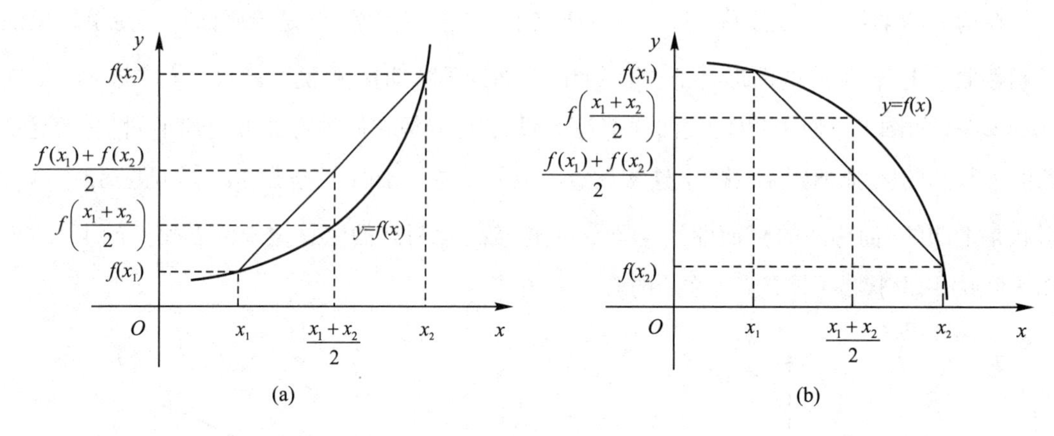

图 3.10

二、曲线的拐点

定义 3.3 若 $f(x)$ 在点 x_0 连续,$f''(x_0)=0$(或 $f''(x_0)$ 不存在),又当 x 经过 x_0 时,$f''(x)$ 变号,则点($x_0,f(x_0)$)为曲线的一个**拐点**.

拐点也即连续曲线上凹与下凹的分界点.

例 3.24 讨论曲线 $y=2x^4-4x^3+3$ 的凹凸性,并求其拐点.

解 函数的定义域为$(-\infty,+\infty)$.

$$y'=8x^3-12x^2,$$

$$y''=24x^2-24x=24x(x-1).$$

令 $y''=0$, 解得 $x_1=0$, $x_2=1$.

列表(见表 3.5)讨论如下:

表 3.5

x	$(-\infty,0)$	0	$(0,1)$	1	$(1,+\infty)$
y''	+	0	−	0	+
y	凹	拐点(0,3)	凸	拐点(1,1)	凹

所以,曲线在$(-\infty,0)$和$(1,+\infty)$内是凹的,在$(0,1)$内是凸的,拐点是(0,3)和(1,1).

注　将定义域分成几个子区间时,分界点应为使$f''(x)=0$的点与$f''(x)$不存在的点.

例 3.25　讨论曲线$y=(x-1)^{\frac{5}{3}}$的凹凸性,并求其拐点.

解　$y=(x-1)^{\frac{5}{3}}$的定义域为$(-\infty,+\infty)$.

$y'=\frac{5}{3}(x-1)^{\frac{2}{3}}$, $y''=\frac{10}{9}(x-1)^{-\frac{1}{3}}$.

当$x=1$时,$y'=0$,y''不存在.列表(见表3.6)讨论如下:

表 3.6

x	$(-\infty,1)$	1	$(1,+\infty)$
y''	$-$	不存在	$+$
y	凸	拐点$(1,0)$	凹

所以,曲线在$(-\infty,1)$内是凸的,在$(1,+\infty)$内是凹的,拐点是$(1,0)$.

判定曲线的凹凸性、求拐点的步骤如下:

(1)确定函数$y=f(x)$的定义域;

(2)求出函数$y=f(x)$的二阶导数y'';

(3)用二阶导数为0的点和二阶导数不存在的点把函数的定义域分成若干个小区间;

(4)考察各部分区间内二阶导数的符号,判断出曲线的凹凸区间,求出曲线的拐点.

练习题 3.5

1.选择题.

(1)点(0,1)是曲线$y=x^3+bx^2+c$的拐点,则(　　);

A. $b=0,c=1$　　B. $b=-1,c=0$　　C. $b=1,c=1$　　D. $b=-1,c=1$

(2)曲线$y=x^3+1$(　　);

A.无拐点　　B.有一个拐点　　C.有两个拐点　　D.有三个拐点

(3)若$f(x)$在(a,b)内二阶可导,且$f'(x)>0$,$f''(x)<0$,则$f(x)$在(a,b)内(　　).

A.单调增加且是凸的　　B.单调增加且是凹的

C.单调减少且是凸的　　D.单调减少且是凹的

2.求下列函数的凹凸区间及拐点:

(1) $y=3x^4-4x^3+1$;　　(2) $y=\ln(1+x^2)$;

(3) $y=(x+1)^4+e^x$;　　(4) $y=e^{\arctan x}$;

(5) $y = 3x^5 - 5x^3$;　　(6) $y = xe^x$;

(7) $y = x^2 + \cos x$;　　(8) $f(x) = (2x - 5) \cdot \sqrt[3]{x^2}$.

3. a 与 b 为何值时,点 $(1,3)$ 是曲线 $y = ax^3 + bx^2$ 的拐点?

4.试证明曲线 $y = \dfrac{x-1}{x^2+1}$ 有三个拐点位于同一直线上.

第六节　函数图形的描绘

以前我们学习过描点法作图,这样作的图形比较粗糙,某些弯曲情形常常得不到正确反映.现在我们可以利用导数这个工具,得出曲线的升降、极值点、凹凸性、拐点与渐近线进行作图,就能较好地作出函数的图形.

作函数 $y=f(x)$ 图形的一般步骤如下:

(1)求函数的定义域;

(2)考察函数的奇偶性、周期性;

(3)确定渐近线;

(4)求 y' 与 y'', 找出 y' 和 y'' 的零点以及它们不存在的点;

(5)依据(4)中的点将定义域划分成若干个区间,列表讨论各个区间上的曲线升降、凹凸性,并找出极值点与拐点;

(6)为了使图形定位准确,有时还有补充一些特殊点(曲线与两坐标轴交点、不连续点等),结合上面的讨论,最后画出函数图形.

在举例讨论函数图形之前,先介绍曲线的渐近线.

一、渐近线

有些函数的曲线能局限于一定范围内,而有些函数的图形会向无穷远处延伸,并在延伸的过程中呈现出越来越接近某一直线的性态,这种直线就是曲线的渐近线.

(一)水平渐近线

对于定义域为无限区间的函数 $f(x)$, 若当 $x \to \infty$ 时(有时仅当 $x \to +\infty$ 或 $x \to -\infty$ 时), $f(x) \to b$, 则称直线 $y = b$ 为 $f(x)$ 的**水平渐近线**.

例 3.26　求曲线 $f(x) = \arctan x$ 的水平渐近线.

解　由于 $\lim\limits_{x\to+\infty} \arctan x = \dfrac{\pi}{2}$, $\lim\limits_{x\to-\infty} \arctan x = -\dfrac{\pi}{2}$, 所以直线 $y = \dfrac{\pi}{2}$ 与 $y = -\dfrac{\pi}{2}$ 是曲线 $f(x) = \arctan x$ 的水平渐近线(见图 3.11).

(二)垂直渐近线

若当 $x \to C$ 时(有时仅当 $x \to C^+$ 或 $x \to C^-$ 时),$f(x) \to \infty$,则称直线 $x = C$ 为 $f(x)$ 的**垂直渐近线**.

例 3.27　求 $f(x) = \dfrac{1}{x-1}$ 的垂直渐近线.

解　显然 $\lim\limits_{x \to 1} \dfrac{1}{x-1} = \infty$,

所以 $x = 1$ 是曲线的垂直渐近线(见图 3.12).

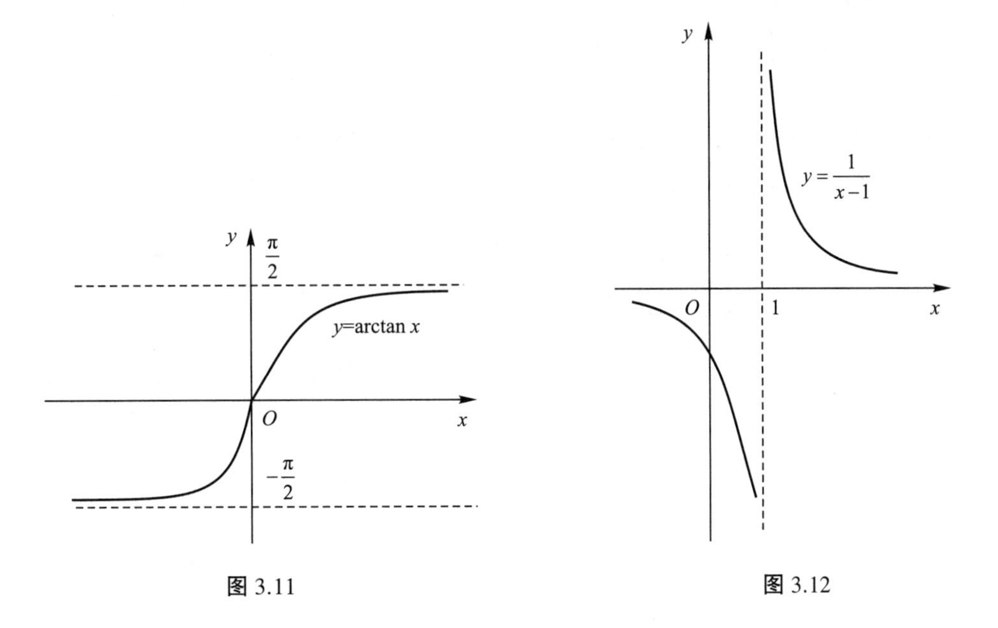

图 3.11　　图 3.12

(三)斜渐近线

若函数 $f(x)$ 的定义域为无限区间,且有 $\lim\limits_{x \to \infty} \dfrac{f(x)}{x} = a \neq 0$, $\lim\limits_{x \to \infty} [f(x) - ax] = b$,则称直线 $y = ax + b$ 为曲线 $y = f(x)$ 的**斜渐近线**.

二、函数图形的描绘

例 3.28　作函数 $f(x) = \dfrac{x^2}{x+1}$ 的图形.

解　(1)定义域为 $(-\infty, -1) \cup (-1, +\infty)$.

(2)求渐近线:

因为 $\lim\limits_{x \to -1} \dfrac{x^2}{x+1} = \infty$,所以 $x = -1$ 是垂直渐近线.

又因为

$$\lim_{x\to\infty}\frac{f(x)}{x}=\lim_{x\to\infty}\frac{\frac{x^2}{x+1}}{x}=\lim_{x\to\infty}\frac{x}{x+1}=1=a,$$

$$\lim_{x\to\infty}[f(x)-ax]=\lim_{x\to\infty}\left(\frac{x^2}{x+1}-x\right)=-1=b.$$

所以直线 $y=x-1$ 为曲线的斜渐近线.

(3) $f'(x)=\dfrac{x^2+2x}{(x+1)^2}, f''(x)=\dfrac{2}{(x+1)^3}$.

令 $f'(x)=0$, 得 $x_1=0$, $x_2=-2$.

(4)列表(见表 3.7)如下:

表 3.7

x	$(-\infty,-2)$	-2	$(-2,-1)$	$(-1,0)$	0	$(0,+\infty)$
$f'(x)$	+	0	−	−	0	+
$f''(x)$	−	−2	−	+	2	+
$f(x)$	↗	极大值−4	↘	↘	极小值 0	↗
	凸	不是拐点	凸	凹	不是拐点	凹

(5)可以适当补充几个点:$\left(-\dfrac{1}{2},\dfrac{1}{2}\right)$,$\left(2,\dfrac{4}{3}\right)$,$\left(-\dfrac{3}{2},-\dfrac{9}{2}\right)$,$\left(-3,-\dfrac{9}{2}\right)$;再根据上述讨论作出函数的图形(见图 3.13).

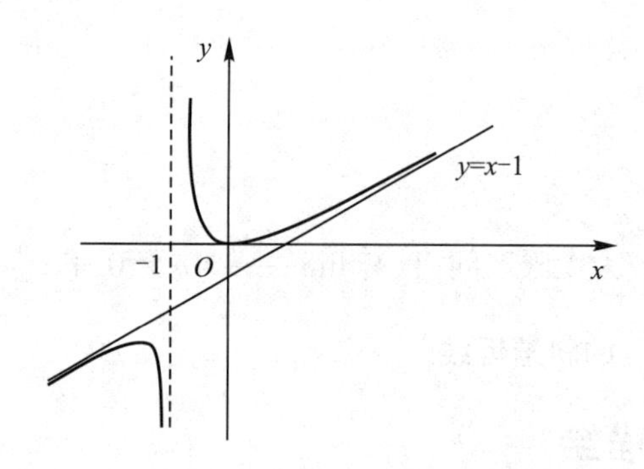

图 3.13

例 3.29 作函数 $y=\dfrac{1}{\sqrt{2\pi}}e^{-\frac{x^2}{2}}$ 的图形.

解 (1)函数的定义域为$(-\infty,+\infty)$.

(2) $y=f(x)$ 为偶函数,图形关于 y 轴对称,我们可以先讨论$[0,+\infty)$上函数的图形,再根据对称性作出左边的图形.

(3)求渐近线:因为 $\lim\limits_{x\to\infty}f(x)=0$, 所以有水平渐近线 $y=0$, 但无垂直渐近线.

(4) $y' = \dfrac{-x}{\sqrt{2\pi}} e^{-\frac{x^2}{2}}$, $y'' = \dfrac{x^2 - 1}{\sqrt{2\pi}} e^{-\frac{x^2}{2}}$.

令 $y' = 0$, 得 $x_1 = 0$; 令 $y'' = 0$, 得 $x_2 = 1$.

(5)列表(见表 3.8)讨论:

表 3.8

x	0	(0,1)	1	(1,+∞)
y'	0	−	−	−
y''	−	−	0	+
y	极大值 $\dfrac{1}{\sqrt{2\pi}}$	↘	无极值	↘
		凸	有拐点 $\left(1, \dfrac{1}{\sqrt{2\pi e}}\right)$	凹

(6)作出极大值点 $M_1\left(0, \dfrac{1}{\sqrt{2\pi}}\right)$, 拐点 $M_2\left(1, \dfrac{1}{\sqrt{2\pi e}}\right)$, 补充点 $M_3\left(2, \dfrac{1}{\sqrt{2\pi}\, e^2}\right)$, 描出 $y = f(x)$ 在 $[0,+\infty)$ 上的图形,再利用对称性描出函数在 $(-\infty,0)$ 上的图形,如图 3.14 所示.

这条曲线称为概率曲线.

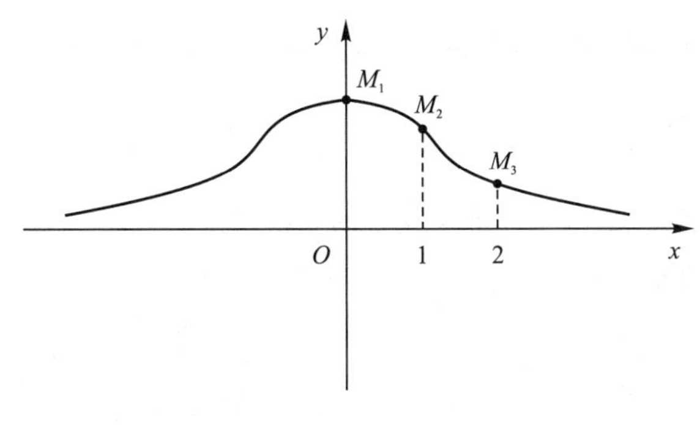

图 3.14

练习题 3.6

1.选择题.

(1)曲线 $y = \dfrac{1}{x - 2}$ 的渐近线方程为(　　);

A. $x = 0, y = 1$　　B. $x = 1, y = 0$　　C. $x = 2, y = 1$　　D. $x = 2, y = 0$

(2)曲线 $y = 1 + \dfrac{x + 2}{x^2 - x - 6}$ 的垂直渐近线共有(　　);

A.1 条　　B.2 条　　C.3 条　　D.4 条

(3)曲线 $y=1+\frac{\ln(1+x)}{x}$ 的渐近线有(　　);

A. $y=1$　　B. $x=-1$　　C. $y=1$ 或 $x=-1$　　D. $y=x-1$

(4)曲线 $y=\frac{x^2+2}{(x-2)^3}$ 的渐近线有(　　).

A.1 条　　B.2 条　　C.3 条　　D.0 条

2.求下列曲线的渐近线:

(1) $y=\ln x$;　　(2) $y=1+\frac{1-2x}{x^2}$.

3.作出下列函数的图形:

(1) $y=x^2e^{-x}$;　　(2) $y=\frac{x^2}{x-2}$;

(3) $y=\frac{\ln x}{x}$;　　(4) $y=\frac{x}{1+x^2}$.

第七节　导数在经济学中的应用

这一节介绍导数概念在经济学中的两个应用——边际分析和弹性分析.

一、边际与边际分析

在经济学中,边际概念是与导数密切相关的一个经济学概念,它是反映一种经济变量相对于另一个经济变量的变化率.

(一)成本与边际成本

总成本是指生产一定数量的产品所需的全部经济资源投入(劳力、原料、设备等)的价格或费用总额.

设某产品产量为 Q 单位时所需的总成本为 $C=C(Q)$,称 $C(Q)$ 为**总成本函数**,简称**成本函数**.当产量 Q 有增量 ΔQ 时,总成本的增量 ΔC 为

$$\Delta C=C(Q+\Delta Q)-C(Q).$$

这时总成本的平均变化率为

$$\frac{\Delta C}{\Delta Q}=\frac{C(Q+\Delta Q)-C(Q)}{\Delta Q}.$$

它表示产量 Q 在 $[Q,Q+\Delta Q]$ 内的平均成本.

当 $\Delta Q\to 0$ 时,平均成本的极限

$$\lim_{\Delta Q\to 0}\frac{\Delta C}{\Delta Q}=\lim_{\Delta Q\to 0}\frac{C(Q+\Delta Q)-C(Q)}{\Delta Q}$$

存在,则称该极限值为产量为 Q 时的**边际成本**.

显然,边际成本表示该产品产量为 Q 时,成本函数 $C(Q)$ 的变化率,即成本函数的导数 $C'(Q)$.

边际成本的经济意义:$C'(Q)$ 近似等于产量 Q 为时,再生产一个单位产品所需增加的成本,这是因为

$$C(Q+1)-C(Q)=\Delta C(Q)\approx C'(Q).$$

例 3.30　已知某商品的成本函数为

$$C=C(Q)=100+\frac{Q^2}{4},$$

求当 $Q=10$ 时的总成本及边际成本.

解　由 $C(Q)=100+\dfrac{Q^2}{4}$,得 $C'(Q)=\dfrac{Q}{2}$.

当 $Q=10$ 时,总成本为 $C(10)=125$,边际成本为 $C'(10)=5$.

(二)收益与边际收益

总收益是生产者出售一定量产品所得到的全部收入.

在经济学中,边际收益定义为多销售一个单位产品所增加的销售总收入.边际收益为总收益的变化率.

总收益、边际收益均为产量的函数.设 P 为商品价格, Q 为商品量, R 为总收益, R' 为边际收益,则有:

需求函数　$P=P(Q)$;

总收益函数　$R=R(Q)=Q\cdot P(Q)$;

边际收益函数　$R'=R'(Q)=Q\cdot P'(Q)+P(Q)$.

(三)利润与边际利润

利润是生产者出售一定量产品所得到的总收益扣除生产这些产品的总成本后的剩余额.边际利润为利润的变化率.

设总利润为 L ,则总利润函数为　$L=L(Q)=R(Q)-C(Q)$.

边际利润函数为　$L'=L'(Q)=R'(Q)-C'(Q)$.

即边际利润为边际收益与边际成本之差,它近似等于销售量为 Q 时再多销售一个单位产品所增加(或减少)的利润.

下面讨论最大利润原则:

为求最大利润,令 $L'(Q)=0$, 得到

$$R'(Q)=C'(Q).$$

于是可得取得最大利润的必要条件:边际收益等于边际成本.直观上看,这也是显然的,如果增加产量带来的收益大于所增加的成本(即 $R'(Q)>C'(Q)$, 那么就应该增加产量;反之,

如果它带来的收益小于所增加的成本(即 $R'(Q) < C'(Q)$, 就应减少产量.故当利润最大时,必有 $R'(Q) = C'(Q)$.

为确保 $L(Q)$ 在条件 $L'(Q) = 0$ 下达到最大,我们希望还有

$$L''(Q) = R''(Q) - C''(Q) < 0.$$

于是可得结论:当 $R'(Q) = C'(Q)$ 且 $R''(Q) < C''(Q)$ 时,利润达到最大,即取得最大利润的充分条件是边际收益等于边际成本,且边际收益的变化率小于边际成本的变化率.

例3.31 已知某产品的需求函数为 $P = 10 - \frac{Q}{5}$, 成本函数为 $C = 50 + 2Q$, 求产量为多少时,总利润 L 最大.

解 已知 $P(Q) = 10 - \frac{Q}{5}$, $C = 50 + 2Q$, 则有

$$R(Q) = Q \cdot P(Q) = 10Q - \frac{Q^2}{5},$$

$$L(Q) = R(Q) - C(Q) = 8Q - \frac{Q^2}{5} - 50.$$

所以

$$L'(Q) = 8 - \frac{2}{5}Q.$$

令 $L'(Q) = 0$, 得 $Q = 20$. 而

$$L''(Q) = -\frac{2}{5} < 0,$$

$$L''(20) = -\frac{2}{5} < 0,$$

所以当 $Q = 20$ 时,总利润最大.

二、弹性与弹性分析

在微观经济分析中,还存在刻画一种变量对于另一种变量的微小百分比变动所做反应的概念,即弹性.

一般来说,设函数在 x_0 点可导,函数的相对改变量 $\frac{\Delta y}{y_0} = \frac{f(x_0 + \Delta x) - f(x_0)}{f(x_0)}$ 与自变量的相对改变量 $\frac{\Delta x}{x_0}$ 之比 $\frac{\Delta y / y_0}{\Delta x / x_0}$, 称为函数 $y = f(x)$ 从 x_0 到 $x_0 + \Delta x$ 的相对变化率.当 $\Delta x \to 0$ 时,$\frac{\Delta y / y_0}{\Delta x / x_0}$ 的极限称为函数 $y = f(x)$ 在 x_0 处的**相对变化率或弹性**,记作 $\left.\frac{Ey}{Ex}\right|_{x = x_0}$, 即

$$\left.\frac{Ey}{Ex}\right|_{x = x_0} = \lim_{\Delta x \to 0} \frac{\Delta y / y_0}{\Delta x / x_0} = \lim_{\Delta x \to 0} \frac{\Delta y}{\Delta x} \cdot \frac{x_0}{y_0} = f'(x_0) \frac{x_0}{f(x_0)}.$$

对任意的 x, 若 $f(x)$ 可导,则

$$\left.\frac{Ey}{Ex}\right| = y' \cdot \frac{x}{y} = f'(x) \cdot \frac{x}{f(x)}$$

是 x 的函数,称为 $f(x)$ 的弹性函数.

若取 $\frac{\Delta x}{x} = 1\%$, 由于 $f'(x)\frac{x}{f(x)} \approx \frac{\Delta y}{y} \Big/ \frac{\Delta x}{x}$, 故

$$\frac{\Delta y}{y} \approx f'(x)\frac{x}{f(x)} \cdot \frac{\Delta x}{x} = \frac{Ey}{Ex}\%.$$

于是函数 y 的弹性 $\frac{Ey}{Ex}$ 可解释为当自变量 x 产生 1% 的改变时,函数 y 近似改变的百分数,即弹性是自变量的值每改变 1% 时所引起的函数 y 变化的百分比,表示 y 对 x 变化的反应程度.

下面介绍需求与供给对价格的弹性.

“需求”是指在一定价格条件下,消费者愿意且有能力购买的商品量.

设某种商品的需求函数是 $Q = f(P)$ (P 表示商品价格, Q 表示需求量)在 $P = P_0$ 处可导,由于 $Q = f(P)$ 一般为单调减少函数,为了用正数表示需求弹性,我们称

$$\eta(P_0) = -f'(P_0)\frac{P_0}{f(P_0)}$$

为该商品在 $P = P_0$ 处的需求弹性.它表示当价格上涨 1% 时,需求将减少 $\eta(P_0)\%$. 它刻画了当价格为 P_0 时,商品的需求对价格变化的反应程度.

例 3.32　设某商品需求函数为 $Q = e^{-\frac{P}{5}}$, 求:

(1)需求弹性函数;

(2) $P = 3,5,6$ 时的需求弹性,并作弹性分析.

解　(1) $Q' = -\frac{1}{5}e^{-\frac{P}{5}}$, $\eta(P) = \frac{1}{5}e^{-\frac{P}{5}} \cdot \frac{P}{e^{-\frac{P}{5}}} = \frac{P}{5}$.

(2)当 $P = 3$ 时, $\eta(3) = \frac{3}{5} = 0.6$;

当 $P = 5$ 时, $\eta(5) = \frac{5}{5} = 1$;

当 $P = 6$ 时, $\eta(6) = \frac{6}{5} = 1.2$.

$\eta(3) = 0.6 < 1$, 说明当 $P = 3$ 时,需求变动的幅度小于价格变动的幅度,即 $P = 3$ 时,价格上涨 1%, 需求只减少 0.6%.

$\eta(5) = 1$, 说明当 $P = 5$ 时,价格与需求变动的幅度相同.

$\eta(6) = 1.2 > 1$, 说明当 $P = 6$ 时,需求变动的幅度大于价格变动的幅度,即 $P = 6$ 时,价格上涨 1%, 需求减少 1.2%.

“供给”指在一定价格下,生产者愿意出售并且有可供出售的商品量.

由于供给函数 $Q=\varphi(P)$ (P 表示商品价格, Q 表示供给量)一般是单调增加函数,因此我们称

$$\varepsilon(P_0)=\varphi'(P_0)\frac{P_0}{\varphi(P_0)}$$

为该商品在 $P=P_0$ 处的供给弹性,它表示当价格上涨1%时,供给将增加 $\varepsilon(P_0)\%$. 它刻画了当价格为 P_0 时,商品的供给对价格变化的反应程度.

下面用需求弹性分析总收益(或市场销售总额)的变化.

总收益 R 是商品价格 P 与销售量 $Q=\varphi(P)$ 的乘积,即

$$\begin{aligned}R&=PQ=P\varphi(P),\\R'&=\varphi(P)+P\varphi'(P)\\&=\varphi(P)\left[1+\varphi'(P)\frac{P}{\varphi(P)}\right]\\&=\varphi(P)(1-\eta).\end{aligned}$$

(1)若 $\eta<1$, 需求变动的幅度小于价格变动的幅度.此时, $R'>0$, R 递增,即:价格上涨,总收益增加;价格下跌,总收益减少.

(2)若 $\eta>1$, 需求变动的幅度大于价格变动的幅度.此时, $R'<0$, R 递减,即:价格上涨,总收益减少;价格下跌,总收益增加.

(3)若 $\eta=1$, 需求变动的幅度等于价格变动的幅度.此时, $R'=0$, R 取得最大值.

综上所述,总收益的变化受需求弹性的制约,随商品需求弹性的变化而变化,其关系如图3.15所示.

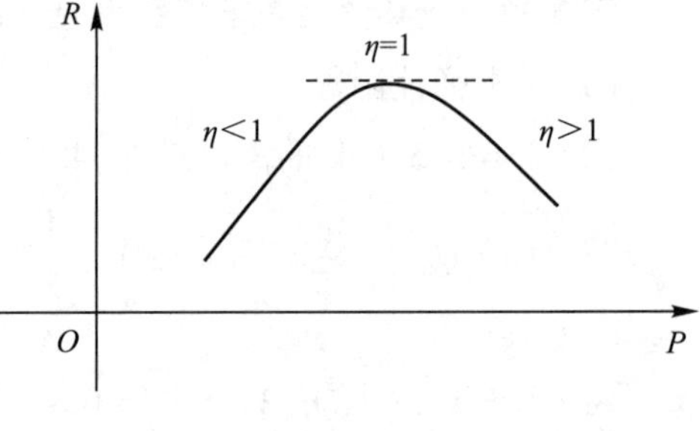

图 3.15

弹性主要是用来衡量需求函数或供给函数对价格或收入的变化的敏感度.一个企业的决策者只有掌握市场对商品的需求情况以及需求对价格的反应程度才能作出正确的发展生产的决策.

例 3.33 设某商品的需求函数为 $Q=f(P)=12-\dfrac{P}{2}$.

(1)求需求弹性函数;

(2)求 $P=9$ 时的需求弹性,在 $P=9$ 时,若价格上涨1%, 总收益如何变化?

(3) P 为何值时,总收益最大? 最大的总收益是多少?

解 (1) $\eta(P)=-f'(P)\dfrac{P}{f(P)}=\dfrac{1}{2}\cdot\dfrac{P}{12-\dfrac{P}{2}}=\dfrac{P}{24-P}$.

(2) $\eta(9)=\frac{9}{24-9}=0.6$.

因 $1-\eta(9)=0.4$，所以当价格上涨1%时，总收益将增加0.4%.

(3) 总收益 $R=Pf(P)=12P-\frac{P^2}{2}$.

于是 $$R'=12-P.$$

令 $R'=0$，得 $P=12$.

因 $R''=-1<0$，故当 $P=12$ 时，总收益最大，最大收益为

$R(12)=12\times12-\frac{12^2}{2}=72$.

练习题 3.7

1.已知成本函数 $C(x)=2\ 000+10x+0.001x^3$，求出产量为1 000单位时的成本和边际成本.

2.设某产品生产 x 单位的总收益 $R=R(x)=200x-0.01x^2$，求生产50单位产品时的总收益和边际收益.

3.某厂每批生产某种商品 x 单位的费用及得到的收益分别为

$$C(x)=5x+200,\ R(x)=10x-0.01x^2.$$

问：每批生产多少单位时利润最大？

4.对于成本函数 $C(x)=900+110x-0.1x^2+0.02x^3$ 和价格函数 $P(x)=260-0.1x$，求出使利润达到最大的生产水平.

5.某商品的价格 P 与需求量 Q 的关系为 $P=10-\frac{Q}{5}$.

(1)求需求量为20及30时的总收益 R 及边际收益 R'；

(2) Q 为多少时，总收益最大？

6.设某商品需求函数为 $Q=\mathrm{e}^{-\frac{P}{4}}$，求需求弹性函数及 $P=3,4,5$ 时的需求弹性.

7.设某商品的供给函数为 $Q=2+3P$，求供给弹性函数及 $P=2$ 时的供给弹性.

8.一电视机制造商以每台450元的价格出售电视机，每周可售出1 000台，市场调查得出，当价格每台低10元时，每周的销售量可增加100台.

(1)求价格函数；

(2)如要达到最大销售额，应降价多少？

(3)假如周成本函数为 $C(x)=68\ 000+150x$，应降价多少，才能获得最大利润？

9.某商品的需求函数为 $Q = Q(P) = 75 - P^2$.

(1)求 $P = 4$ 时的边际需求,并说明其经济意义;

(2)求 $P = 4$ 时的需求弹性,并说明其经济意义;

(3)当 $P = 4$ 时,若价格上涨,总收益是增加还是减少?

(4)当 $P = 6$ 时,若价格上涨,总收益是增加还是减少?

(5) P 为多少时,总收益最大?

【本章小结】

一、本章主要内容与重点

1.微分中值定理

(1)罗尔中值定理.

(2)拉格朗日中值定理.

(3)柯西中值定理.

掌握这些定理的条件与结论及它们之间的关系.

2.函数的单调性、极值和最值

3.曲线的凹凸性、拐点

4.曲线的渐近线

(1)水平渐渐近线.

(2)垂直渐近线.

(3)斜渐近线.

5.洛比达法则

6.描绘函数图形的一般步骤

重点　拉格朗日中值定理,函数的单调性的判定,函数的极值及其求法,最值的应用,洛比达法则.

二、学习指导

1.利用导数求函数的单调区间

求函数 $f(x)$ 的导数 $f'(x)$,依据 $f'(x) > 0$ 与 $f'(x) < 0$ 分别求出函数 $f(x)$ 的单调增加区间与单调减少区间.

2.利用中值定理或函数单调性证明一些简单不等式

证明方法是依据所要证明的不等式构造函数$f(x)$，研究函数在所考虑的区间(a,b)上的单调性,然后将$f(x)$与$f(a)$或$f(b)$作比较,得出所要证明的不等式.

3.利用导数求函数的极值

先找出$f(x)$的驻点及$f'(x)$不存在的点,再依据在这些点的两侧$f'(x)$是否异号来确定该点是否为极值点.

4.利用导数求函数的最值

这是生产实践中常要涉及的问题.一般要先将实际问题转化成数学问题,即建立数学模型,也就是先建立函数关系,然后求出函数的最大值与最小值.

连续函数在区间$[a,b]$上的最大值与最小值只能在驻点、导数不存在的点或区间端点处达到,因此只需比较这些点处函数值的大小,即可求出最大值与最小值.

求连续函数的最大值与最小值时,要注意以下事实:

(1)若函数$f(x)$在区间I上有唯一驻点或不可导点x_0，则当$f(x_0)$是极大(小)值时，$f(x_0)$也是$f(x)$在区间I上的最大(小)值.

(2)由实际问题本身的性质可以断定函数确有最大(小)值,且一定在区间内部达到,又在区间内函数仅有一个驻点x_0，则在x_0处函数一定取得最大(小)值.

(3)单调函数的最大值与最小值必在区间的端点处达到.

5.利用二阶导数求函数的凹凸区间与拐点

6.用洛必达法则求未定式极限

洛必达法则是求未定式极限的重要方法,也是本章的重点.要明确以下几个问题:

(1)用洛必达法则求$\frac{0}{0}$型或$\frac{\infty}{\infty}$型未定式极限$\lim\frac{f(x)}{g(x)}$，要注意定理中的条件,定理指出在$\lim\frac{f'(x)}{g'(x)}=A(\infty)$时才有$\lim\frac{f(x)}{g(x)}=\lim\frac{f'(x)}{g'(x)}$.若$\lim\frac{f'(x)}{g'(x)}$不存在也不为无穷大,不能断言$\lim\frac{f(x)}{g(x)}$不存在.

(2)其他类型未定式,如$0\cdot\infty$,$\infty-\infty$,0^0,1^∞,∞^0型,必须先化为$\frac{0}{0}$型或$\frac{\infty}{\infty}$型未定式,再用洛必达法则.

(3)在求$\frac{0}{0}$型未定式时,洛必达法则与等价无穷小的替换原理可结合使用,因此要牢记常见的等价无穷小.

(4)在使用洛必达法则的过程中,一些非零因子的极限可以先分离出来,以简化计算.有时可以对未定式作恒等变形,简化后再用洛必达法则,如将根式有理化等.

7.利用导数描绘函数图形

这是导数在几何上的综合应用.用一阶导数确定函数的增减区间、极值;用二阶导数的正负确定函数的凸凹区间,凸凹的分界点就是曲线的拐点.以此反映出图形的特色.再找出曲线的渐近线,以显示曲线伸展到无穷远处的走向.

习题三

1.判断下列命题是否正确:

(1)若 $f'(x) > g'(x)$,则 $f(x) > g(x)$; ( )

(2)若 $f'(x) = g'(x)$,则 $f(x) = g(x)$; ( )

(3)若 x_0 是 $f(x)$ 的极值点,则 $f'(x_0) = 0$; ( )

(4)单调区间的分界点只能是 $f'(x_0) = 0$ 的点; ( )

(5)若 $f''(x_0) = 0$,则点 $(x_0, f(x_0))$ 是 $y = f(x)$ 的拐点. ( )

2.填空题.

(1) $\lim\limits_{x\to+\infty} \sqrt{x}(\sqrt{x+2} - \sqrt{x-3}) =$ ________;

(2) $\lim\limits_{x\to0}\left[\dfrac{1}{\ln(1+x)} - \dfrac{1}{x}\right] =$ ________;

(3)函数 $f(x) = x - \sqrt{x}$ 的单调减少区间是________;

(4)函数 $f(x) = x - \ln(1+x^2)$ 在 $[-1,2]$ 上的最大值为________;

(5)如果函数 $f(x)$ 在点 a 处可导,且 $f(a)$ 为 $f(x)$ 的极大值,则 $f'(a) =$ ________;

(6)设 $y = 2x^2 + ax + 3$ 在点 $x = 1$ 处取得极小值,则 $a =$ ________.

3.设 $\lim\limits_{x\to\infty} f'(x) = k$, 求 $\lim\limits_{x\to\infty}[f(x+a) - f(x)]$.

4.已知 $f(x)$ 在 $[a,b]$ 上连续,在 (a,b) 内二阶可导,$f(a)=f(b)=0$,且存在 $c\in(a,b)$,使 $f(c) > 0$. 证明:存在 $\xi\in(a,b)$,使得 $f''(\xi) < 0$.

5.求下列极限:

(1) $\lim\limits_{x\to0}\dfrac{e^x\cos x - 1}{\sin 2x}$;

(2) $\lim\limits_{x\to0}\left(\dfrac{\tan x}{x}\right)^{\frac{1}{x}}$;

(3) $\lim\limits_{x\to0}\left(\dfrac{1}{x} - \dfrac{1}{e^x - 1}\right)$;

(4) $\lim\limits_{x\to0^+}\left(\dfrac{1}{x}\right)^{\tan x}$.

6.求函数 $f(x) = \sqrt[3]{(2x-x^2)^2}$ 的单调区间与极值.

7.求函数 $y = xe^{-x}$ 的极值与拐点.

8.求下列函数在指定区间上的最大值和最小值：

(1) $y = x^4 + 2x^2 + 5$, $[-2,2]$；　　(2) $y = 3 - x - \frac{4}{(x+2)^2}$, $[-1,2]$.

9.证明下列不等式：

(1) $(1+x)\ln(1+x) > x, x > 0$；　　(2) $e^{2x} > \frac{1-x}{1+x}, 0 < x < 1$.

10.在坐标平面上，通过已知点 $(4,1)$ 引一条直线，要使直线在两坐标轴上截距为正，且要使截距之和最小，求这条直线的方程.

【阅读材料】

中国数论学派的一流数学家——陈景润

陈景润(1933—1996)，福建福州人，中国数学家.

陈景润

陈景润于 1950 年考入厦门大学数理系；1953 年从厦门大学毕业，后分配至北京四中任教；1954 年任厦门大学资料员；1956 年调入中国科学院数学研究所；1966 年发表《表大偶数为一个素数及一个不超过二个素数的乘积之和》(简称“1+2”)，成为哥德巴赫猜想研究上的里程碑；1977 年任中国科学院数学研究所研究员；1980 年当选为中国科学院物理学数学部委员(院士)；1996 年 3 月 19 日在北京逝世，享年 63 岁.

陈景润主要从事解析数论方面的研究.

“陈景润是中国培养起来的一位杰出人才，是数论前沿领域国际瞩目的一流数学家.”(化学家和纳米科技专家白春礼院士评)

“陈景润一个高尚的人，一个纯粹的人，一个有道德的人，一个脱离了低级趣味的人，一个有益于人民的人，他对数学贡献很大.”(数学家王诗宬院士评)

“陈景润是厦门大学的杰出校友，是厦门大学永远的骄傲，陈景润这座科学精神的丰碑是永远巍巍屹立的，是不可超越的.”(厦门大学原党委书记杨振斌评)

“陈景润是中国数论学派的主要人物，他是华罗庚在数论方面的传人，他对数学有重大贡献，他的研究成果在历史上留有痕迹.”(数学家王元评)

“陈景润，数学奇才，他有着传奇的人生和不朽的业绩，他在世界上享有盛誉.”(《党史博采》评)

“陈景润是他所处时代中最伟大的数学家(perhaps the most prodigious mathematician of his time).”(美国国家生物技术信息中心 PubMed 数据库评)

第四章　不定积分

给我最大快乐的,不是已懂得的知识,而是不断地学习;不是已有的东西,而是不断地获取;不是已达到的高度,而是继续不断地攀登.

——高斯

【学习目标】

1.掌握原函数与不定积分的概念、性质.

2.熟练掌握基本积分公式、原函数与导数的逆向运算关系.

3.掌握直接积分法.

4.熟练掌握第一类换元积分法(凑微分法)、第二类换元积分法.

5.熟练掌握分部积分法.

6.会求有理函数的积分.

前面两章我们讨论了一元函数微分学,可以看到,微分学主要研究变量的"变化率"问题.从本章开始我们将讨论一元函数积分学.与微分学不同的是,积分学处理变量的"累积"问题.一元函数积分学包括两部分,即不定积分与定积分.不定积分是一族函数,定积分是一个数值.

第一节　不定积分的概念及性质

一、原函数

正如加法有它的逆运算减法一样,微分法也有它的逆运算——积分法.

在微分学中,我们所研究的问题是寻求已知函数的导数.但在许多实际问题中,常常需要研究相反问题,就是已知函数的导数,求原来的函数.

引例 4.1(曲线方程)　已知曲线 $y = F(x)$ 在横坐标为 x 处的切线斜率为 $2x$, 且曲线过点 $(1,0)$, 求该曲线 $y = F(x)$ 的方程.

由题设知,切线斜率 $k = 2x$. 由导数的几何意义知,切线斜率 $k = F'(x) = 2x$.

我们知道，$(x^2)'=2x$，若 C 是任意常数，也有等式 $(x^2+C)'=2x$，所以我们所求的曲线方程为

$$y=F(x)=x^2+C.$$

由于 C 是任意常数，C 每给定一个值，就得到一条抛物线，这样，我们就得到了一族抛物线，而我们要求的是在这一族抛物线中，过点 $(1,0)$ 的那一条，即当 $x=1$ 时，$y=0$，我们可以用这个条件来确定常数 C，即

$$0=1^2+C,\ C=-1.$$

从而，所求的曲线方程为 $y=F(x)=x^2-1$.

微分法研究如何从已知函数求出其导函数，如，已知函数 $F(x)=x^2$，要求它的导函数，则是

$$F'(x)=(x^2)'=2x,$$

即 $2x$ 是 x^2 的导函数，这个问题是已知函数 $F(x)$，要求它的导函数 $F'(x)$.

引例 4.1 中的问题是，已知函数 $f(x)=2x$，要求一个函数 $F(x)$，使其导函数恰是 $F'(x)=f(x)=2x$. 这个问题是，已知导函数 $F'(x)$，要求原函数 $F(x)$. 显然，这是微分法的逆问题.

由于 $(x^2)'=2x$，我们可以说，要求的这个函数是 x^2. 因为它的导函数恰好是已知的函数 $2x$. 这时，称 x^2 是函数 $2x$ 的一个**原函数**.

一般地，如果已知 $F'(x)=f(x)$，如何求 $F(x)$？为此，引入下述定义：

定义 4.1　设 $f(x)$ 是定义在某区间上的已知函数，如有

$$F'(x)=f(x)\ 或\ \mathrm{d}F(x)=f(x)\mathrm{d}x,$$

则称函数 $F(x)$ 是函数 $f(x)$ 在该区间上的**一个原函数**.

从数学形式上说，寻找原函数就是把求导函数的过程倒过来.

例如，对任意的 $x\in(-\infty,+\infty)$，都有 $(\sin x)'=\cos x$，所以 $\sin x$ 是 $\cos x$ 在该区间上的一个原函数，但 $(\sin x+1)'=(\sin x-0.2)'=(\sin x+\sqrt{3})'=\cdots=\cos x$，所以 $\cos x$ 的原函数不是唯一的.因为常数的导数恒为零，由此可推知，$\sin x+C$（C 为任意常数）都是 $\cos x$ 的原函数.

由上面的例子，使我们猜想：是不是所有的函数 $f(x)$ 都有原函数？如果一个函数 $f(x)$ 的原函数存在，则它的原函数必有无穷多个.下面的定理就说明了这两个问题.

定理 4.1（原函数存在定理）　如果函数 $f(x)$ 在某区间上连续，则 $f(x)$ 在该区间上的原函数一定存在.

简单地说就是：连续函数一定有原函数.

定理 4.2　若 $F(x)$ 是 $f(x)$ 的一个原函数，则 $F(x)+C$ 是 $f(x)$ 的全部原函数，其中 C 为任意常数.

此定理的结论包含两层意思：第一，$F(x)+C$ 中的任一个都是 $f(x)$ 的原函数；第二，

$f(x)$ 的任一原函数都可以表示成 $F(x)+C$ 的形式,即 $F(x)+C$ 表示 $f(x)$ 的全体原函数.

证明 由于 $F'(x)=f(x)$,又 $[F(x)+C]'=F'(x)=f(x)$,所以函数族 $F(x)+C$ 中的每一个都是 $f(x)$ 的原函数.

另一方面,设 $G(x)$ 是 $f(x)$ 的任一原函数,即 $G'(x)=f(x)$,则可证 $F(x)$ 与 $G(x)$ 之间只相差一个常数.事实上,因为 $[F(x)-G(x)]'=F'(x)-G'(x)=f(x)-f(x)=0$,所以 $F(x)-G(x)=C$,或者 $G(x)=F(x)+C$,这就是说,$f(x)$ 的任一原函数 $G(x)$ 均可表示成 $F(x)+C$ 的形式.

这就证明了 $f(x)$ 的全体原函数刚好组成函数族 $F(x)+C$.

由定理 4.2 可知,同一函数的任何两个原函数之间最多相差一个常数,因此,只要找到 $f(x)$ 的一个原函数,就能找到它的全体原函数.

二、不定积分的概念

定义 4.2 设 $F(x)$ 是 $f(x)$ 的一个原函数,我们把函数 $f(x)$ 的全体原函数 $F(x)+C$(C 为任意常数)叫作 $f(x)$ 的不定积分,记作 $\int f(x)\mathrm{d}x$,即

$$\int f(x)\mathrm{d}x=F(x)+C,\text{其中 }F'(x)=f(x).$$

上式中"$\int$"叫作积分号,$f(x)$ 叫作**被积函数**,x 叫作**积分变量**,$f(x)\mathrm{d}x$ 叫作**被积表达式**,任意常数 C 叫作**积分常数**.

这就是说,要求一个函数的不定积分,只需找出它的一个原函数,再加上积分常数 C 就可以了.

例如,根据前面所述,有

$$\int 2x\mathrm{d}x=x^2+C,$$

$$\int\cos x\mathrm{d}x=\sin x+C.$$

我们称原函数 $y=F(x)$ 的图形为函数 $f(x)$ 的一条积分曲线.在几何上,不定积分 $\int f(x)\mathrm{d}x$ 就表示全体积分曲线所组成的曲线族 $y=F(x)+C$.这个曲线族里的所有积分曲线在横坐标 x_0 相同的点处的切线彼此平行,即这些切线有相同的斜率 $f(x_0)$,如图 4.1所示.

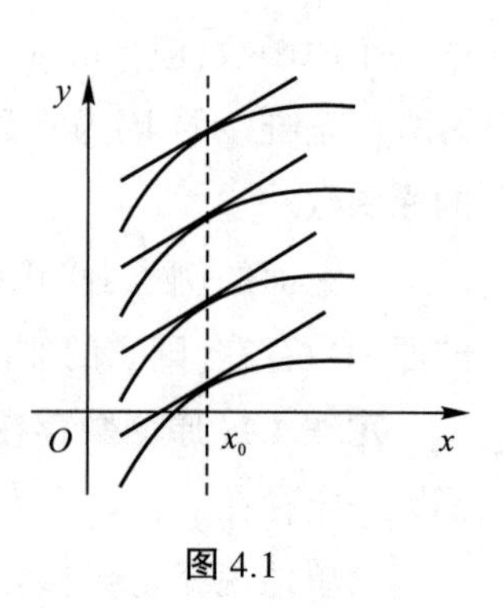

图 4.1

例 4.1 求下列不定积分:

(1) $\int\sin x\mathrm{d}x$; (2) $\int\mathrm{e}^x\mathrm{d}x$; (3) $\int\frac{1}{1+x^2}\mathrm{d}x$; (4) $\int\frac{1}{x}\mathrm{d}x$.

解　(1)因为 $(-\cos x)' = \sin x$，所以 $-\cos x$ 是 $\sin x$ 的一个原函数，由不定积分的定义知

$$\int \sin x\mathrm{d}x = -\cos x + C.$$

(2)因为 $(\mathrm{e}^x)' = \mathrm{e}^x$，所以 e^x 是 e^x 的一个原函数，由不定积分的定义知

$$\int \mathrm{e}^x\mathrm{d}x = \mathrm{e}^x + C.$$

(3)因为 $(\arctan x)' = \dfrac{1}{1+x^2}$，所以 $\arctan x$ 是 $\dfrac{1}{1+x^2}$ 的一个原函数，从而有

$$\int \frac{1}{1+x^2}\mathrm{d}x = \arctan x + C.$$

(4)因为在 $(-\infty,0)$ 及 $(0,+\infty)$ 上，$(\ln|x|)' = \dfrac{1}{x}$，所以当 $x \neq 0$ 时，$\ln|x|$ 是 $\dfrac{1}{x}$ 的一个原函数，从而有

$$\int \frac{1}{x}\mathrm{d}x = \ln|x| + C(x \neq 0).$$

例 4.2　美丽的冰城常年积雪，滑冰场完全靠自然结冰，结冰的速度由 $\dfrac{\mathrm{d}y}{\mathrm{d}t} = k\sqrt{t}$（$k > 0$ 为常数）确定，其中 y 是从结冰起到时刻 t 时冰的厚度.求结冰厚度 y 关于时间 t 的函数表达式.

解　根据题意，结冰厚度 y 关于时间 t 的函数表达式为

$$y = \int kt^{\frac{1}{2}}\mathrm{d}t = \frac{2}{3}kt^{\frac{3}{2}} + C,$$

其中常数 C 由结冰的时间确定.

如果 $t=0$ 时开始结冰，此时冰的厚度为 0，即有 $y(0)=0$，代入上式得 $C=0$，这时 $y = \dfrac{2}{3}kt^{\frac{3}{2}}$ 为结冰厚度 y 关于时间 t 的函数表达式.

三、不定积分的性质

1.不定积分与导数(微分)的关系

由不定积分定义知，积分与导数(微分)之间有如下的关系：

(1) $\left[\int f(x)\mathrm{d}x\right]' = f(x)$，或 $\mathrm{d}\left[\int f(x)\mathrm{d}x\right] = f(x)\mathrm{d}x$；

(2) $\int F'(x)\mathrm{d}x = F(x) + C$，或 $\int \mathrm{d}F(x) = F(x) + C$.

这说明微分运算与积分运算是互逆的.对一个函数先积分再微分，结果两种运算互相抵消；如果先微分再积分，其结果只差一个常数.

2.不定积分的性质

性质1 被积函数中不为0的常数因子可提到积分号外,即

$$\int kf(x)\mathrm{d}x = k\int f(x)\mathrm{d}x(k \neq 0).$$

性质2 两个函数代数和的积分等于这两个函数积分的代数和,即

$$\int [f(x) \pm g(x)]\mathrm{d}x = \int f(x)\mathrm{d}x \pm \int g(x)\mathrm{d}x.$$

性质2可推广到有限个函数代数和的情形.

综合两条性质,可得不定积分的**线性性质**:

$$\int [af(x) + bg(x)]\mathrm{d}x = a\int f(x)\mathrm{d}x + b\int g(x)\mathrm{d}x.$$

其中 a,b 为不全为零的常数.

例4.3 求下列不定积分:

(1) $\int (3x^2 - 4x + 5)\mathrm{d}x$;　　(2) $\int \frac{x^2}{1+x^2}\mathrm{d}x$.

解 (1) $\int (3x^2 - 4x + 5)\mathrm{d}x = 3\int x^2\mathrm{d}x - 4\int x\mathrm{d}x + 5\int \mathrm{d}x$

$$= x^3 + C_1 - 2x^2 + C_2 + 5x + C_3$$

$$= x^3 - 2x^2 + 5x + C.$$

其中, $C = C_1 + C_2 + C_3$, C_1, C_2, C_3 是任意常数.

今后在分项积分时,不必分别加任意常数,只要将各项常数合并成一个常数 C 就可以了.

应当注意,检验积分结果是否正确,只要把结果求导,看它的导数是否等于被积函数就行了.如上例,由于

$$(x^3 - 2x^2 + 5x)' = 3x^2 - 4x + 5,$$

所以结果是正确的.

(2) $\int \frac{x^2}{1+x^2}\mathrm{d}x = \int \frac{x^2+1-1}{1+x^2}\mathrm{d}x = \int \left(1 - \frac{1}{1+x^2}\right)\mathrm{d}x = \int \mathrm{d}x - \int \frac{1}{1+x^2}\mathrm{d}x$

$$= x - \arctan x + C.$$

四、直接积分法

引例4.2 既然积分运算是微分运算的逆运算,那么,从每个导数公式就可得到相应的积分公式.例如,由于 $\left(\frac{x^{\alpha+1}}{\alpha+1}\right)' = x^{\alpha}(\alpha \neq -1)$,所以在 $\alpha \neq -1$ 时,$\frac{x^{\alpha+1}}{\alpha+1}$ 就是 x^{α} 的一个原函数,于是有积分公式:

$$\int x^{\alpha}\mathrm{d}x=\frac{x^{\alpha+1}}{\alpha+1}+C(\alpha\neq-1).$$

又如,由 $(a^x)'=a^x\ln a$,得积分公式

$$\int a^x\mathrm{d}x=\frac{1}{\ln a}a^x+C.$$

类似地,可以得到其他的积分公式.下面我们把不定积分的一些基本积分公式给出,请大家一定要记熟.

(1) $\int k\mathrm{d}x=kx+C$ (k 为常数);

特别地, $\int 0\mathrm{d}x=C$, $\int \mathrm{d}x=x+C$.

(2) $\int x^{\alpha}\mathrm{d}x=\frac{1}{\alpha+1}x^{\alpha+1}+C$ ($\alpha\neq-1$);

(3) $\int\frac{1}{x}\mathrm{d}x=\ln|x|+C$;

(4) $\int a^x\mathrm{d}x=\frac{1}{\ln a}a^x+C$ ($a>0, a\neq1$);

(5) $\int \mathrm{e}^x\mathrm{d}x=\mathrm{e}^x+C$;

(6) $\int\sin x\mathrm{d}x=-\cos x+C$;

(7) $\int\cos x\mathrm{d}x=\sin x+C$;

(8) $\int\sec^2 x\mathrm{d}x=\tan x+C$;

(9) $\int\csc^2 x\mathrm{d}x=-\cot x+C$;

(10) $\int\sec x\tan x\mathrm{d}x=\sec x+C$;

(11) $\int\csc x\cot x\mathrm{d}x=-\csc x+C$;

(12) $\int\frac{1}{1+x^2}\mathrm{d}x=\arctan x+C$;

(13) $\int\frac{1}{\sqrt{1-x^2}}\mathrm{d}x=\arcsin x+C$.

以上基本积分公式是计算不定积分的基础,利用它们和不定积分的性质直接求得函数的积分的方法,叫作**直接积分法**.

例 4.4　一电路中电流 i 关于时间 t 的变化率为 $\frac{\mathrm{d}i}{\mathrm{d}t}=4t-0.06t^2$. 若 $t=0$ s 时, $i=2$ A, 求

电流 i 关于时间 t 的函数.

解 由 $\frac{di}{dt}=4t-0.06t^2$, 求不定积分得

$$i(t)=\int(4t-0.06t^2)dt=2t^2-0.02t^3+C,$$

将 $i(0)=2$ 代入上式,得 $C=2$. 所以

$$i(t)=2t^2-0.02t^3+2.$$

例 4.5 求下列不定积分:

(1) $\int(1+2x)^2dx$; (2) $\int\left(\frac{1}{x^3}-2\sec^2x\right)dx$;

(3) $\int 5^xe^xdx$; (4) $\int\frac{\cos\theta}{\sin^2\theta}d\theta$.

解 (1) $\int(1+2x)^2dx=\int(1+4x+4x^2)dx=x+2x^2+\frac{4}{3}x^3+C$.

(2) $$\int\left(\frac{1}{x^3}-2\sec^2x\right)dx=\int x^{-3}dx-2\int\sec^2xdx=\frac{x^{-3+1}}{-3+1}-2\tan x+C$$

$$=-\frac{1}{2x^2}-2\tan x+C.$$

(3) $\int 5^xe^xdx=\int(5e)^xdx=\frac{(5e)^x}{\ln(5e)}+C=\frac{5^xe^x}{1+\ln 5}+C$.

(4) $\int\frac{\cos\theta}{\sin^2\theta}d\theta=\int\left(\frac{1}{\sin\theta}\right)\left(\frac{\cos\theta}{\sin\theta}\right)d\theta=\int\csc\theta\cot\theta d\theta=-\csc\theta+C$.

例 4.6 求下列不定积分:

(1) $\int(\sqrt{x}+1)\left(x-\frac{1}{\sqrt{x}}\right)dx$; (2) $\int\sin^2\frac{x}{2}dx$;

(3) $\int\frac{1+x+x^2}{x(1+x^2)}dx$; (4) $\int\frac{\sin^2x}{1+\cos 2x}dx$.

解 (1)首先把被积函数化为和式,然后再逐项积分,得

$$\int(\sqrt{x}+1)\left(x-\frac{1}{\sqrt{x}}\right)dx=\int\left(x\sqrt{x}+x-1-\frac{1}{\sqrt{x}}\right)dx$$

$$=\int x\sqrt{x}dx+\int xdx-\int 1dx-\int\frac{1}{\sqrt{x}}dx$$

$$=\frac{2}{5}x^{\frac{5}{2}}+\frac{1}{2}x^2-x-2x^{\frac{1}{2}}+C.$$

(2) $\int\sin^2\frac{x}{2}dx=\int\frac{1-\cos x}{2}dx=\frac{1}{2}x-\frac{1}{2}\sin x+C$.

(3)将分子重新组合,化整个分式为两部分分式:

$$\int \frac{1+x+x^2}{x(1+x^2)}dx = \int\left(\frac{1+x^2}{x(1+x^2)} + \frac{x}{x(1+x^2)}\right)dx = \int\left(\frac{1}{x} + \frac{1}{1+x^2}\right)dx$$

$$= \ln|x| + \arctan x + C.$$

(4)利用倍角公式,将被积函数的分母化为单项式:

$$\int \frac{\sin^2 x}{1+\cos 2x}dx = \int \frac{\sin^2 x}{2\cos^2 x}dx = \frac{1}{2}\int \tan^2 x dx = \frac{1}{2}\int(\sec^2 x - 1)dx$$

$$= \frac{1}{2}\int \sec^2 x dx - \frac{1}{2}\int dx = \frac{1}{2}(\tan x - x) + C.$$

例 4.6 的解题思路——先将被积函数通过代数、三角等恒等变形,化为基本积分公式中已知可积函数的代数和,然后再逐项积分.

练习题 4.1

1.填空题.

(1) $\left[\int \sin^2 x dx\right]' =$ ＿＿＿＿＿＿, $d\left(\int \cos 2x dx\right) =$ ＿＿＿＿＿＿;

(2) $\frac{1}{x}$ 的一个原函数是＿＿＿＿＿＿,而＿＿＿＿＿＿的原函数是 $\frac{1}{x}$;

(3)设 $\int f(x)dx = e^x + \sin x + C$, 则 $f(x) =$ ＿＿＿＿＿＿;

(4) $\int d\left(\frac{\sin x}{x}\right) =$ ＿＿＿＿＿＿.

2.判断题.

(1) $\ln x + C$ 是 $\frac{1}{x}$ 的所有原函数; (　　)

(2) $\int F'(x)dx = F(x)$; (　　)

(3) $\frac{1}{x}$ 是 $\frac{1}{x^2}$ 的一个原函数; (　　)

(4) $\int 2^x dx = 2^x \ln 2 + C$; (　　)

(5) $\int \frac{1}{\sqrt{1+x^2}}dx = \ln(x + \sqrt{1+x^2}) + C$; (　　)

(6) $\int \ln(x + \sqrt{1+x^2})dx = x\ln(x + \sqrt{1+x^2}) - \sqrt{1+x^2} + C$. (　　)

3.选择题.

(1)下列等式正确的是(　　);

A. $\int f'(x)\mathrm{d}x=f(x)$　　　B. $\int f'(\mathrm{e}^x)\mathrm{d}x=f(\mathrm{e}^x)+C$

C. $\left[\int f(\sqrt{x})\,\mathrm{d}x\right]'=f(\sqrt{x})+C$　　　D. $\int xf'(1-x^2)\mathrm{d}x=-\frac{1}{2}f(1-x^2)+C$

(2)若 $f(x)$ 的一个原函数是 $\sin x$,则 $\int \mathrm{d}f(x)=$(　　);

A. $-\sin x+C$　　B. $\sin x+C$　　C. $-\cos x+C$　　D. $\cos x+C$

(3) $\int \sqrt[m]{x^n}\,\mathrm{d}x=$(　　);

A. $\frac{n+m}{m}x^{\frac{n+m}{m}}+C$　　B. $\frac{m}{n+m}x^{\frac{n+m}{m}}+C$　　C. $\frac{n+m}{n}x^{\frac{n}{n+m}}+C$　　D. $\frac{n}{n+m}x^{\frac{n}{n+m}}+C$

(4)函数 $f(x)=\mathrm{e}^x-\mathrm{e}^{-x}$ 的一个原函数是(　　);

A. $F(x)=\mathrm{e}^x-\mathrm{e}^{-x}$　　　B. $F(x)=\mathrm{e}^x+\mathrm{e}^{-x}$

C. $F(x)=\mathrm{e}^{-x}-\mathrm{e}^x$　　　D. $F(x)=-\mathrm{e}^x-\mathrm{e}^{-x}$

(5)下列等式成立的是(　　);

A. $\int f'(x)\mathrm{d}x=f(x)$　　　B. $\int \mathrm{d}f(x)=f(x)$

C. $\frac{\mathrm{d}}{\mathrm{d}x}\int f(x)\mathrm{d}x=f(x)$　　　D. $\mathrm{d}\int f(x)\mathrm{d}x=f(x)$

(6)在 $[a,b]$ 内 $g'(x)=f'(x)$,则下列式子正确的是(　　).

A. $g(x)=f(x)$　　　B. $\left(\int g(x)\mathrm{d}x\right)'=\left(\int f(x)\mathrm{d}x\right)'$

C. $g(x)=f(x)-C$　　　D. $\int g(x)\mathrm{d}x=\int f(x)\mathrm{d}x$

4.求下列不定积分:

(1) $\int \frac{\mathrm{d}x}{x^2}$;　　　(2) $\int x\sqrt{x}\,\mathrm{d}x$;

(3) $\int \frac{\mathrm{d}x}{x^2\sqrt{x}}$;　　　(4) $\int 5x^3\mathrm{d}x$;

(5) $\int (x^2-3x+2)\mathrm{d}x$;　　　(6) $\int (x^2+1)^2\mathrm{d}x$;

(7) $\int \frac{\mathrm{d}h}{\sqrt{2gh}}$($g$ 是常数);　　　(8) $\int (\sqrt{x}+1)(\sqrt{x^3}-1)\mathrm{d}x$;

(9) $\int \frac{1+\cos x}{x+\sin x}\mathrm{d}x$;　　　(10) $\int \frac{x^2}{1+x^2}\mathrm{d}x$;

(11) $\int \frac{3x^4+3x^2+1}{x^2+1}dx$；　(12) $\int (1-x^2)\sqrt{x\sqrt{x}}\,dx$；

(13) $\int \left(\frac{3}{1+x^2}-\frac{2}{\sqrt{1-x^2}}\right)dx$；　(14) $\int \left(2e^x+\frac{3}{x}\right)dx$；

(15) $\int e^x\left(1-\frac{e^{-x}}{\sqrt{x}}\right)dx$；　(16) $\int 3^{-x}(2\cdot 3^x-3\cdot 2^x)dx$；

(17) $\int \sec x(\sec x-\tan x)dx$；　(18) $\int \frac{\cos 2x}{\cos^2 x\sin^2 x}dx$；

(19) $\int \frac{dx}{1+\cos 2x}$；　(20) $\int \frac{\cos 2x}{\cos x-\sin x}dx$；

(21) $\int \frac{2}{1+x^2}dx$；　(22) $\int \left(2\sin x-\frac{3}{x}+x^2\right)dx$；

(23) $\int (2x^3+1-e^x)dx$；　(24) $\int \frac{x^4}{1+x^2}dx$.

5.一曲线通过点$(e^2,3)$且在任一点处的切线斜率等于该点横坐标的倒数,求该曲线的方程.

6.求通过点(0,0)且斜率为$3x^2+1$的曲线方程.

7.已知物体以速度$v(t)=3t^2$ m/s做直线运动.当$t=1$ s时,物体经过的路程s为3 m,求物体的运动规律.

第二节　不定积分的换元积分法

不定积分是求导的逆运算,由上节的例子可以看出,与数学中各种逆运算相类似,求积分要比求微分困难.如果被积函数恰好是基本积分表中的类型,或通过简单的代数、三角变形可化为基本积分表中的类型,那么不定积分容易求得.但事实上被积函数往往不那么简单.为此,我们需要学习一些基本的积分技巧,这就是换元积分法和分部积分法,熟练、灵活地运用这些方法,可以求出许多常见的初等函数的积分.

下面首先介绍不定积分的换元积分法.

一、第一换元积分法

引例4.3　求$\int (2x-1)^2dx$.

解法一　$\int (2x-1)^2dx=\int (4x^2-4x+1)dx=4\int x^2dx-4\int xdx+\int dx$

$$=\frac{4}{3}x^3-2x^2+x+C.$$

解法二 $\int(2x-1)^2\mathrm{d}x=\frac{1}{2}\int(2x-1)^2\mathrm{d}(2x-1)\xlongequal{\text{令}2x-1=u}\frac{1}{2}\int u^2\mathrm{d}u$

$$=\frac{1}{6}u^3+C\xlongequal{\text{回代}u=2x-1}\frac{1}{6}(2x-1)^3+C.$$

由此可见,要计算不定积分$\int(2x-1)^2\mathrm{d}x$,我们可以将$(2x-1)^2$展开后再算下去,也可以先凑微分,再利用基本积分公式求得,两者繁简程度基本相当.若要计算$\int(2x-1)^{100}\mathrm{d}x$,解法一就显得十分烦琐,而解法二则很简捷.因此,探讨此类问题的解法是有益的.

解法二的特点是引入新变量$u=2x-1$,从而把原积分化为积分变量为u的积分,再利用基本积分公式求解.它就是利用$\int x^2\mathrm{d}x=\frac{1}{3}x^3+C$得$\int u^2\mathrm{d}u=\frac{1}{3}u^3+C$.

现在进一步问,更一般地,若

$$\int f(x)\mathrm{d}x=F(x)+C$$

成立,那么当u是x的任一可导函数,即$u=\varphi(x)$时,式子

$$\int f(u)\mathrm{d}u=F(u)+C$$

是否成立?回答是肯定的.事实上,由

$$\int f(x)\mathrm{d}x=F(x)+C$$

得

$$\mathrm{d}F(x)=f(x)\mathrm{d}x.$$

根据微分形式不变性可知,当$u=\varphi(x)$可导时,有

$$\mathrm{d}F(u)=f(u)\mathrm{d}u,$$

从而根据不定积分定义,有

$$\int f(u)\mathrm{d}u=F(u)+C.$$

这个结论表明,在基本积分公式中,自变量x换成任一可导函数$u=\varphi(x)$时,积分公式的形式不变,公式仍然成立.这就大大扩大了基本积分公式的使用范围.

一般地,如果被积函数的形式是$f[\varphi(x)]\varphi'(x)$(或可以化为这种形式),且$u=\varphi(x)$在某区间上可导,$f(u)$具有原函数$F(u)$,则可以在$\int f[\varphi(x)]\varphi'(x)\mathrm{d}x$的被积函数中将$\varphi'(x)\mathrm{d}x$凑成微分$\mathrm{d}\varphi(x)$,然后对新变量$u$求不定积分,就得到下面的公式:

$$\int f[\varphi(x)]\varphi'(x)\mathrm{d}x=\int f[\varphi(x)]\mathrm{d}\varphi(x)\xlongequal{\text{令}\varphi(x)=u}\int f(u)\mathrm{d}u=F(u)+C$$

$$\xlongequal{\text{回代}u=\varphi(x)}F[\varphi(x)]+C.$$

这种积分方法称为**第一换元积分法**,因其实质是将被积函数的部分因子 $\varphi'(x)$ 和 $\mathrm{d}x$ 凑成微分 $\mathrm{d}\varphi(x)$,然后再利用基本积分公式求解,故又称为**凑微分法**.

例 4.7　求 $\int(2x-1)^{100}\mathrm{d}x$.

解　$$\int(2x-1)^{100}\mathrm{d}x=\frac{1}{2}\int(2x-1)^{100}\mathrm{d}(2x-1)\xlongequal{2x-1=u}\frac{1}{2}\int u^{100}\mathrm{d}u=\frac{1}{202}u^{101}+C$$

$$\xlongequal{u=2x-1}\frac{1}{202}(2x-1)^{101}+C.$$

例 4.8　求 $\int x\mathrm{e}^{x^2}\mathrm{d}x$.

解　$$\int x\mathrm{e}^{x^2}\mathrm{d}x=\frac{1}{2}\int\mathrm{e}^{x^2}\mathrm{d}(x^2)\xlongequal{x^2=u}\frac{1}{2}\int\mathrm{e}^{u}\mathrm{d}u=\frac{1}{2}\mathrm{e}^{u}+C\xlongequal{u=x^2}\frac{1}{2}\mathrm{e}^{x^2}+C.$$

由上面的例题可以看出,用凑微分法计算积分时,关键是把被积表达式凑成两部分,使其中一部分为 $\mathrm{d}\varphi(x)$,另一部分为 $\varphi(x)$ 的函数 $f[\varphi(x)]$.

例 4.9　求 $\int x\sqrt{1+x^2}\mathrm{d}x$.

解　$$\int x\sqrt{1+x^2}\mathrm{d}x=\frac{1}{2}\int\sqrt{1+x^2}\mathrm{d}(1+x^2)\xlongequal{1+x^2=u}\frac{1}{2}\int u^{\frac{1}{2}}\mathrm{d}u=\frac{1}{3}u^{\frac{3}{2}}+C$$

$$\xlongequal{u=1+x^2}\frac{1}{3}(1+x^2)^{\frac{3}{2}}+C.$$

当运算熟练后,所选新变量 $u=\varphi(x)$ 只需记在心里,可以不写出来.

例 4.10　一电场中质子运动的加速度为 $a=-20(1+2t)^{-2}$(单位:$\mathrm{m/s^2}$).如果 $t=0\ \mathrm{s}$ 时,$v=0.3\ \mathrm{m/s}$,求质子的运动速度.

解　由加速度和速度的关系 $v'(t)=a(t)$,有

$$v(t)=\int a(t)\mathrm{d}t=\int-20(1+2t)^{-2}\mathrm{d}t$$

$$=\int-20(1+2t)^{-2}\cdot\frac{1}{2}\mathrm{d}(1+2t)$$

$$=10(1+2t)^{-1}+C.$$

将 $t=0\ \mathrm{s}$ 时,$v=0.3\ \mathrm{m/s}$ 代入上式,得 $C=-9.7$. 所以

$$v(t)=10(1+2t)^{-1}-9.7.$$

例 4.11　求 $\int\frac{1}{x^2-4}\mathrm{d}x$.

解　$$\int\frac{1}{x^2-4}\mathrm{d}x=\int\frac{1}{(x-2)(x+2)}\mathrm{d}x$$

$$=\frac{1}{4}\int\frac{(x+2)-(x-2)}{(x-2)(x+2)}\mathrm{d}x=\frac{1}{4}\int\left(\frac{1}{x-2}-\frac{1}{x+2}\right)\mathrm{d}x$$

$$= \frac{1}{4}\int \frac{1}{x-2}\mathrm{d}(x-2) - \frac{1}{4}\int \frac{1}{x+2}\mathrm{d}(x+2)$$

$$= \frac{1}{4}\ln|x-2| - \frac{1}{4}\ln|x+2| + C = \frac{1}{4}\ln\left|\frac{x-2}{x+2}\right| + C.$$

一般地, $\int \frac{1}{x^2-a^2}\mathrm{d}x = \frac{1}{2a}\ln\left|\frac{x-a}{x+a}\right| + C.$

在凑微分时,常要用到下列的微分式子,熟悉它们是有助于求不定积分的.

$\mathrm{d}x = \mathrm{d}(x+b) = \frac{1}{a}\mathrm{d}(ax+b)$ (a,b 为常数, $a \neq 0$);　　$x\mathrm{d}x = \frac{1}{2}\mathrm{d}(x^2)$;

$\frac{1}{x}\mathrm{d}x = \mathrm{d}\ln|x|$;　　$\frac{1}{\sqrt{x}}\mathrm{d}x = 2\mathrm{d}\sqrt{x}$;

$\frac{1}{x^2}\mathrm{d}x = -\mathrm{d}\left(\frac{1}{x}\right)$;　　$\frac{1}{1+x^2}\mathrm{d}x = \mathrm{d}(\arctan x)$;

$\frac{1}{\sqrt{1-x^2}}\mathrm{d}x = \mathrm{d}(\arcsin x)$;　　$\mathrm{e}^x\mathrm{d}x = \mathrm{d}(\mathrm{e}^x)$;

$\sin x\mathrm{d}x = -\mathrm{d}(\cos x)$;　　$\cos x\mathrm{d}x = \mathrm{d}(\sin x)$;

$\sec^2 x\mathrm{d}x = \mathrm{d}(\tan x)$;　　$\csc^2 x\mathrm{d}x = -\mathrm{d}(\cot x)$;

$\sec x\tan x\mathrm{d}x = \mathrm{d}(\sec x)$;　　$\csc x\cot x\mathrm{d}x = -\mathrm{d}(\csc x)$.

显然,微分式子绝非只有这些,大量的是要根据具体问题具体分析,读者应在熟记基本积分公式和一些常用微分式子的基础上,通过多做练习、总结规律来积累经验,才能逐步掌握这一重要的积分方法.

例 4.12　求 $\int \frac{1}{x^2+a^2}\mathrm{d}x$.

解　$\int \frac{1}{x^2+a^2}\mathrm{d}x = \int \frac{\mathrm{d}x}{a^2\left(1+\frac{x^2}{a^2}\right)} = \frac{1}{a^2}\int \frac{\mathrm{d}x}{1+\left(\frac{x}{a}\right)^2}$

$$= \frac{1}{a}\int \frac{\mathrm{d}\left(\frac{x}{a}\right)}{1+\left(\frac{x}{a}\right)^2} = \frac{1}{a}\arctan\frac{x}{a} + C.$$

例 4.13　求 $\int \tan x\mathrm{d}x$.

解　$\int \tan x\mathrm{d}x = \int \frac{\sin x}{\cos x}\mathrm{d}x = -\int \frac{1}{\cos x}\mathrm{d}(\cos x) = -\ln|\cos x| + C.$

类似地, $\int \cot x\mathrm{d}x = \ln|\sin x| + C.$

例 4.14　求 $\int \frac{\mathrm{d}x}{\sqrt{a^2 - x^2}}(a > 0)$.

解　$$\int \frac{\mathrm{d}x}{\sqrt{a^2 - x^2}} = \int \frac{1}{a} \cdot \frac{\mathrm{d}x}{\sqrt{1 - \left(\frac{x}{a}\right)^2}} = \int \frac{\mathrm{d}\left(\frac{x}{a}\right)}{\sqrt{1 - \left(\frac{x}{a}\right)^2}} = \arcsin \frac{x}{a} + C.$$

例 4.15　求 $\int \sec x\mathrm{d}x$.

解　$$\int \sec x\mathrm{d}x = \int \frac{\sec x(\sec x + \tan x)}{\sec x + \tan x}\mathrm{d}x = \int \frac{\sec^2 x + \sec x\tan x}{\tan x + \sec x}\mathrm{d}x$$
$$= \int \frac{\mathrm{d}(\tan x + \sec x)}{\tan x + \sec x} = \ln |\sec x + \tan x| + C.$$

类似地，$\int \csc x\mathrm{d}x = \ln |\csc x - \cot x| + C$.

二、第二换元积分法

引例 4.4　求 $\int \frac{1}{1 + \sqrt{x}}\mathrm{d}x$.

解　求这个积分的困难在于被积函数中含有根式 $\sqrt{x}$，为了去掉根式，容易想到令 $\sqrt{x} = t$，即 $x = t^2(t \geqslant 0)$，于是 $\mathrm{d}x = 2t\mathrm{d}t$，代入原积分，得

$$\int \frac{1}{1 + \sqrt{x}}\mathrm{d}x = \int \frac{2t}{1 + t}\mathrm{d}t = 2\int\left(1 - \frac{1}{1 + t}\right)\mathrm{d}t$$
$$= 2t - 2\ln |1 + t| + C.$$

为了使所得结果仍用旧变量 x 来表示，把 $t = \sqrt{x}$ 回代上式，得

$$\int \frac{1}{1 + \sqrt{x}}\mathrm{d}x = 2\sqrt{x} - 2\ln (1 + \sqrt{x}) + C.$$

从引例 4.4 可以看出，这种变量替换表达式 $x = t^2$ 中，新变量 t 处于自变量的地位，而在第一换元积分法中新变量 u 是因变量.

$$\int f(x)\mathrm{d}x \xlongequal{x = \varphi(t)} \int f[\varphi(t)]\mathrm{d}\varphi(t) = \int f[\varphi(t)]\varphi'(t)\mathrm{d}t = F(t) + C$$
$$\xlongequal{t = \varphi^{-1}(x)} F[\varphi^{-1}(x)] + C.$$

其中 $\varphi(t)$ 单调可微，且 $\varphi'(t) \neq 0$.

通常把这种积分法叫作**第二换元积分法**.使用上式应注意，最后把结果要表示为 x 的函数，即变量 t 要转化为 x.

如何使换元后的积分易求呢？关键在于选函数 $x = \varphi(t)$. 换元积分法主要是解决被积函

数中带根号的一类积分,去掉根号是选函数的主要思路.下面通过例子介绍如何选取 $x=\varphi(t)$.

例 4.16 求 $\int\frac{1}{\sqrt{x}+\sqrt[3]{x}}\mathrm{d}x$.

解 计算这个积分的困难在于被积函数含有 $\sqrt{x}$ 和 $\sqrt[3]{x}$. 为了克服此困难,可令 $t=\sqrt[6]{x}$, 于是 $t^6=x$, 所以 $6t^5\mathrm{d}t=\mathrm{d}x$. 代入原积分,得

$$\begin{aligned}\int\frac{1}{\sqrt{x}+\sqrt[3]{x}}\mathrm{d}x&=\int\frac{6t^5\mathrm{d}t}{t^3+t^2}=6\int\frac{t^3+1-1}{t+1}\mathrm{d}t\\&=6\int\left[(t^2-t+1)-\frac{1}{t+1}\right]\mathrm{d}t\\&=6\left(\frac{t^3}{3}-\frac{t^2}{2}+t-\ln|t+1|\right)+C\\&=2\sqrt{x}-3\sqrt[3]{x}+6\sqrt[6]{x}-6\ln(\sqrt[6]{x}+1)+C.\end{aligned}$$

从引例 4.4 和例 4.16 可以看出:当被积函数含被开方因式为一次式的根式 $\sqrt[n]{ax+b}$ 时,令 $\sqrt[n]{ax+b}=t$; 当被积函数含根式 $\sqrt[n_1]{ax+b}$ 和 $\sqrt[n_2]{ax+b}$ 时,令 $\sqrt[n]{ax+b}=t$, 其中 n 是 n_1 与 n_2 的最小公倍数.从而消去根号,求得积分.

例 4.17 求 $\int\sqrt{a^2-x^2}\mathrm{d}x(a>0)$.

解 为了把被积函数的根号去掉,令 $x=a\sin t$, 则 $\mathrm{d}x=a\cos t\mathrm{d}t$, 所以 $\sqrt{a^2-x^2}=a\cos t$, 于是

$$\begin{aligned}\int\sqrt{a^2-x^2}\mathrm{d}x&=\int a\cos t\cdot a\cos t\mathrm{d}t=a^2\int\cos^2t\mathrm{d}t=\frac{a^2}{2}\int(1+\cos 2t)\mathrm{d}t\\&=\frac{a^2}{2}\left(t+\frac{1}{2}\sin 2t\right)+C=\frac{a^2}{2}(t+\sin t\cos t)+C.\end{aligned}$$

为了还回到原来的变量,由 $x=a\sin t$ 作直角三角形,见图 4.2,得 $\cos t=\frac{\sqrt{a^2-x^2}}{a}$, 所以

$$\int\sqrt{a^2-x^2}\mathrm{d}x=\frac{a^2}{2}\arcsin\frac{x}{a}+\frac{1}{2}x\sqrt{a^2-x^2}+C.$$

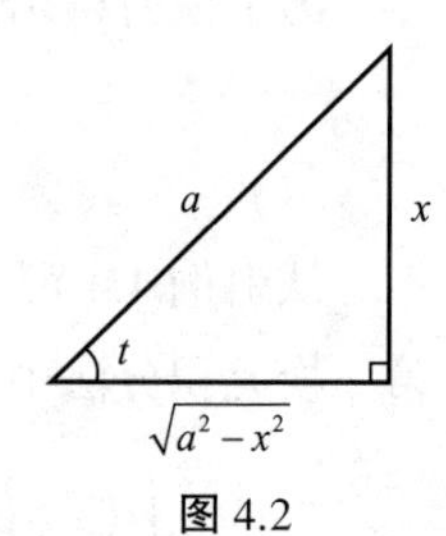

图 4.2

例 4.18 求 $\int\frac{1}{\sqrt{x^2+a^2}}\mathrm{d}x(a>0)$.

解 令 $x=a\tan t$, 则 $\mathrm{d}x=a\sec^2t\mathrm{d}t$, $\sqrt{x^2+a^2}=a\sec t$, 于是

$$\int\frac{1}{\sqrt{x^2+a^2}}\mathrm{d}x=\int\frac{a\sec^2t\mathrm{d}t}{a\sec t}=\int\sec t\mathrm{d}t=\ln|\sec t+\tan t|+C_1.$$

由 $x=a\tan t$ 作直角三角形,见图 4.3,得 $\sec t=\frac{\sqrt{x^2+a^2}}{a}$, 所以

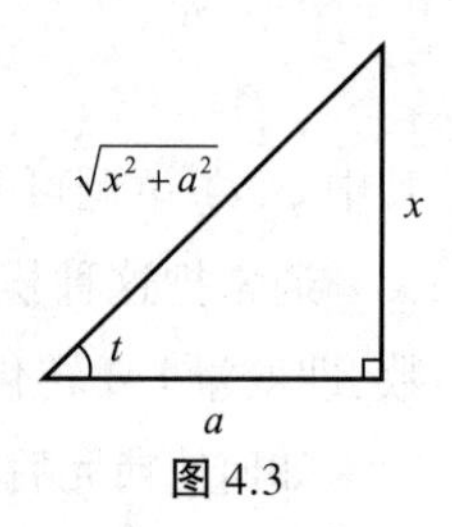

图 4.3

$$\int \frac{1}{\sqrt{x^2+a^2}}\mathrm{d}x = \ln\left|\frac{x}{a}+\frac{\sqrt{x^2+a^2}}{a}\right| + C_1 = \ln\left|x+\sqrt{x^2+a^2}\right| + C.$$

其中 $C = C_1 - \ln a$.

例 4.19　求 $\int \frac{1}{\sqrt{x^2-a^2}}\mathrm{d}x(a>0)$.

解　令 $x = a\sec t$，则 $\mathrm{d}x = a\sec t\tan t\mathrm{d}t$，$\sqrt{x^2-a^2} = a\tan t$，于是

$$\int \frac{1}{\sqrt{x^2-a^2}}\mathrm{d}x = \int \frac{a\sec t\tan t}{a\tan t}\mathrm{d}t = \int \sec t\mathrm{d}t = \ln\left|\sec t+\tan t\right| + C_1.$$

由 $x = a\sec t$ 作直角三角形，见图 4.4，得 $\tan t = \frac{\sqrt{x^2-a^2}}{a}$，所以

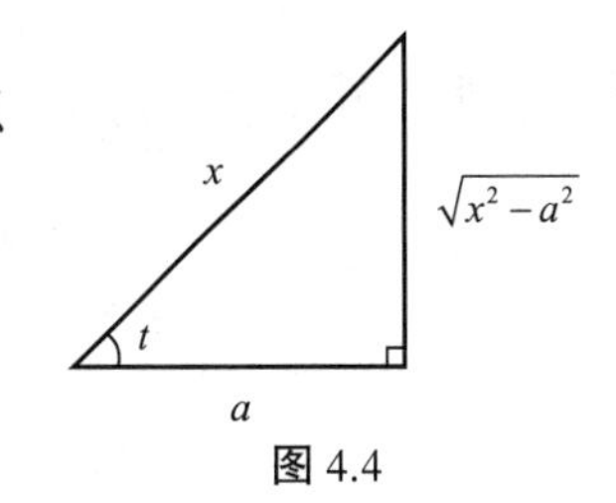

图 4.4

$$\int \frac{1}{\sqrt{x^2-a^2}}\mathrm{d}x = \ln\left|\frac{x}{a}+\frac{\sqrt{x^2-a^2}}{a}\right| + C_1$$

$$= \ln\left|x+\sqrt{x^2-a^2}\right| + C,$$

其中 $C = C_1 - \ln a$.

一般地，当被积函数含有：

(1) $\sqrt{a^2-x^2}$，可作代换 $x = a\sin t$；

(2) $\sqrt{x^2+a^2}$，可作代换 $x = a\tan t$；

(3) $\sqrt{x^2-a^2}$，可作代换 $x = a\sec t$.

通常称以上代换为三角代换，它是换元积分法的重要组成部分，换元积分法还适用于被积函数含有 $\sqrt{ax^2+bx+c}$ 的一些积分.这时，需先将 ax^2+bx+c 配方，然后作变量代换，便可将积分转化成上面所讲的三种类型的积分之一.

例 4.20　求 $\int \frac{\mathrm{d}x}{\sqrt{16x^2+8x+5}}$.

解　$$\int \frac{\mathrm{d}x}{\sqrt{16x^2+8x+5}} = \frac{1}{4}\int \frac{\mathrm{d}(4x+1)}{\sqrt{(4x+1)^2+4}} \xlongequal{4x+1=t} \frac{1}{4}\int \frac{\mathrm{d}t}{\sqrt{t^2+2^2}}$$

$$= \frac{1}{4}\ln\left|t+\sqrt{t^2+4}\right| + C$$

$$= \frac{1}{4}\ln\left|4x+1+\sqrt{16x^2+8x+5}\right| + C.$$

例 4.21　求 $\int \frac{1+x}{\sqrt{1-x^2}}\mathrm{d}x$.

解　$$\int \frac{1+x}{\sqrt{1-x^2}}\mathrm{d}x = \int \frac{1}{\sqrt{1-x^2}}\mathrm{d}x + \int \frac{x}{\sqrt{1-x^2}}\mathrm{d}x$$

$$= \arcsin x - \frac{1}{2}\int \frac{d(1-x^2)}{\sqrt{1-x^2}}$$

$$= \arcsin x - \sqrt{1-x^2} + C.$$

这说明有些被积函数带二次根式的也可用第一换元积分法解决.

例 4.22 某一太阳能的能量 f 相对于太阳能接触的表面面积 x 的变化率为 $\frac{df}{dx} = \frac{0.005}{\sqrt{0.01x+1}}$. 如果当 $x=0$ 时, $f=0$, 求 f 的表达式.

解 对 $\frac{df}{dx} = \frac{0.005}{\sqrt{0.01x+1}}$ 积分,得

$$f = \int \frac{0.005}{\sqrt{0.01x+1}}dx = \int \frac{0.005}{\sqrt{0.01x+1}} \cdot \frac{1}{0.01}d(0.01x+1)$$

$$= 0.5\int (0.01x+1)^{-\frac{1}{2}}d(0.01x+1) = 0.5 \cdot 2\,(0.01x+1)^{\frac{1}{2}} + C$$

$$= \sqrt{0.01x+1} + C.$$

将当 $x=0$ 时, $f=0$ 代入上式,得 $C=-1$. 所以

$$f = \sqrt{0.01x+1} - 1.$$

本节得到的一些积分结果常作公式使用,我们将它们列在下面,作为对基本公式的补充.

(14) $\int \tan x dx = -\ln|\cos x| + C$;

(15) $\int \cot x dx = \ln|\sin x| + C$;

(16) $\int \sec x dx = \ln|\sec x + \tan x| + C$;

(17) $\int \csc x dx = \ln|\csc x - \cot x| + C$;

(18) $\int \frac{dx}{a^2+x^2} = \frac{1}{a}\arctan\frac{x}{a} + C(a \neq 0)$;

(19) $\int \frac{dx}{a^2-x^2} = \frac{1}{2a}\ln\left|\frac{x+a}{x-a}\right| + C(a \neq 0)$

(20) $\int \frac{dx}{\sqrt{a^2-x^2}} = \arcsin\frac{x}{a} + C(a > 0)$;

(21) $\int \frac{dx}{\sqrt{x^2 \pm a^2}} = \ln\left|x + \sqrt{x^2 \pm a^2}\right| + C(a \neq 0)$.

练习题 4.2

1.填空题.

(1) $dx=$ ________ $d(9x)$；　(2) $dx=$ ________ $d(7x-3)$；

(3) $xdx=$ ________ $d(x^2)$；　(4) $xdx=$ ________ $d(5x^2)$；

(5) $e^{2x}dx=$ ________ de^{2x}；　(6) $e^{-\frac{x}{2}}dx=$ ________ $d(1+e^{-\frac{x}{2}})$；

(7) $\frac{dx}{x}=$ ________ $d(5\ln x)$；　(8) $\frac{dx}{1+9x^2}=$ ________ $d(\arctan 3x)$；

(9) $\frac{dx}{\sqrt{1-x^2}}=$ ________ $d(1-\arcsin x)$；　(10) $\frac{xdx}{\sqrt{1-x^2}}=$ ________ $d(\sqrt{1-x^2})$；

(11) $x^3dx=$ ________ $d(3x^4-2)$；　(12) $\sin\frac{3}{2}xdx=$ ________ $d\left(\cos\frac{3}{2}x\right)$.

2.若 $\int f(x)dx=F(x)+C$，则

(1) $\int e^x f(e^x)dx=$ __________；　(2) $\int \sin xf(\cos x)dx=$ __________；

(3) $\int xf(x^2+1)dx=$ __________；　(4) $\int \frac{1}{\sqrt{x}}f(-\sqrt{x})dx=$ __________.

3.选择题.

(1)设 $f(x)=e^{-x}$，则 $\int \frac{f'(\ln x)}{x}dx=$ (　　)；

A. $-\frac{1}{x}+C$　B. $\frac{1}{x}+C$

C. $\ln x+C$　D. $-\ln x+C$

(2)设 $f(x)$ 连续且不等于0，若 $\int xf(x)dx=\arcsin x+C$，则 $\int\frac{dx}{f(x)}=$ (　　)；

A. $\frac{2}{3}(1-x^2)^{\frac{3}{2}}+C$　B. $\frac{1}{3}(1-x^2)^{\frac{3}{2}}+C$

C. $-\frac{2}{3}(1-x^2)^{\frac{3}{2}}+C$　D. $-\frac{1}{3}(1-x^2)^{\frac{3}{2}}+C$

(3) $\int\frac{e^{3\sqrt{x}}}{\sqrt{x}}dx=$ (　　)；

A. $\frac{3}{2}e^{3\sqrt{x}}+C$　B. $\frac{2}{3}e^{3\sqrt{x}}+C$

C. $2e^{3\sqrt{x}}+C$　D. $3e^{3\sqrt{x}}+C$

(4)设 $F(x)$ 是 $f(x)$ 的一个原函数,则 $\int \frac{f(\ln x)}{x}\mathrm{d}x =$ ( );

A. $F(\ln x)+C$　　B. $F(\ln x)$　　C. $xF(\ln x)+C$　　D. $\frac{F(\ln x)}{x}+C$

(5)不定积分 $\int \frac{1}{1-2x}\mathrm{d}x =$ ( );

A. $\frac{1}{2}\ln|1-2x|+C$　　B. $\frac{1}{2}\ln(1-2x)+C$

C. $-\frac{1}{2}\ln|1-2x|+C$　　D. $-\frac{1}{2}\ln(1-2x)+C$

(6)已知 $\int f(x)\mathrm{d}x = x^3+C$, 则 $\int xf(1-x^2)\mathrm{d}x =$ ( ).

A. $(1-x^2)^3+C$　　B. $\frac{1}{2}(1-x^2)^3$

C. $\frac{1}{2}(1-x^2)^3+C$　　D. $-\frac{1}{2}(1-x^2)^3+C$

4.求下列不定积分:

(1) $\int \mathrm{e}^{5x}\mathrm{d}x$;　　(2) $\int (3-2x)^3\mathrm{d}x$;

(3) $\int \frac{\mathrm{d}x}{1-2x}$;　　(4) $\int \frac{\mathrm{d}x}{\sqrt[3]{2-3x}}$;

(5) $\int (\sin at - \mathrm{e}^{\frac{t}{b}})\mathrm{d}t$;　　(6) $\int \cos^2 3t\mathrm{d}t$;

(7) $\int \frac{\sin\sqrt{t}}{\sqrt{t}}\mathrm{d}t$;　　(8) $\int \tan^{10}x\sec^2 x\mathrm{d}x$;

(9) $\int \frac{\mathrm{d}x}{x\ln x\ln\ln x}$;　　(10) $\int \frac{\mathrm{d}x}{\sin x\cos x}$;

(11) $\int \frac{\mathrm{d}x}{\mathrm{e}^x+\mathrm{e}^{-x}}$;　　(12) $\int x\mathrm{e}^{-x^2}\mathrm{d}x$;

(13) $\int x\cos x^2\mathrm{d}x$;　　(14) $\int \frac{x\mathrm{d}x}{\sqrt{2-3x^2}}$;

(15) $\int \frac{3x^3}{1-x^4}\mathrm{d}x$;　　(16) $\int x^2\sqrt{1+x^3}\mathrm{d}x$;

(17) $\int \frac{\sin x\cos x}{1+\sin^4 x}\mathrm{d}x$;　　(18) $\int \frac{\sin x}{\cos^3 x}\mathrm{d}x$;

(19) $\int \frac{2x-1}{\sqrt{1-x^2}}\mathrm{d}x$;　　(20) $\int \frac{1-x}{\sqrt{9-4x^2}}\mathrm{d}x$;

(21) $\int \cos^3 x\mathrm{d}x$;

(22) $\int \frac{\sin x + \cos x}{\sqrt[3]{\sin x - \cos x}}\mathrm{d}x$;

(23) $\int \sin 2x\cos 3x\mathrm{d}x$;

(24) $\int \cos x\cos \frac{x}{2}\mathrm{d}x$;

(25) $\int \sin 5x\sin 7x\mathrm{d}x$;

(26) $\int \tan^3 x\sec x\mathrm{d}x$;

(27) $\int \frac{\arctan\sqrt{x}}{\sqrt{x}(1+x)}\mathrm{d}x$;

(28) $\int \frac{\mathrm{d}x}{(\arcsin x)^2\sqrt{1-x^2}}$;

(29) $\int \frac{1+\ln x}{(x\ln x)^2}\mathrm{d}x$;

(30) $\int \frac{x^2\mathrm{d}x}{\sqrt{a^2-x^2}}(a>0)$;

(31) $\int \frac{\sqrt{x^2-9}}{x}\mathrm{d}x$;

(32) $\int \frac{\mathrm{d}x}{\sqrt{(a^2-x^2)^3}}(a>0)$;

(33) $\int \frac{\mathrm{d}x}{\sqrt{(x^2+a^2)^3}}(a>0)$;

(34) $\int \frac{\mathrm{d}x}{\sqrt{(x^2-a^2)^3}}(a>0)$;

(35) $\int \frac{1}{x^2-3x-10}\mathrm{d}x$;

(36) $\int \frac{\sin(\sqrt{x}+1)}{\sqrt{x}}\mathrm{d}x$;

(37) $\int \frac{1}{x^2+5}\mathrm{d}x$;

(38) $\int \frac{\mathrm{d}x}{\sqrt{4-x^2}}$;

(39) $\int \frac{1}{1+\sqrt[3]{x}}\mathrm{d}x$;

(40) $\int \frac{\sqrt{1+x}}{1+\sqrt{1+x}}\mathrm{d}x$;

(41) $\int \frac{x}{\sqrt{1+x}}\mathrm{d}x$;

(42) $\int \frac{\sqrt{a^2-x^2}}{x}\mathrm{d}x$;

(43) $\int \frac{\sqrt{x^2-a^2}}{x}\mathrm{d}x$;

(44) $\int \frac{\mathrm{d}x}{x\sqrt{x^2-1}}$.

第三节　不定积分的分部积分法

上一节的换元积分法是求不定积分的一种常用的重要方法，但当被积函数是两种不同类型函数的乘积（如 $\int x^2\mathrm{e}^x\mathrm{d}x$，$\int \mathrm{e}^x\cos x\mathrm{d}x$ 等）时，换元积分法不一定有效，往往需要用下面所讲的分部积分法来解决.

引例 4.5　设函数 $u=u(x)$，$v=v(x)$ 具有连续导数，根据乘积微分公式有

$$\mathrm{d}(uv)=u\mathrm{d}v+v\mathrm{d}u.$$

移项，得

$$u\mathrm{d}v = \mathrm{d}(uv) - v\mathrm{d}u.$$

两边积分,得

$$\int u\mathrm{d}v = uv - \int v\mathrm{d}u.$$

该公式称为**分部积分公式**,它可以将求 $\int u\mathrm{d}v$ 的积分问题转化为求 $\int v\mathrm{d}u$ 的积分.当后面这个积分较容易求时,分部积分公式就会起到化难为易的作用.

下面通过例题说明如何应用分部积分公式.

例 4.23 求 $\int x\mathrm{e}^x\mathrm{d}x$.

解 求该积分的难点在于如何去掉被积函数中的 x. 若将 e^x"缩进"微分号中(凑微分),利用分部积分公式,转化后的新积分中对 x 进行一次微分,从而在被积函数中消去了因子 x,不定积分很容易被求出.

设 $u = x, \mathrm{d}v = \mathrm{e}^x\mathrm{d}x = \mathrm{d}(\mathrm{e}^x)$, 则

$$\int x\mathrm{e}^x\mathrm{d}x = \int x\mathrm{d}(\mathrm{e}^x) = x\mathrm{e}^x - \int \mathrm{e}^x\mathrm{d}x.$$

右端中的积分显然容易算出,于是

$$\int x\mathrm{e}^x\mathrm{d}x = x\mathrm{e}^x - \mathrm{e}^x + C.$$

注 本题若设 $u = \mathrm{e}^x, \mathrm{d}v = x\mathrm{d}x$, 则有 $\mathrm{d}u = \mathrm{e}^x\mathrm{d}x$ 及 $v = \frac{1}{2}x^2$, 代入公式后,得到

$$\int x\mathrm{e}^x\mathrm{d}x = \int \mathrm{e}^x\mathrm{d}\left(\frac{1}{2}x^2\right) = \frac{1}{2}x^2\mathrm{e}^x - \frac{1}{2}\int x^2\mathrm{e}^x\mathrm{d}x.$$

新得到的积分 $\int x^2\mathrm{e}^x\mathrm{d}x$ 反而比原积分更难求,说明这样设 $u,\mathrm{d}v$ 是不合适的.由此可见,运用好分部积分法的关键是恰当地选择 u 和 $\mathrm{d}v$, 一般要考虑如下两点:

(1) v 要容易求得(可用凑微分法求出);

(2) $\int v\mathrm{d}u$ 要比 $\int u\mathrm{d}v$ 容易积出.

例 4.24 求 $\int x\cos x\mathrm{d}x$.

解 设 $u = x, \mathrm{d}v = \cos x\mathrm{d}x = \mathrm{d}(\sin x)$, 则

$$\int x\cos x\mathrm{d}x = \int x\mathrm{d}(\sin x) = x\sin x - \int \sin x\mathrm{d}x = x\sin x + \cos x + C.$$

当熟悉分部积分法后, $u,\mathrm{d}v$ 及 $v,\mathrm{d}u$ 可心算完成,不必具体写出.

例 4.25 求 $\int x\ln x\mathrm{d}x$.

解 $\int x\ln x\mathrm{d}x = \int \ln x\mathrm{d}\left(\frac{1}{2}x^2\right) = \frac{1}{2}x^2\ln x - \int \frac{x^2}{2}\mathrm{d}(\ln x)$

$$= \frac{x^2}{2}\ln x - \frac{1}{2}\int x\mathrm{d}x = \frac{x^2}{2}\ln x - \frac{1}{4}x^2 + C.$$

从这些例子可以看到,应用分部积分法求不定积分时,关键步骤仍然是凑微分法,但这是“部分地凑微分”,即把被积函数中的一部分和 $\mathrm{d}x$ 凑成微分 $\mathrm{d}v$,使积分成为 $\int u\mathrm{d}v$ 的形式,如,例 4.23 中把 $\mathrm{e}^x\mathrm{d}x$ 凑成 $\mathrm{d}(\mathrm{e}^x)$,例 4.24 中把 $\cos x\mathrm{d}x$ 凑成 $\mathrm{d}(\sin x)$,例 4.25 中把 $x\mathrm{d}x$ 凑成 $\mathrm{d}\left(\frac{1}{2}x^2\right)$.

有些积分需要连续使用几次分部积分公式才能求出.

例 4.26　求 $\int x^2\mathrm{e}^x\mathrm{d}x$.

解

$$\begin{aligned}\int x^2\mathrm{e}^x\mathrm{d}x &= \int x^2\mathrm{d}(\mathrm{e}^x) = x^2\mathrm{e}^x - \int \mathrm{e}^x\mathrm{d}(x^2)\\ &= x^2\mathrm{e}^x - 2\int x\mathrm{e}^x\mathrm{d}x = x^2\mathrm{e}^x - 2\int x\mathrm{d}(\mathrm{e}^x)\\ &= x^2\mathrm{e}^x - 2\left(x\mathrm{e}^x - \int \mathrm{e}^x\mathrm{d}x\right)\\ &= x^2\mathrm{e}^x - 2x\mathrm{e}^x + 2\mathrm{e}^x + C\\ &= (x^2 - 2x + 2)\mathrm{e}^x + C.\end{aligned}$$

例 4.27　求 $\int \arcsin x\mathrm{d}x$.

解

$$\begin{aligned}\int \arcsin x\mathrm{d}x &= x\arcsin x - \int x\mathrm{d}(\arcsin x)\\ &= x\arcsin x - \int x\cdot\frac{1}{\sqrt{1-x^2}}\mathrm{d}x\\ &= x\arcsin x + \frac{1}{2}\int\frac{\mathrm{d}(1-x^2)}{\sqrt{1-x^2}}\\ &= x\arcsin x + \sqrt{1-x^2} + C.\end{aligned}$$

例 4.28　求 $\int \mathrm{e}^x\cos x\mathrm{d}x$.

解

$$\begin{aligned}\int \mathrm{e}^x\cos x\mathrm{d}x &= \int \cos x\mathrm{d}(\mathrm{e}^x) = \mathrm{e}^x\cos x + \int \mathrm{e}^x\sin x\mathrm{d}x\\ &= \mathrm{e}^x\cos x + \int \sin x\mathrm{d}(\mathrm{e}^x) = \mathrm{e}^x\cos x + \mathrm{e}^x\sin x - \int \mathrm{e}^x\cos x\mathrm{d}x.\end{aligned}$$

将再次出现的 $\int \mathrm{e}^x\cos x\mathrm{d}x$ 移至左边,合并后除以 2 得所求积分为

$$\int \mathrm{e}^x\cos x\mathrm{d}x = \frac{1}{2}\mathrm{e}^x(\sin x + \cos x) + C.$$

注　在把右边的积分项 $\int \mathrm{e}^x\cos x\mathrm{d}x$ 移到左边,最后整理得不定积分 $\int \mathrm{e}^x\cos x\mathrm{d}x$ 的结果

时,应加上任意常数C.这是因为不定积分是原函数的集合,与代数运算并不完全一致,其本身包含一个任意常数,上述形式运算可理解为只是求出了一个原函数,而作为不定积分应是其一个原函数再加上任意常数.也就是说,脱掉积分符号就应增加一个任意常数.

小结 下述几种类型积分,均可用分部积分公式求解,且 u,dv 的设法有规律可循.

(1) $\int x^n e^{ax}dx$, $\int x^n \sin ax dx$, $\int x^n \cos ax dx$, 可设 $u = x^n$;

(2) $\int x^n \ln x dx$, $\int x^n \arcsin x dx$, $\int x^n \arctan x dx$, 可设 $u = \ln x$, $\arcsin x$, $\arctan x$;

(3) $\int e^{ax}\sin bx dx$, $\int e^{ax}\cos bx dx$, 可设 $u = \sin bx, \cos bx$.

注 常数也视为幂函数.

在上述情况中,把 x^n 换为多项式时仍成立.

对于情况(3),也可设 $u = e^{ax}$,但一经选定,再次分部积分时,必须仍按原来的选择,否则会出现循环计算的情形.

例4.29 某工厂排出大量废气,造成了严重的空气污染,于是工厂通过减产来控制废气的排放量.若第 t 年的排放量为 $C(t)=\dfrac{20\ln(t+1)}{(t+1)^2}$,求该厂排出的总废气量函数.

解 总废气量函数为

$$W=\int C(t)dt=\int\frac{20\ln(t+1)}{(t+1)^2}dt=20\int\ln(t+1)d\left(-\frac{1}{t+1}\right)$$

$$=20\left[\ln(t+1)\cdot\left(-\frac{1}{t+1}\right)+\int\frac{1}{t+1}d\ln(t+1)\right]$$

$$=-\frac{20}{t+1}\ln(t+1)+20\int\frac{1}{(t+1)^2}dt$$

$$=-\frac{20}{t+1}\ln(t+1)-\frac{20}{t+1}+C.$$

例4.30 求 $\int\ln(x+\sqrt{1+x^2})dx$.

解
$$\int\ln(x+\sqrt{1+x^2})dx=x\ln(x+\sqrt{1+x^2})-\int xd\left[\ln(x+\sqrt{1+x^2})\right]$$

$$=x\ln(x+\sqrt{1+x^2})-\int\frac{x}{\sqrt{1+x^2}}dx$$

$$=x\ln(x+\sqrt{1+x^2})-\frac{1}{2}\int(1+x^2)^{-\frac{1}{2}}d(1+x^2)$$

$$=x\ln(x+\sqrt{1+x^2})-\sqrt{1+x^2}+C.$$

一般地,当被积函数只有一个因子而又不适于用换元积分法时,可从分部积分法入手.

例 4.31　求 $\int e^{\sqrt{x}}dx$.

解　$\int e^{\sqrt{x}}dx \xlongequal{\sqrt{x}=t} \int 2te^t dt = 2\int t d(e^t) = 2\left[te^t - \int e^t dt\right]$

$= 2te^t - 2e^t + C = 2\sqrt{x}e^{\sqrt{x}} - 2e^{\sqrt{x}} + C.$

本题先作变量代换,后用分部积分法,是两者的联手.

上面介绍的凑微分法、换元积分法和分部积分法是积分的基本方法,虽然解决了一些积分的计算问题,但仍有大量积分用这些方法无法解决,如 $\int e^{-x^2}dx$,$\int \frac{\sin x}{x}dx$,$\int \frac{dx}{\ln x}$ 等,它们的积分虽然存在,却不能用初等函数表达所求的原函数,这时称为"积不出",在实际应用中对于这种积分常采用数值积分法.

在工程技术问题中,我们还可以借助查积分表来求一些较复杂的不定积分,也可以利用数学软件包在计算机上求原函数.

例 4.32　在电力需求的电涌时期,消耗电能的速度 r 可以近似地表示为 $r = te^{-t}$.求消耗的电能函数 E(提示:电能 $E = \int r dt$).

解　由电学知识知,电能

$$E = \int r dt = \int te^{-t}dt = \int t \cdot (-1) de^{-t}$$

$$= (-t)e^{-t} - \int e^{-t}d(-t) = -te^{-t} - e^{-t} + C.$$

练习题 4.3

求下列不定积分:

(1) $\int x\sin x dx$;　　(2) $\int \ln x dx$;

(3) $\int \arcsin x dx$;　　(4) $\int xe^{-x}dx$;

(5) $\int x^2\ln x dx$;　　(6) $\int x\ln(x-1)dx$;

(7) $\int \ln \frac{x}{2}dx$;　　(8) $\int x\cos \frac{x}{2}dx$;

(9) $\int x^2\arctan x dx$;　　(10) $\int x\tan^2 x dx$;

(11) $\int x^2\cos x dx$;　　(12) $\int te^{-2t}dt$;

(13) $\int \ln(x+\sqrt{x^2+1})dx$;　　(14) $\int (\ln x)^2 dx$;

(15) $\int(x^2-1)\sin 2x\mathrm{d}x$;

(16) $\int x\sin x\cos x\mathrm{d}x$;

(17) $\int x\cos^2 x\mathrm{d}x$;

(18) $\int x^2\cos^2\frac{x}{2}\mathrm{d}x$;

(19) $\int(\arcsin x)^2\mathrm{d}x$;

(20) $\int\frac{(\ln x)^3}{x^2}\mathrm{d}x$;

(21) $\int \mathrm{e}^{\sqrt[3]{x}}\mathrm{d}x$;

(22) $\int \mathrm{e}^{-x}\cos x\mathrm{d}x$;

(23) $\int \mathrm{e}^{-2x}\sin\frac{x}{2}\mathrm{d}x$;

(24) $\int x\mathrm{e}^{2x}\mathrm{d}x$;

(25) $\int x\cos 2x\mathrm{d}x$;

(26) $\int x\arctan x\mathrm{d}x$;

(27) $\int x^2\mathrm{e}^{-x}\mathrm{d}x$;

(28) $\int x^2\sin x\mathrm{d}x$;

(29) $\int x\sin^2 x\mathrm{d}x$;

(30) $\int\cos\sqrt{x}\,\mathrm{d}x$.

第四节　有理函数的积分

一、有理函数

有理函数又称**有理分式**,是指由两个多项式的商所表示的函数,即具有下列形式的函数:

$$\frac{P(x)}{Q(x)}=\frac{a_0x^n+a_1x^{n-1}+\cdots+a_{n-1}x+a_n}{b_0x^m+b_1x^{m-1}+\cdots+b_{m-1}x+b_m},$$

其中,m 和 n 都是非负整数,$a_0,a_1,\cdots,a_n$ 及 $b_0,b_1,\cdots,b_m$ 都是实数,且 $a_0b_0\neq 0$.

如 $\frac{1}{2x+1}$,$\frac{x^5+9x^2-1}{x^2+x+2}$,等等.当分子次数低于分母次数时,叫**有理真分式**;当分子次数不低于分母次数时,叫**有理假分式**.有理假分式总可以利用多项式除法化为整式与真分式之和,例如

$$\frac{x^3+x+1}{x^2+1}=x+\frac{1}{x^2+1}.$$

二、有理函数的积分

由于多项式的积分易于计算,因而我们以下主要讨论真分式的积分问题.为讨论方便,我们总假定所讨论的真分式的分子与分母没有公因式(否则可先约分化简).采用的主要方法是将真分式分解为若干个不能再分解的简单分式之和,再分项积分.这种方法叫**部分分**

式法.

利用代数学的知识,可以证明下列结论:

(1)可把实系数多项式在实数范围内分解为一次与二次不可约因式之积;

(2)若有理真分式的分母含有因式 $(x-a)^n$, 则该真分式的分解式中含有如下形式的项:

$$\frac{A_1}{x-a}+\frac{A_2}{(x-a)^2}+\cdots+\frac{A_n}{(x-a)^n},$$

其中 $A_i(i=1,2,\cdots,n)$ 为常数.

(3)若有理真分式的分母含有因式 $(x^2+px+q)^k(p^2-4q<0)$, 则该真分式的分解式中含有如下项:

$$\frac{M_1x+N_1}{x^2+px+q}+\frac{M_2x+N_2}{(x^2+px+q)^2}+\cdots+\frac{M_kx+N_k}{(x^2+px+q)^k},$$

其中 $M_i,N_i(i=1,2,\cdots,k)$ 为常数.

由上述结论可知,真分式总可化为以下两类简单分式的代数和:

(1) $\dfrac{A}{(x-a)^s}$;　　　　(2) $\dfrac{Mx+N}{(x^2+px+q)^r}$.

因而有理分式的积分问题最终可归结为对这两类分式的积分.

例 4.33　将 $\dfrac{1}{x(x-1)^2}$ 分解为部分分式,并求 $\displaystyle\int\frac{\mathrm{d}x}{x(x-1)^2}$.

解　分母为 $x(x-1)^2$, 可设

$$\frac{1}{x(x-1)^2}=\frac{A}{x}+\frac{B}{x-1}+\frac{C}{(x-1)^2},$$

两边同乘以 $x(x-1)^2$, 有

$$\begin{aligned}1&=A(x-1)^2+Bx(x-1)+Cx\\&=(A+B)x^2+(C-2A-B)x+A.\end{aligned}$$

上式为恒等式,故对应项系数相等.比较同类项系数,得

$$\begin{cases}A+B=0,\\C-2A-B=0,\\A=1.\end{cases}$$

解此方程组,得

$$A=1,B=-1,C=1.$$

故
$$\frac{1}{x(x-1)^2}=\frac{1}{x}-\frac{1}{x-1}+\frac{1}{(x-1)^2}.$$

右端即所求部分分式.两边积分,得

$$\int \frac{dx}{x(x-1)^2} = \int \left(\frac{1}{x} - \frac{1}{x-1} + \frac{1}{(x-1)^2} \right) dx$$
$$= \ln|x| - \ln|x-1| - \frac{1}{x-1} + C.$$

例 4.34 求 $\int \frac{x}{x^3 - x^2 + x - 1} dx$.

解 先将被积函数化为部分分式.由于

$$x^3 - x^2 + x - 1 = (x-1)(x^2+1),$$

故设

$$\frac{x}{x^3 - x^2 + x - 1} = \frac{A}{x-1} + \frac{Bx + C}{x^2 + 1}.$$

我们采用另一种方法来求待定系数 A,B,C, 将上式去分母,得

$$x = A(x^2+1) + (Bx + C)(x-1).$$

上式为恒等式.取 $x=1$,得 $A=\frac{1}{2}$;再取 $x=0$,得 $C=\frac{1}{2}$;最后取 $x=2$,得 $B=-\frac{1}{2}$.故

$$\frac{x}{x^3 - x^2 + x - 1} = \frac{1}{2(x-1)} - \frac{x-1}{2(x^2+1)}.$$

上式两端积分,得

$$\int \frac{x}{x^3 - x^2 + x - 1} dx = \frac{1}{2} \int \left(\frac{1}{x-1} - \frac{x}{x^2+1} + \frac{1}{x^2+1} \right) dx$$
$$= \frac{1}{2}\ln|x-1| - \frac{1}{4}\ln(x^2+1) + \frac{1}{2}\arctan x + C.$$

由以上的例题可以看出,有理函数积分的主要思路是:

(1)假分式化为整式加真分式;

(2)真分式化为部分分式;

(3)逐项积分.

不过,由于化部分分式的运算较烦琐,因而上述用待定系数法进行真分式分解的做法常不是最好的方法.

例如,积分 $\int \frac{x^2}{(x-1)^{10}} dx$ 是有理函数的积分,用部分分式法进行分解运算则很烦琐,但若令 $x-1=t$ 作换元,由于 $x^2=(t+1)^2$, $dx=dt$, 则很容易求出积分(请读者自己完成).

又如,对积分 $\int \frac{2x^2-5}{x^4-5x^2+6} dx$, 若用前述理论将被积函数化为部分分式,运算将相当复杂,但

$$\frac{2x^2-5}{x^4-5x^2+6} = \frac{x^2-2+x^2-3}{(x^2-2)(x^2-3)} = \frac{1}{x^2-3} + \frac{1}{x^2-2},$$

再用积分公式(19)即可方便地求出积分.

因此,在求有理函数积分时不要机械地运用前述理论,而应灵活运用各种积分和化简方法.

练习题 4.4

求下列不定积分:

(1) $\int \frac{dx}{4-x^2}$;　　(2) $\int \frac{x^3}{x+3}dx$;

(3) $\int \frac{x^3}{9+x^2}dx$;　　(4) $\int \frac{x+1}{x^2(x-1)}dx$;

(5) $\int \frac{dx}{(x+1)(x-2)}$;　　(6) $\int \frac{2x+3}{x^2+3x-10}dx$;

(7) $\int \frac{3}{x^3+1}dx$;　　(8) $\int \frac{x^2+1}{(x+1)^2(x-1)}dx$;

(9) $\int \frac{x}{(x+1)(x+2)(x+3)}dx$.

【本章小结】

一、本章主要内容与重点

本章主要内容:原函数与不定积分的概念和性质,基本积分公式,第一类换元积分法,第二类换元积分法,分部积分法,有理函数的积分.

重点　原函数与不定积分的概念,两类换元积分法,分部积分法,有理函数的积分.

二、学习指导

熟练掌握基本积分公式是学好不定积分的基础.第一类换元积分法是本章的难点,熟悉第二类换元积分法和熟练掌握分部积分法可以扩大求解不定积分的范围.

求不定积分与求导数相比有较大的灵活性,只有通过大量解题才能逐步掌握其解法.学习时要善于根据被积函数特点,用类比、归纳的方法,总结所解习题规律,只要肯下功夫,不定积分一定能学好,以便为以后学习积分学其他知识打下坚实基础.

(一)原函数与不定积分的概念与性质

(1)如果在区间 I 上,可导函数 $F(x)$ 的导函数为 $f(x)$, 即对任一 $x \in I$, 都有

$$F'(x)=f(x) \text{ 或 } \mathrm{d}F(x)=f(x)\mathrm{d}x,$$

那么称函数 $F(x)$ 为函数 $f(x)$ 在区间 I 内的一个原函数.

有时可根据定义来验证 $F(x)$ 是否为 $f(x)$ 的原函数.

(2)在区间 I 上,函数 $f(x)$ 的全体原函数 $F(x)+C$ 称为 $f(x)$ 在区间 I 上的不定积分,记作 $\int f(x)\mathrm{d}x$, 即

$$\int f(x)\mathrm{d}x = F(x) + C.$$

利用不定积分的几何意义,可求满足某些条件的积分曲线族或特殊曲线等.

(二)不定积分的计算方法

1.直接积分法

利用基本积分公式或经过简单变换后,用基本积分公式计算不定积分.

直接或间接地利用基本积分公式求不定积分,务必认真练习,以望达到十分熟练的程度.

2.两类换元积分法

(1)第一类换元积分法.

在熟记基本积分公式的基础上利用凑微分法求不定积分.

熟练掌握某些微分公式对于使用凑微分法求不定积分是很有帮助的,这些微分公式在第二节中已列出,请读者熟记.

(2)第二类换元积分法.

主要介绍了根式代换和三角代换.

要在熟记基本积分公式的基础上多做练习,积累经验,辨清两种换元积分法的实质,熟练掌握这一重要的积分方法.

3.分部积分法

分部积分法是不定积分的基本方法之一,主要用于被积函数是两个不同的基本初等函数的乘积的情形.

实施分部积分的关键是正确选择 u 与 $\mathrm{d}v$,使得转换后的不定积分 $\int u\mathrm{d}v$ 比原先的积分 $\int v\mathrm{d}u$ 容易计算.一个经验性的方法在第三节中已给出,请读者参阅.

(三)有理函数的不定积分

了解有理函数的不定积分,提高计算各类不定积分的能力也是十分必要的.本课程只要求读者计算较简单的习题.

最后,还需说明两点:

(1)积分的计算远比导数运算复杂,为使用方便,往往把常用的积分公式汇集成表,以便查阅.

(2)尽管初等函数在其连续区间上一定存在原函数,但有的原函数不一定能用初等函数表示,如 $\int e^{-x^2}dx$, $\int \frac{\sin x}{x}dx$, $\int \sin x^2 dx$ 等.

习题四

1.填空题.

(1) $x+\sin x$ 的一个原函数是__________,而__________的原函数是 $x+\sin x$;

(2)若 $f(x)$ 的一个原函数为 $\ln x$, 则 $f'(x)=$__________;

(3)设 $\int f(x)dx = 2^x + \cos x + C$, 则 $f(x)=$__________;

(4)设 $f'(x^2)=\frac{1}{x}(x>0)$, 则 $f(x)=$__________;

(5)设函数 $f(x)$ 连续,则 $d\int xf(x^2)dx=$__________;

(6)如果 $\int f(x)e^{-\frac{1}{x}}dx=-e^{-\frac{1}{x}}+C$ 成立,则 $f(x)=$__________;

(7)若 $\int f(x)dx=-\cos x+C$, 则 $\int f'(x)dx=$__________;

(8)不定积分 $\int \frac{1}{\cos^2 x\sqrt{\tan x}}dx=$__________.

2.选择题.

(1)若 $f'(x)=g'(x)$, 则下列式子一定成立的是(　　);

A. $f(x)=g(x)$　　B. $\int df(x)=\int dg(x)$

C. $(\int f(x)dx)'=(\int g(x)dx)'$　　D. $f(x)=g(x)+1$

(2)若 $f(x)$ 的一个原函数为 $\ln 2x$,则 $f'(x)=$(　　);

A. $2x\ln(2x)$　　B. $\ln 2x$　　C. $\frac{1}{x}$　　D. $-\frac{1}{x^2}$

(3)若 $f(x)$ 的一个原函数为 $\cos x$,则 $\int f'(x)dx=$(　　);

A. $-\sin x+C$　　B. $\sin x+C$　　C. $-\cos x+C$　　D. $\cos x+C$

(4)设$f(x)$是连续函数,且$\int f(x)\mathrm{d}x = F(x) + C$,则下列各式正确的是(　　);

A. $\int f(x^2)\mathrm{d}x = F(x^2) + C$　　B. $\int f(3x+2)\mathrm{d}x = F(3x+2) + C$

C. $\int f(\mathrm{e}^x)\mathrm{d}x = F(\mathrm{e}^x) + C$　　D. $\int f(\ln 2x)\cdot \frac{1}{x}\mathrm{d}x = F(\ln 2x) + C$

(5)下列函数在区间$(0,+\infty)$内的原函数为$\ln 2x + C$(C为某个常数)的是(　　);

A. $\frac{1}{x}$　　B. $\frac{2}{x}$　　C. $\frac{1}{2^x}$　　D. $\frac{1}{2x}$

(6)连续函数$f(x)$的不定积分是$f(x)$的(　　);

A.任意一个原函数　B.全体原函数　C.某一个原函数　D.唯一原函数

(7)设函数$f(x)$的导数是$a^x(a>0,a\neq 1)$,则$f(x)$的全体原函数是(　　);

A. $\frac{a^x}{\ln a} + C$　　B. $\frac{a^x}{\ln^2 a} + C$　　C. $\frac{a^x}{\ln^2 a} + C_1x + C_2$　　D. $a^x\ln^2 a + C_1x + C_2$

(8)已知函数$f(x)$的一个原函数为$\sqrt{x+1}$,则$f'(x)=$(　　);

A. $-\frac{1}{2}(x+1)^{-\frac{3}{2}}$　　B. $-\frac{1}{4}(x+1)^{-\frac{3}{2}}$　　C. $\frac{1}{2}(x+1)^{-\frac{3}{2}}$　　D. $\frac{1}{4}(x+1)^{-\frac{3}{2}}$

(9) $\int \sin x\cos x\mathrm{d}x =$(　　).

A. $\cos^2 x + C$　　B. $\sin^2 x + C$　　C. $\frac{1}{2}\cos^2 x + C$　　D. $\frac{1}{2}\sin^2 x + C$

3.设$\int f(x)\mathrm{d}x = F(x) + C$,写出下列各题的答案:

(1) $\int \mathrm{e}^{-x}f(\mathrm{e}^{-x})\mathrm{d}x$;　　(2) $\int f(\sqrt{x})\cdot\frac{\mathrm{d}x}{\sqrt{x}}$;

(3) $\int f(\ln x)\frac{\mathrm{d}x}{x}$;　　(4) $\int \cos xf(\sin x)\mathrm{d}x$.

4.设$\int f(x)\mathrm{d}x = x^2 + C$,求$\int xf(1-x^2)\mathrm{d}x$.

5.求下列不定积分:

(1) $\int \cos(3x+4)\mathrm{d}x$;　　(2) $\int \mathrm{e}^{2x}\mathrm{d}x$;

(3) $\int (1+x)^n\mathrm{d}x$;　　(4) $\int 2^{2x+3}\mathrm{d}x$;

(5) $\int \frac{x}{\sqrt{1-x^2}}\mathrm{d}x$;　　(6) $\int \frac{\mathrm{d}x}{x\ln x}$;

(7) $\int \frac{x^3}{x^8-2}\mathrm{d}x$;　　(8) $\int \frac{\mathrm{d}x}{\sin x\cos x}$;

(9) $\int \sqrt{1-x^2}\arcsin x\mathrm{d}x$;

(10) $\int \frac{\ln x}{x^3}\mathrm{d}x$;

(11) $\int x\ln x\mathrm{d}x$;

(12) $\int \arctan\sqrt{x}\mathrm{d}x$;

(13) $\int \frac{\sqrt{x}-2\sqrt[3]{x}-1}{\sqrt[4]{x}}\mathrm{d}x$;

(14) $\int x\cdot\arcsin x\mathrm{d}x$;

(15) $\int \cos(\ln x)\mathrm{d}x$;

(16) $\int \mathrm{e}^x\sin^2 x\mathrm{d}x$;

(17) $\int \frac{x^3+2x^2+3}{x^2+x-2}\mathrm{d}x$;

(18) $\int \frac{9x+13}{(x-3)(x^2+2x+5)}\mathrm{d}x$;

(19) $\int \frac{x^2-5x+12}{(x+1)(x-2)^2}\mathrm{d}x$;

(20) $\int \frac{1}{x^4-1}\mathrm{d}x$;

(21) $\int \cos 3x\mathrm{d}x$;

(22) $\int x(4+x^2)^{10}\mathrm{d}x$;

(23) $\int x^2\sqrt{x^3+1}\mathrm{d}x$;

(24) $\int \mathrm{e}^{\sin\theta}\cos\theta\mathrm{d}\theta$;

(25) $\int (3x-2)^{20}\mathrm{d}x$;

(26) $\int \frac{x}{x^2+1}\mathrm{d}x$;

(27) $\int \frac{\sqrt{x+4}}{x}\mathrm{d}x$;

(28) $\int \frac{1}{x\sqrt{x+1}}\mathrm{d}x$;

(29) $\int \frac{1}{\sqrt{x}-\sqrt[3]{x}}\mathrm{d}x$;

(30) $\int \frac{\sqrt{x}}{x^2+x}\mathrm{d}x$;

(31) $\int \frac{1}{x^2\sqrt{x^2-9}}\mathrm{d}x$;

(32) $\int x^3\sqrt{9-x^2}\mathrm{d}x$;

(33) $\int \frac{x^3}{\sqrt{x^2+9}}\mathrm{d}x$;

(34) $\int u\sqrt{5-u^2}\mathrm{d}u$;

(35) $\int \theta\sec^2\theta\mathrm{d}\theta$;

(36) $\int x\cos 5x\mathrm{d}x$;

(37) $\int \sin\sqrt{x}\mathrm{d}x$;

(38) $\int x^5\mathrm{e}^{x^2}\mathrm{d}x$;

(39) $\int \frac{1}{\sqrt{\mathrm{e}^x+1}}\mathrm{d}x$;

(40) $\int \frac{1}{1+\mathrm{e}^x}\mathrm{d}x$.

6.某曲线通过点(1,3)且在任一点处的切线斜率等于该点横坐标立方的4倍,求该曲线的方程.

7.已知一物体做直线运动,其加速度为 $a=12t^2-3\sin t$,且当 $t=0$ 时,$v=5,s=3$,求:

(1)速度 v 与时间 t 的函数关系式;

(2)路程 s 与时间 t 的函数关系式.

8.已知$f(x)$的一个原函数为$\frac{\sin x}{x}$，证明$\int xf'(x)\mathrm{d}x=\cos x-\frac{2\sin x}{x}+C$.

9.某种商品一年中的销售速度为$v(t)=100+100\sin\left(2\pi t-\frac{\pi}{2}\right)$（$t$的单位：月），求此商品的销售函数.（提示：销售函数$P=\int v(t)\mathrm{d}t$.）

10.一电场中质子运动的加速度为$a=-15(1+3t)^{-2}$（单位：$\mathrm{m/s^2}$）.如果$t=0$时，$v=0.5\ \mathrm{m/s}$.求该质子的运动速度.

【阅读材料】

中国古典数学理论的奠基人——刘徽

刘 徽

刘徽，魏晋期间伟大的数学家，中国传统数学理论的奠基者.淄乡（今山东邹平）人.生平不详.在中国数学史上作出了极大的贡献，三国魏景元四年（263年）撰《九章算术注》10卷，其第十卷“重差”为自撰自注，后以《海岛算经》为名单行。《九章算术注》和《海岛算经》是中国宝贵的数学遗产.

刘徽思维敏捷，方法灵活，既提倡推理又主张直观.他是中国最早明确主张用逻辑推理的方式来论证数学命题的人.刘徽的一生是为数学刻苦探求的一生，他给我们中华民族留下了宝贵的财富.2021年5月，国际天文学联合会批准中国在嫦娥五号降落地点附近月球地貌的命名，刘徽（Liu Hui）为八个地貌地名之一.

刘徽在数学上的贡献极多：在开方不尽的问题中提出求“徽数”的方法，该方法与后来求无理根的近似值的方法一致，它不仅是圆周率精确计算的必要条件，而且促进了十进制小数的产生；在线性方程组解法中，他创造了比直除法更简便的互乘相消法，与现今解法基本一致；并在中国数学史上第一次提出了“不定方程问题”；他还建立了等差级数前n项和公式；提出并定义了许多数学概念，如幂（面积）、方程（线性方程组）、正负数等.刘徽还提出了许多公认正确的判断作为证明的前提.他的大多数推理、证明都合乎逻辑，十分严谨，从而把《九章算术》及他自己提出的解法、公式建立在必然性的基础之上.虽然刘徽没有写出自成体系的著作，但他注《九章算术》所运用的数学知识，实际上已经形成了一个独具特色、包括概念和判断，并以数学证明为其联系纽带的理论体系.

刘徽在割圆术中提出的“割之弥细，所失弥少，割之又割，以至于不可割，则与圆合体而无所失矣”，可视为中国古代极限观念的佳作.《海岛算经》一书中，刘徽精心选编了九个测量问题，这些题目的创造性、复杂性和代表性，都在当时为西方所瞩目.

第五章　定积分及其应用

任何一个人,都要必须养成自学的习惯,即使是今天在学校的学生,也要养成自学的习惯,因为迟早总要离开学校的！自学,就是一种独立学习、独立思考的能力.行路,还是要靠行路人自己.

——华罗庚

【学习目标】

1.理解定积分的概念,了解定积分的性质.

2.理解变上限函数的意义与性质.

3.熟练掌握牛顿-莱布尼茨公式.

4.熟练掌握定积分的换元法与分部积分法.

5.了解广义积分的概念,会计算广义积分.

6.能正确地用定积分来表达一些几何量和物理量(面积、体积、功等).

定积分是微积分学的重要内容之一,它和不定积分有着密切的内在联系,定积分的运算主要是通过不定积分来解决的.本章将从几何和力学问题引进定积分的定义,然后讨论它的性质、计算方法及其应用.

第一节　定积分的概念与性质

一、两个引例

(一)曲边梯形的面积

在初等数学中,我们学习了一些简单的平面封闭图形(如三角形、圆等)的面积计算,但实际问题中出现的图形常具有不规则的“曲边”,我们将怎样来计算它们的面积呢？下面以曲边梯形为例来讨论这个问题.

引例 5.1　设函数 $y=f(x)$ 在 $[a,b]$ 上连续.由曲线 $y=f(x)$,直线 $x=a$, $x=b$, x 轴所围成的图形称为**曲边梯形**(见图 5.1).为讨论方便,假定 $f(x)\geqslant 0$.

由于曲线 $y=f(x)$ 上的点的纵坐标在不断变化,整个面积的计算有困难.困难在于曲边梯形的高是变化的.当 x 在区间 $[a,b]$ 某处变化很小时,则相应的高 $f(x)$ 也就变化不大.基于这种想法,可以用一组平行于 y 轴的直线把曲边梯形分割成若干个小曲边梯形,分割得越细,则每个小曲边梯形的高 $f(x)$ 的变化就越小.这样,可以在每个小曲边梯形上作一个与它同底、底上某点的函数值为高的小矩形,用小矩形的面积近似代替小曲边梯形的面积,进而用所有的小矩形面积之和近似代替整个曲边梯形的面积,如图 5.1 所示.显然,分割得越细,近似的程度越高,当无限细分时,则所有小矩形面积之和就是曲边梯形面积的精确值.

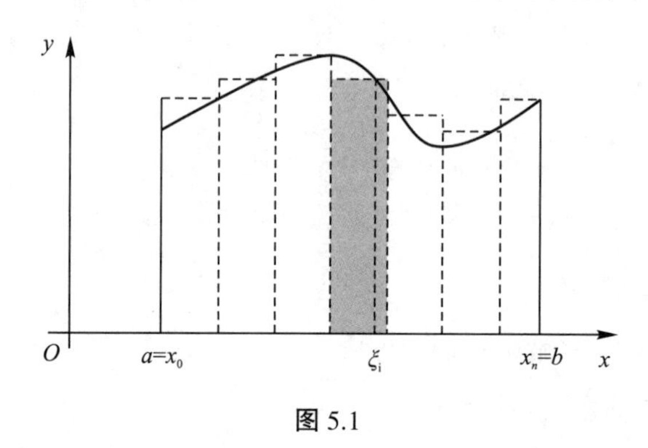

图 5.1

根据以上分析,可按下面四步计算曲边梯形面积 A.

1.分割

在区间 $[a,b]$ 内任意插入 $n-1$ 个分点:

$$a=x_0<x_1<x_2<\cdots<x_{i-1}<x_i<\cdots<x_{n-1}<x_n=b,$$

把区间 $[a,b]$ 分成 n 个小区间:

$$[x_0,x_1],[x_1,x_2],\cdots,[x_{i-1},x_i],\cdots,[x_{n-1},x_n].$$

这些小区间的长度分别记为 $\Delta x_i=x_i-x_{i-1}$, $i=1,2,\cdots,n$. 过每一分点作平行于 y 轴的直线,它们把曲边梯形分成 n 个小曲边梯形.

2.近似代替

在每个小区间 $[x_{i-1},x_i]\,(i=1,2,\cdots,n)$ 上任取一点 $\xi_i\,(x_{i-1}\leqslant\xi_i\leqslant x_i)$,以 $f(\xi_i)$ 为高、Δx_i 为底作小矩形,用小矩形面积 $f(\xi_i)\Delta x_i$ 近似代替相应的小曲边梯形面积 A_i,即

$$A_i\approx f(\xi_i)\Delta x_i\ (i=1,2,\cdots,n).$$

3.求和

把 n 个小矩形面积加起来,得和式 $\sum\limits_{i=1}^{n}f(\xi_i)\Delta x_i$,它就是曲边梯形面积的近似值,即

$$A=\sum_{i=1}^{n}A_i\approx\sum_{i=1}^{n}f(\xi_i)\Delta x_i.$$

4.取极限

当分点个数 n 无限增加时,且小区间长度的最大值 $\lambda = \max\limits_{1\leqslant i\leqslant n}\Delta x_i$ 趋近于0时,上述和式的极限就是曲边梯形面积的精确值,即

$$A = \lim_{\lambda\to 0}\sum_{i=1}^{n} f(\xi_i)\Delta x_i.$$

(二)变速直线运动的路程

引例 5.2　设一物体做直线运动,已知速度 $v = v(t)$ 是时间 t 的连续函数,求在时间间隔 $[T_1,T_2]$ 上物体所经过的路程 s.

物体做变速直线运动时不能像匀速直线运动那样用速度乘时间求其路程,因为速度是变化的.但是由于速度是连续变化的,只要 t 在 $[T_1,T_2]$ 内某点处变化很小,相应的速度 $v = v(t)$ 也就变化不大.因此,完全可以用类似于求曲边梯形面积的方法来计算路程 s.

1.分割

在时间间隔 $[T_1,T_2]$ 任意插入 $n-1$ 个分点:

$$T_1 = t_0 < t_1 < t_2 < \cdots < t_{i-1} < t_i < \cdots < t_{n-1} < t_n = T_2,$$

把 $[T_1,T_2]$ 分成 n 个小区间:

$$[t_0,t_1],[t_1,t_2],\cdots,[t_{i-1},t_i],\cdots,[t_{n-1},t_n].$$

这些区间的长度分别记为

$$\Delta t_i = t_i - t_{i-1}(i = 1,2,\cdots,n).$$

相应地,路程 s 被分为 n 个小路程:

$$\Delta s_i(i = 1,2,\cdots,n).$$

2.近似代替

在每个小区间内任取一点 $\xi_i(t_{i-1}\leqslant\xi_i\leqslant t_i)$,用 ξ_i 点的速度 $v(\xi_i)$ 近似代替物体在小区间上的速度.用乘积 $v(\xi_i)\Delta t_i$ 近似代替物体在小区间 $[t_{i-1},t_i]$ 上所经过的路程 Δs_i,即

$$\Delta s_i \approx v(\xi_i)\Delta t_i\ (i = 1,2,\cdots,n).$$

3.求和

把 n 个小区间上物体所经过的路程 Δs_i 的近似值加起来得和式:

$$\sum_{i=1}^{n} v(\xi_i)\Delta t_i,$$

它就是物体在 $[T_1,T_2]$ 上经过的路程 s 的近似值,即

$$s = \sum_{i=1}^{n} s_i \approx \sum_{i=1}^{n} v(\xi_i)\Delta t_i.$$

4.取极限

当分点个数 n 无限增加,且小区间长度的最大值 λ (即 $\lambda = \max\limits_{1\leqslant i\leqslant n}\{\Delta t_i\}$)趋于0时,上述

和式极限就是物体在时间间隔 $[T_1,T_2]$ 所经过的路程 s 的精确值,即

$$s=\lim_{\lambda\to 0}\sum_{i=1}^{n}v(\xi_i)\Delta t_i.$$

从以上两个例子看出,虽然实际问题的意义不同,但是解决问题的方法是相同的,并且最后所得到的结果都归结为和式的极限.在科学技术中有许多问题也是归结为这种和式极限.抛开实际问题的具体意义,数学上把这类和式的极限概括、抽象成定积分的概念.

二、定积分的概念

定义 5.1 设函数 $f(x)$ 在区间 $[a,b]$ 上有定义.任意取分点

$$a=x_0<x_1<x_2<\cdots<x_{i-1}<x_i<\cdots<x_{n-1}<x_n=b,$$

把区间 $[a,b]$ 分成 n 个小区间 $[x_{i-1},x_i]$,称为**子区间**,其长度记为 $\Delta x_i=x_i-x_{i-1}(i=1,2,\cdots,n)$.在每个子区间 $[x_{i-1},x_i]$ 上,任取一点 $\xi_i(x_{i-1}\leqslant\xi_i\leqslant x_i)$,得相应的函数值 $f(\xi_i)$,作乘积 $f(\xi_i)\Delta x_i\ (i=1,2,\cdots,n)$,把所有的这些乘积加起来,得和式:

$$\sum_{i=1}^{n}f(\xi_i)\Delta x_i.$$

当 n 无限增大,且当区间的最大长度 λ(即 $\lambda=\max\limits_{1\leqslant i\leqslant n}\{\Delta x_i\}$)趋于 0 时,如果上述和式的极限存在,则称函数 $f(x)$ 在 $[a,b]$ 上**可积**,并将此极限值称为函数 $f(x)$ 在 $[a,b]$ 上的**定积分**,记作 $\int_a^b f(x)\mathrm{d}x$,即

$$\int_a^b f(x)\mathrm{d}x=\lim_{\lambda\to 0}\sum_{i=1}^{n}f(\xi_i)\Delta x_i.$$

其中 $f(x)$ 称为**被积函数**,$f(x)\mathrm{d}x$ 称为**被积表达式**,x 称为**积分变量**,区间 $[a,b]$ 称为**积分区间**,a 和 b 分别称为**积分下限**和**积分上限**,符号 $\int_a^b f(x)\mathrm{d}x$ 读作函数 $f(x)$ 从 a 到 b 的定积分.

关于定积分的定义,作以下几点说明:

(1)所谓和式极限 $\lim\limits_{\lambda\to 0}\sum\limits_{i=1}^{n}f(\xi_i)\Delta x_i$ 存在(即函数 $f(x)$ 可积),是指不论对区间 $[a,b]$ 怎样分法,也不论对点 $\xi_i(i=1,2,\cdots,n)$ 怎样取法,极限都存在且有相同的极限.

(2)可以证明,闭区间上连续函数或只有有限个第一类间断点的函数是可积的.

(3)因为定积分是和式极限,它是由被积函数 $f(x)$ 与积分区间 $[a,b]$ 所确定的.因此,它只与被积函数及积分区间有关,而与积分变量的记号无关,即

$$\int_a^b f(x)\mathrm{d}x=\int_a^b f(t)\mathrm{d}t=\int_a^b f(u)\mathrm{d}u.$$

(4)如果 $a>b$,则规定

$$\int_a^b f(x)\mathrm{d}x=-\int_b^a f(x)\mathrm{d}x.$$

特殊地,当 $a=b$ 时,有

$$\int_a^b f(x)\,\mathrm{d}x = \int_a^a f(x)\,\mathrm{d}x = 0.$$

根据定积分的定义,上面两个例子都可以表示为定积分:

曲边梯形的面积 A 是函数 $f(x)$ 在 $[a,b]$ 上的定积分,即

$$A = \int_a^b f(x)\,\mathrm{d}x.$$

变速直线运动的路程 s 是速度函数 $v(t)$ 在时间间隔 $[T_1,T_2]$ 上的定积分,即

$$s = \int_{T_1}^{T_2} v(t)\,\mathrm{d}t.$$

例 5.1　利用定义计算定积分 $\int_0^1 x^2\mathrm{d}x$.

解　因被积函数 $f(x)=x^2$ 在区间 $[0,1]$ 上连续,所以 x^2 在 $[0,1]$ 上可积.为了计算方便,把区间 $[0,1]$ 分成 n 等份,分点分别为

$$x_0 = 0 < x_1 = \frac{1}{n} < x_2 = \frac{2}{n} < \cdots < x_i = \frac{i}{n} < \cdots < x_n = 1.$$

每个小区间的长度都是 $\Delta x_i = \frac{1}{n}$, 在 $[x_{i-1},x_i]$ 上取 $\xi_i = x_i (i = 1,2,\cdots,n)$. 于是和式为

$$\begin{aligned}\sum_{i=1}^n f(\xi_i)\Delta x_i &= \sum_{i=1}^n \xi_i^{\,2}\Delta x_i = \sum_{i=1}^n x_i^{\,2}\Delta x_i = \sum_{i=1}^n \left(\frac{i}{n}\right)^2\frac{1}{n} = \frac{1}{n^3}\sum_{i=1}^n i^2 \\ &= \frac{1}{n^3}\cdot\frac{1}{6}n(n+1)(2n+1) = \frac{1}{6}\left(1+\frac{1}{n}\right)\left(2+\frac{1}{n}\right).\end{aligned}$$

$$\left(\text{其中 } 1^2 + 2^2 + 3^2 + \cdots + n^2 = \frac{1}{6}n(n+1)(2n+1)\right)$$

当 $\lambda \to 0$, 即 $n \to +\infty$ 时,取上式右端的极限,由定积分的定义,得

$$\int_0^1 x^2\mathrm{d}x = \lim_{\lambda\to 0}\sum_{i=1}^n \xi_i^{\,2}\Delta x_i = \lim_{n\to+\infty}\frac{1}{6}\left(1+\frac{1}{n}\right)\left(2+\frac{1}{n}\right) = \frac{1}{3}.$$

从数学工具的角度来说,定积分是一种用之求总量的重要属性模型.定积分的研究对象是事物的总体(总量).定积分所采用的研究方法是“先分后聚”的“局部到整体”分析法,“分”的作用像“屠龙宝刀”,“聚”的作用像“聚宝盆”.更具体地说,求定积分就是从“微小”的局部变化出发,经过累积与取极限达到整体的最终结果.大家明白“积小总能成多”是放之四海而皆准的真理.其实中华成语“积微成著”,更是积分的最好写照.从定积分的概念看,它所得到的是“结果”,但精彩之处却在于它的过程.

三、定积分的几何意义

由曲边梯形的面积知:

(1)当 $f(x) > 0$ 时,定积分在几何上表示曲边 $y=f(x)$ 在 $[a,b]$ 上方的曲边梯形的面

积,即

$$A = \int_a^b f(x)\,dx.$$

(2)当$f(x) < 0$时,定积分在几何上表示在x轴下方的曲边梯形面积的负值,即

$$A = -\int_a^b f(x)\,dx.$$

如图 5.2 所示.

(3)当$f(x)$在$[a,b]$上有正有负时,如果我们规定位于x轴上方的面积为正,下方为负,则$\int_a^b f(x)\,dx$在几何上表示几个曲边梯形面积的代数和,即

$$A = \int_a^b f(x)\,dx = A_1 - A_2 + A_3.$$

如图 5.3 所示.

以上就是定积分的几何意义.

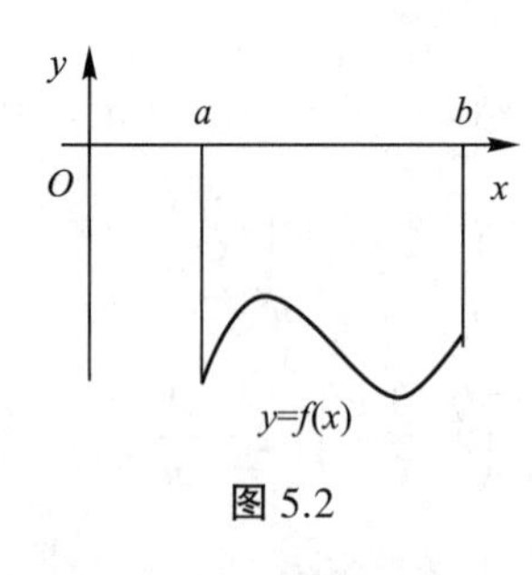

图 5.2

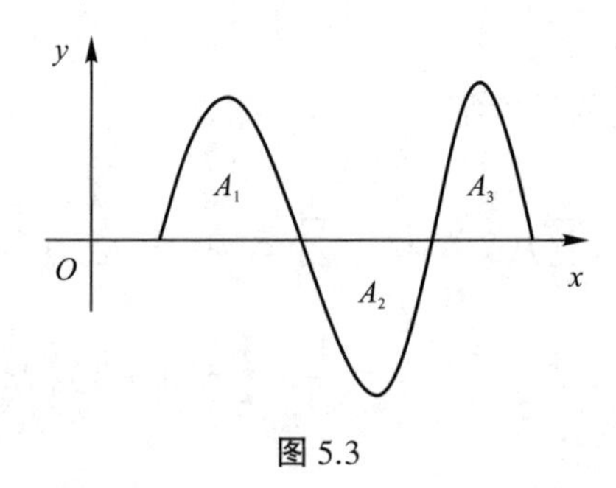

图 5.3

四、定积分的性质

下列各性质中,假设函数$f(x)$, $g(x)$都是可积的.

性质 1 两个函数和、差的定积分等于它们定积分的和、差,即

$$\int_a^b [f(x) \pm g(x)]\,dx = \int_a^b f(x)\,dx \pm \int_a^b g(x)\,dx.$$

此性质可以推广到有限多个函数代数和的情况.

性质 2 被积函数的常数因子可以提到积分号外面,即

$$\int_a^b kf(x)\,dx = k\int_a^b f(x)\,dx \ (k\text{ 是常数}).$$

性质 3 如果积分区间$[a,b]$被c分成两个区间,那么

$$\int_a^b f(x)\,dx = \int_a^c f(x)\,dx + \int_c^b f(x)\,dx.$$

这个性质表明,定积分对于积分区间具有可加性.值得注意的是,当点c不介于a与b之间,即$c < a < b$或$a < b < c$时,结论仍正确.

性质 4　如果在区间 $[a,b]$ 上,$f(x)\equiv k$（k 为任意常数),那么

$$\int_a^b k\mathrm{d}x = k(b-a).$$

特别地,当 $k=1$ 时,$\int_a^b 1\mathrm{d}x = \int_a^b \mathrm{d}x = b-a.$

性质 5　如果在区间$[a,b]$上有$f(x)\leqslant g(x)$,那么$\int_a^b f(x)\mathrm{d}x \leqslant \int_a^b g(x)\mathrm{d}x.$

该性质说明,比较两个定积分大小,可以由它们的被积函数在积分区间上的大小而确定.

由性质 5 可得下面的推论.

推论

$$\left|\int_a^b f(x)\mathrm{d}x\right| \leqslant \int_a^b |f(x)|\mathrm{d}x.$$

性质 6(估值定理)　如果存在两个数 M,m,使函数$f(x)$ 在闭区间 $[a,b]$ 有 $m\leqslant f(x)\leqslant M$,那么

$$m(b-a)\leqslant \int_a^b f(x)\mathrm{d}x \leqslant M(b-a).$$

该性质的几何解释:曲线 $y=f(x)$ 在$[a,b]$上的曲边梯形面积介于以区间$[a,b]$长度为底,分别以 m 和 M 为高的两个矩形面积之间,如图 5.4 所示.

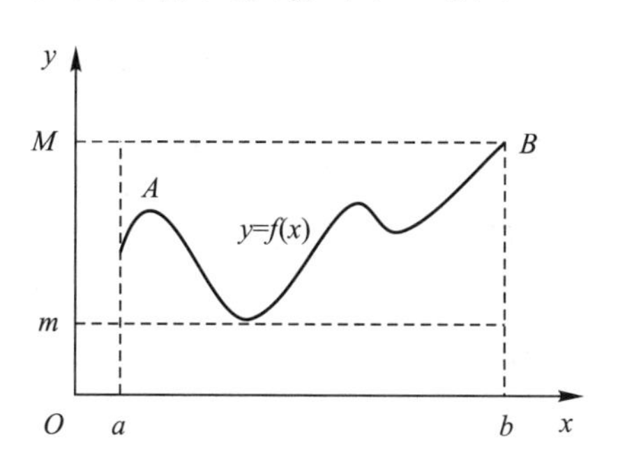

图 5.4

性质 7(定积分中值定理)　如果函数$f(x)$ 在闭区间 $[a,b]$ 上连续,那么在区间 $[a,b]$ 上至少存在一点 ξ,使得下面的等式成立:

$$\int_a^b f(x)\mathrm{d}x = f(\xi)(b-a).$$

该性质也称为**积分中值定理**.它的几何解释如下:一条连续曲线 $y=f(x)$ 在 $[a,b]$ 上的曲边梯形面积等于以区间 $[a,b]$ 长度为底,$[a,b]$ 中一点 ξ 的函数值为高的矩形的面积,如图 5.5所示.称$f(\xi)=\dfrac{1}{b-a}\int_a^b f(x)\mathrm{d}x$ 为函数$f(x)$ 在区

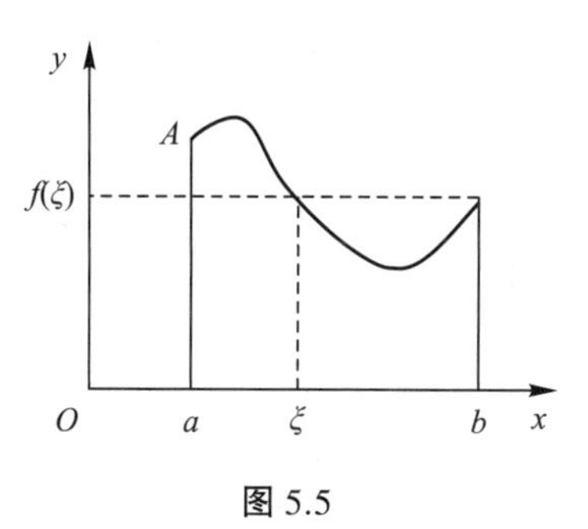

图 5.5

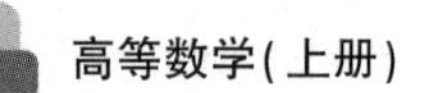

间 $[a,b]$ 上的平均值.

例 5.2 比较下列各对积分值的大小：

(1) $\int_0^1 \sqrt[3]{x}\,dx$ 与 $\int_0^1 x^3 dx$;

(2) $\int_0^1 x dx$ 与 $\int_0^1 \ln(1+x)dx$.

解 (1)根据幂函数的性质,在$[0,1]$上,有 $\sqrt[3]{x} \geqslant x^3$, 由性质 5,得

$$\int_0^1 \sqrt[3]{x}\,dx \geqslant \int_0^1 x^3 dx.$$

(2)令 $f(x) = x - \ln(1+x)$,在区间$[0,1]$上,有

$$f'(x) = 1 - \frac{1}{1+x} = \frac{x}{1+x} > 0.$$

可知函数 $f(x)$ 在区间 $[0,1]$ 上单调增加,所以

$$f(x) \geqslant f(0) = [x - \ln(1+x)]\big|_{x=0} = 0.$$

从而在$(0,1]$上,有 $x \geqslant \ln(1+x)$, 由性质 5,得

$$\int_0^1 x dx \geqslant \int_0^1 \ln(1+x)dx.$$

例 5.3 估计定积分 $\int_{-1}^1 e^{-x^2}dx$ 的值.

解 首先,求 $f(x) = e^{-x^2}$ 在$[-1,1]$上的最大值、最小值.为此求 $f'(x) = -2xe^{-x^2}$. 令 $f'(x) = 0$,得 $x = 0$. 比较 $f(x)$ 在 $x = 0, x = \pm 1$ 的函数值,有

$$f(0) = e^0 = 1, f(\pm 1) = \frac{1}{e}.$$

从而得最小值 $m = \frac{1}{e}$, 最大值 $M = 1$.再 由性质 5,得

$$\frac{2}{e} \leqslant \int_{-1}^1 e^{-x^2}dx \leqslant 2.$$

定积分思想的精髓蕴含在定积分定义四部曲中:“分割”(化整为零)、“取点”(近似代替)、“作和”、“集零为整”、“求极限”(消除差异).定积分的本质用一句话概括就是,在“局部地以直代曲”的基础上“积微成著”.

“居高临下”,只有站得高才能看得远.反过来,唯有一步一个脚印地往上艰苦攀登,才能从山脚走上山顶.整体能够决定个体(国家决定个人命运),个体的累积又影响整体.宋代诗人陆九渊以“涓流积至沧溟水,拳石崇成泰华岑”劝喻人们:涓涓细流汇聚起来,就能形成苍茫大海;拳头大的石头垒积起来,就能形成泰山和华山那样的巍巍高山.但是,汇聚和垒积需要恒心,烦躁不得.积累,大都是漫长的、寂寞的,大多数场合下,只有付出而极少得到回报,甚至没有回报.在那短暂又漫长的人生征途上,大多数人都要吃尽许多苦头,尝遍孤独与乏

味,若稍有半点动摇,不想继续干下去了,成功之路就可能被堵住了.老子在《道德经》中说“合抱之木,生于毫末;九层之台,起于累土;千里之行,始于足下.”荀子在《劝学》中也说:“不积跬步,无以至千里;不积小流,无以成江海.”好大不能成其大,急功难于成其功.这正是积分思想菁华中所蕴涵着的人生哲理.

练习题 5.1

1.已知电流强度 i 与时间 t 的函数关系是 $i=i(t)$,试用定积分表示从时刻0到时刻 t 这一段时间流过导线横截面积的电量 Q.

2.设有一质量非均匀的细棒,长度为 l,取棒的一端为原点,假设细棒上任一点处的线密度为 $\rho(x)$,试用定积分表示细棒的质量 M.

3.由曲线 $y=x^3$,直线 $x=1$,$x=3$ 及 x 轴围成一个曲边梯形,试用定积分表示该曲边梯形的面积 A.

4.利用定积分的几何意义,说明下面各题:

(1) $\int_0^{2\pi}\cos x\mathrm{d}x=0$;

(2) $\int_0^{\pi}\sin x\mathrm{d}x=2\int_0^{\frac{\pi}{2}}\sin x\mathrm{d}x$;

(3) $\int_0^{a}\sqrt{a^2-x^2}\mathrm{d}x=\frac{\pi}{4}a^2\ (a>0)$;

(4) $\int_{-a}^{a}f(x)\mathrm{d}x=\begin{cases}0, f(-x)=-f(x),\\ 2\int_0^a f(x)\mathrm{d}x, f(-x)=f(x),\end{cases}$ 函数 $f(x)$ 在区间 $[-a,a]$ 上连续.

5.利用定积分的性质,比较下面各对积分值的大小:

(1) $\int_0^1 x^2\mathrm{d}x$ 与 $\int_0^1 x\mathrm{d}x$;

(2) $\int_1^2\ln x\mathrm{d}x$ 与 $\int_1^2\ln^2 x\mathrm{d}x$;

(3) $\int_0^1 \mathrm{e}^x\mathrm{d}x$ 与 $\int_0^1(1+x)\mathrm{d}x$;

(4) $\int_0^{\frac{\pi}{2}}x\mathrm{d}x$ 与 $\int_0^{\frac{\pi}{2}}\sin x\mathrm{d}x$.

6.估计下面各积分的值:

(1) $\int_1^3 x^2\mathrm{d}x$;

(2) $\int_{\frac{1}{\sqrt{3}}}^{\sqrt{3}}x\arctan x\mathrm{d}x$;

(3) $\int_{\frac{\pi}{4}}^{\frac{3\pi}{4}}(1+\sin^2 x)\mathrm{d}x$;

(4) $\int_0^2\mathrm{e}^{x^2-x}\mathrm{d}x$.

第二节 微积分基本公式

从第一节例 5.1 看到,直接利用定义计算定积分的值,尽管定积分被积函数很简单,也是一件很困难的事.本节将介绍一种简单而有效的计算方法,这就是牛顿-莱布尼茨公式,或称为微积分基本公式.

一、变上限定积分

我们知道,定积分 $\int_a^b f(t)\mathrm{d}t$ 在几何上表示连续曲线 $y = f(x)$ 在区间 $[a,b]$ 上的曲边梯形 $aABb$ 的面积.如果 x 是区间 $[a,b]$ 上任一点,同样,定积分 $\int_a^x f(t)\mathrm{d}t$ 表示曲线 $y = f(x)$ 在部分区间 $[a,x]$ 上曲边梯形 $aACx$ 的面积,如图 5.6 中阴影部分的曲边梯形的面积.当 x 在区间 $[a,b]$ 上变化时,阴影部分的曲边梯形的面积也随着变化,即如果上限 x 在 $[a,b]$ 上任意变动,则对于每一个取定的 x 值,定积分有一个对应的值,故它在 $[a,b]$ 上定义了一个函数,记作 $\Phi(x)$, $\Phi(x) = \int_a^x f(t)\mathrm{d}t\ (a \leqslant x \leqslant b)$,该函数 $\Phi(x)$ 亦称为**变上限定积分**.

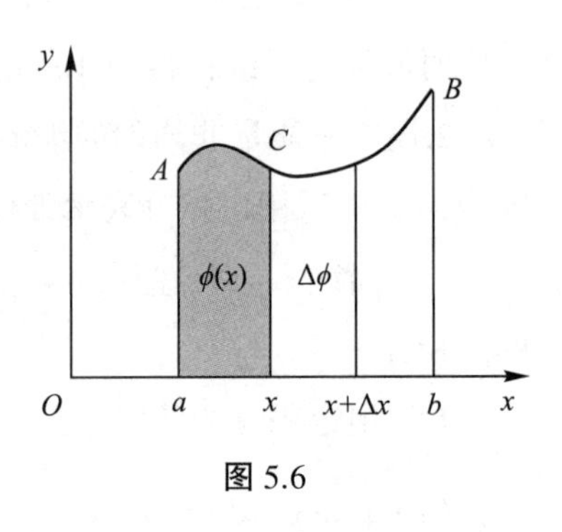

图 5.6

变上限定积分有下面的重要性质:

定理 5.1 若函数 $f(x)$ 在闭区间 $[a,b]$ 上连续,则变上限定积分 $\Phi(x) = \int_a^x f(t)\mathrm{d}t$ 在区间 $[a,b]$ 上可导,并且它的导数等于被积函数,即

$$\Phi'(x) = \left[\int_a^x f(t)\mathrm{d}t\right]' = f(x).$$

定理 5.1 告诉我们,变上限定积分 $\Phi(x) = \int_a^x f(t)\mathrm{d}t$ 是函数 $f(x)$ 的在区间 $[a,b]$ 上的一个原函数,这就肯定了连续函数的原函数是存在的,所以,定理 5.1 也称为**原函数存在定理**.

例 5.4 已知 $\Phi(x) = \int_a^x \mathrm{e}^{t^2}\mathrm{d}t$, 求 $\Phi'(x)$.

解 根据定理 5.1,得 $\Phi'(x) = \left(\int_0^x \mathrm{e}^{t^2}\mathrm{d}t\right)' = \mathrm{e}^{x^2}$.

例 5.5 已知 $F(x) = \int_x^0 \cos(3t+1)\mathrm{d}t$, 求 $F'(x)$.

解 根据定理 5.1,得 $F'(x) = \left[\int_x^0 \cos(3t+1)\mathrm{d}t\right]' = \left[-\int_0^x \cos(3t+1)\mathrm{d}t\right]' = -\cos(3x+1)$.

例 5.6　设 $\Phi(x)=\int_0^{\sqrt{x}}\sin t^2\mathrm{d}t$. 求 $\Phi'(x)$.

解　积分上限是 $\sqrt{x}$，它是 x 的函数，所以变上限定积分是 x 的复合函数，由复合函数的求导法则，得 $\Phi'(x)=\left(\int_0^{\sqrt{x}}\sin t^2\mathrm{d}t\right)'_x=\left(\int_0^{\sqrt{x}}\sin t^2\mathrm{d}t\right)'(\sqrt{x})'=\dfrac{1}{2\sqrt{x}}\sin x$.

例 5.7　设 $y=\int_x^{x^2}\sqrt{1+t^3}\,\mathrm{d}t$，求 $\dfrac{\mathrm{d}y}{\mathrm{d}x}$.

解　因为积分的上下限都是变量，先把它拆成两部分之和，然后再求导.

$$\begin{aligned}\frac{\mathrm{d}y}{\mathrm{d}x}&=\left(\int_x^{x^2}\sqrt{1+t^3}\,\mathrm{d}t\right)'=\left(\int_x^{a}\sqrt{1+t^3}\,\mathrm{d}t\right)'_x+\left(\int_a^{x^2}\sqrt{1+t^3}\,\mathrm{d}t\right)'_x\\&=-\left(\int_a^{x}\sqrt{1+t^3}\,\mathrm{d}t\right)'+\left(\int_a^{x^2}\sqrt{1+t^3}\,\mathrm{d}t\right)'.\end{aligned}$$

后一个积分上限是 x^2，它是 x 的复合函数，应按复合函数的求导法则，从而有 $\dfrac{\mathrm{d}y}{\mathrm{d}x}=-\sqrt{1+x^3}+2x\sqrt{1+x^6}$.

二、微积分的基本公式

定理 5.2　如果函数 $f(x)$ 在闭区间 $[a,b]$ 上连续，$F(x)$ 是 $f(x)$ 在区间 $[a,b]$ 上的任一原函数，那么 $\int_a^b f(x)\mathrm{d}x=F(b)-F(a)$.

此公式称为**牛顿-莱布尼茨公式**，它是计算定积分的基本公式，也称为**微积分基本公式**.

证明　由于 $F(x)$ 与 $\int_a^x f(t)\mathrm{d}t$ 均为 $f(x)$ 的原函数，由原函数的性质知

$$F(x)=\int_a^x f(t)\mathrm{d}t+C.$$

上式中令 $x=a$，得 $C=F(a)$；再令 $x=b$，则有

$F(b)=\int_a^b f(t)\mathrm{d}t+F(a)$. 亦即 $\int_a^b f(t)\mathrm{d}t=F(b)-F(a)$.

把积分变量 t 换成 x，得　$\int_a^b f(x)\mathrm{d}x=F(b)-F(a)$.

在运算时常将公式写成如下形式：

$$\int_a^b f(x)\mathrm{d}x=F(x)\big|_a^b=F(b)-F(a).$$

例 5.8　计算下列定积分：

(1) $\int_0^1\dfrac{1}{1+x^2}\mathrm{d}x$；　　(2) $\int_0^{\frac{\pi}{3}}\tan x\mathrm{d}x$.

解　被积函数 $\dfrac{1}{1+x^2}$ 在 $[0,1]$ 上连续，$\tan x$ 在 $\left[0,\dfrac{\pi}{3}\right]$ 上连续，都满足定理 5.2 的条

件.由牛顿-莱布尼茨公式,得

(1) $\int_0^1 \frac{1}{1+x^2}\mathrm{d}x = \arctan x \Big|_0^1 = \frac{\pi}{4}$.

(2) $\int_0^{\frac{\pi}{3}} \tan x\mathrm{d}x = -\ln|\cos x|\Big|_0^{\frac{\pi}{3}} = -\ln\left|\cos\frac{\pi}{3}\right| + \ln\cos 0 = \ln 2$.

例 5.9 计算下列定积分:

(1) $\int_{-1}^1 \frac{\mathrm{e}^x}{1+\mathrm{e}^x}\mathrm{d}x$;　　　　(2) $\int_{\frac{\pi}{6}}^{\frac{\pi}{4}} \cos^2 x\mathrm{d}x$.

解 (1) $\int_{-1}^1 \frac{\mathrm{e}^x}{1+\mathrm{e}^x}\mathrm{d}x = \int_{-1}^1 \frac{1}{1+\mathrm{e}^x}\mathrm{d}(1+\mathrm{e}^x) = \ln(1+\mathrm{e}^x)\Big|_{-1}^1 = 2$.

(2)
$$\int_{\frac{\pi}{6}}^{\frac{\pi}{4}} \cos^2 x\mathrm{d}x = \frac{1}{2}\int_{\frac{\pi}{6}}^{\frac{\pi}{4}}(1+\cos 2x)\mathrm{d}x = \frac{1}{2}\int_{\frac{\pi}{6}}^{\frac{\pi}{4}}\mathrm{d}x + \frac{1}{4}\int_{\frac{\pi}{6}}^{\frac{\pi}{4}}\cos 2x\mathrm{d}(2x)$$
$$= \frac{1}{2}\left(\frac{\pi}{4} - \frac{\pi}{6}\right) + \frac{1}{4}\sin 2x\Big|_{\frac{\pi}{6}}^{\frac{\pi}{4}} = \frac{\pi}{24} + \frac{1}{4} - \frac{\sqrt{3}}{8}.$$

例 5.10 计算 $\int_0^{\frac{1}{\sqrt{2}}} \frac{x+1}{\sqrt{1-x^2}}\mathrm{d}x$.

解 把被积函数分成两项之和,然后用牛顿-莱布尼茨公式进行计算.

$$\int_0^{\frac{1}{\sqrt{2}}} \frac{x+1}{\sqrt{1-x^2}}\mathrm{d}x = \int_0^{\frac{1}{\sqrt{2}}} \frac{x}{\sqrt{1-x^2}}\mathrm{d}x + \int_0^{\frac{1}{\sqrt{2}}} \frac{1}{\sqrt{1-x^2}}\mathrm{d}x$$
$$= -\sqrt{1-x^2}\Big|_0^{\frac{1}{\sqrt{2}}} + \arcsin x\Big|_0^{\frac{1}{\sqrt{2}}} = 1 - \frac{\sqrt{2}}{2} + \frac{\pi}{4}.$$

例 5.11 设函数 $f(x) = \begin{cases} \sqrt[3]{x}, 0 \leqslant x < 1, \\ \mathrm{e}^{-x}, 1 \leqslant x \leqslant 3, \end{cases}$ 计算 $\int_0^3 f(x)\mathrm{d}x$.

解 利用定积分对区间的可加性,得

$$\int_0^3 f(x)\mathrm{d}x = \int_0^1 \sqrt[3]{x}\mathrm{d}x + \int_1^3 \mathrm{e}^{-x}\mathrm{d}x = \frac{3}{4}x^{\frac{4}{3}}\Big|_0^1 + (-\mathrm{e}^{-x})\Big|_1^3 = \frac{3}{4} + \frac{\mathrm{e}^2 - 1}{\mathrm{e}^3}.$$

牛顿-莱布尼茨公式把定积分的计算问题归结为求被积函数的某个原函数在上、下限两个点处函数值之差的问题,从而巧妙地避开了求和式极限的艰难道路.牛顿-莱布尼茨公式无疑是高等数学乃至整个数学领域中形式最简单、思想最深刻的公式之一,它是体现数学简洁美的典范,“简单与复杂”“变与不变”“局部与整体”“量变与质变”等诸多对立统一的辩证思想深深地蕴涵在如此简单的一个等式中,思想内涵如此深厚,堪称数学极品中的极品,人类智慧的光辉结晶.

练习题 5.2

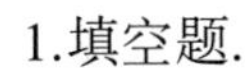

1.填空题.

(1)设 $f(x)$ 连续,则积分 $\int f(x)\,\mathrm{d}x$ 与 $\int_a^x f(t)\,\mathrm{d}t$ 的关系为__________;

(2)设 $f'(x)$ 连续,则 $\int_0^2 \lim\limits_{h\to 0}\dfrac{f(x+h)-f(x-h)}{h}\mathrm{d}x=$__________;

(3)设 $y=\int_0^x (t-1)\,\mathrm{d}t$,则 y 的极值为__________;

(4)若 $\int_0^k (2x-3x^2)\,\mathrm{d}x=0$, 则 $k=$__________.

2.求下面各题中函数的导数:

(1) $\Phi(x)=\int_0^x \sin^2 t\mathrm{d}t$;

(2) $F(x)=\int_x^3 \dfrac{1}{\sqrt{1+t^2}}\mathrm{d}t$;

(3) $G(x)=\int_x^{x^2} t^2\mathrm{e}^{-t}\mathrm{d}t$;

(4)设 $\begin{cases} y=\int_0^t \cos u\mathrm{d}u, \\ x=\int_0^t \sin u\mathrm{d}u, \end{cases}$ 求 $\dfrac{\mathrm{d}y}{\mathrm{d}x}$.

3.利用洛必达法则求下面极限:

(1) $\lim\limits_{x\to 0}\dfrac{\int_0^x \ln(1+t)\mathrm{d}t}{x^2}$;

(2) $\lim\limits_{x\to 0}\dfrac{\int_0^x \cos^2 t\mathrm{d}t}{x}$;

(3) $\lim\limits_{x\to 0}\dfrac{\int_0^x \sin t^2\mathrm{d}t}{x^3}$;

(4) $\lim\limits_{x\to 0}\dfrac{\int_{\cos x}^1 \mathrm{e}^{-t^2}\mathrm{d}t}{x^2}$.

4.试讨论函数 $F(x)=\int_0^x t\mathrm{e}^{-t^2}\mathrm{d}t$ 的极值.

5.计算下列定积分:

(1) $\int_1^2 \left(x+\dfrac{1}{x}\right)^2\mathrm{d}x$;

(2) $\int_4^9 \sqrt{x}(1+\sqrt{x})\,\mathrm{d}x$;

(3) $\int_1^{\sqrt{3}} \dfrac{1+2x^2}{x^2+(1+x^2)}\mathrm{d}x$;

(4) $\int_{\frac{1}{e}}^{e} \dfrac{|\ln x|}{x}\mathrm{d}x$;

(5) $\int_0^1 \dfrac{x}{\sqrt{1+x^2}}\mathrm{d}x$;

(6) $\int_{\frac{1}{\pi}}^{\frac{2}{\pi}} \dfrac{\sin\frac{1}{y}}{y^2}\mathrm{d}y$;

(7) $\int_{-1}^0 \dfrac{3x^4+3x^2+1}{1+x^2}\mathrm{d}x$;

(8) $\int_0^{\frac{\pi}{4}} \tan^3\theta\mathrm{d}\theta$;

(9) $\int_{-(e+1)}^{-2} \frac{1}{1+x} dx$;　　(10) $\int_{-\frac{\pi}{2}}^{\frac{\pi}{2}} \sqrt{\cos^3 x - \cos^5 x} dx$;

(11) $\int_0^{\frac{\pi}{2}} |\sin x - \cos x| dx$;　　(12) $\int_0^1 \frac{1}{x^2 - x - 1} dx$;

(13) $\int_0^{\pi} \sqrt{1 + \cos 2x} dx$;　　(14) $\int_0^2 |1 - x| dx$.

6.已知 $f(\theta) = \begin{cases} \tan^2\theta, 0 \leqslant \theta \leqslant \frac{\pi}{4}, \\ \sin\theta\cos^3\theta, \frac{\pi}{4} < \theta \leqslant \frac{\pi}{2}, \end{cases}$ 计算 $\int_0^{\frac{\pi}{2}} f(\theta) d\theta$.

第三节　定积分的换元积分法和分部积分法

由牛顿-莱布尼茨公式可知,定积分的计算归结为求被积函数的原函数.在上一章中我们知道许多函数的原函数需要用换元法或分部积分法求得,因此换元积分法与分部积分法对于定积分的计算也是非常重要的.

一、定积分的换元积分法

例 5.12　计算 $\int_0^1 x^2 \sqrt{1 - x^2} dx$.

解　首先用换元积分法求不定积分 $\int x^2 \sqrt{1 - x^2} dx$.

令 $x = \sin t$, 则 $dx = \cos t dt$, 于是有

$$\int x^2 \sqrt{1 - x^2} dx = \int \sin^2 t \cos^2 t dt = \frac{1}{4} \int \sin^2 2t dt$$

$$= \frac{1}{8} \int (1 - \cos 4t) dt = \frac{1}{8}\left(t - \frac{1}{4}\sin 4t\right) + C.$$

把 t 回代为 x, 为此,根据 $\sin t = x$ 作辅助三角形,如图 5.7 所示.

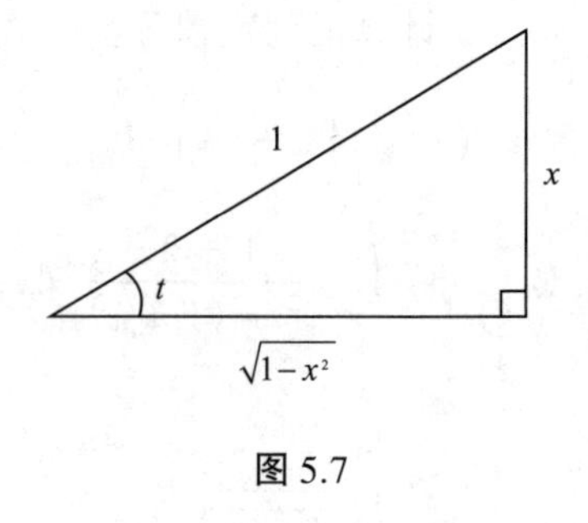

图 5.7

于是得

$$\int x^2 \sqrt{1 - x^2} dx = \frac{1}{8}\left(t - \frac{1}{4}\sin 4t\right) + C$$

$$= \frac{1}{8}[t - \sin t \cos t(1 - 2\sin^2 t)] + C.$$

$$= \frac{1}{8}[\arcsin x - x\sqrt{1 - x^2}(1 - 2x^2)] + C.$$

所以

$$\int_0^1 x^2\sqrt{1-x^2}\,\mathrm{d}x = \left\{\frac{1}{8}\left[\arcsin x - x\sqrt{1-x^2}(1-2x^2)\right] + C\right\}\Big|_0^1$$
$$= \frac{1}{8}\times\frac{\pi}{2} - \frac{1}{8}\times 0 = \frac{\pi}{16}.$$

通过这个例子,我们可以看到,计算的过程过于冗长.下面我们介绍一种更为简单的方法——定积分的换元积分法.

定理 5.3　假设:

(1)函数 $f(x)$ 在 $[a,b]$ 上连续;

(2)函数 $x=\varphi(t)$ 在 $[\alpha,\beta]$ 上单值连续而且可导;

(3)当 t 在 $[\alpha,\beta]$ 上变化时,$x=\varphi(t)$ 的值在 $[a,b]$ 上变化,而且 $a=\varphi(\alpha)$,$b=\varphi(\beta)$,则有

$$\int_a^b f(x)\,\mathrm{d}x = \int_\alpha^\beta f[\varphi(t)]\varphi'(t)\,\mathrm{d}t.$$

在应用该定理时应注意,变换 $x=\varphi(t)$ 应满足定理的条件,在改变积分变量的同时要改变积分上、下限,亦即"换元同时换限",然后对新变量进行积分.

例 5.13　计算 $\int_1^2 \frac{\sqrt{x-1}}{x}\,\mathrm{d}x$.

解　令 $\sqrt{x-1}=t$, 则 $x=1+t^2$, $\mathrm{d}x=2t\mathrm{d}t$.

当 $x=1$ 时, $t=0$; 当 $x=2$ 时, $t=1$. 故

$$\int_1^2 \frac{\sqrt{x-1}}{x}\,\mathrm{d}x = \int_0^1 \frac{t}{1+t^2}2t\,\mathrm{d}t = 2\int_0^1\left(1-\frac{1}{1+t^2}\right)\mathrm{d}t$$
$$= 2(t-\arctan t)\Big|_0^1 = 2\left(1-\frac{\pi}{4}\right) = 2-\frac{\pi}{2}.$$

用同样的方法,我们再重新计算例 5.12:

令 $x=\sin t$,则 $\mathrm{d}x=\cos t\mathrm{d}t$.

当 $x=0$ 时, $t=0$; 当 $x=1$ 时, $t=\frac{\pi}{2}$. 所以

$$\int_0^1 x^2\sqrt{1-x^2}\,\mathrm{d}x = \int_0^{\frac{\pi}{2}} \sin^2 t\cos^2 t\,\mathrm{d}t$$
$$= \frac{1}{4}\int_0^{\frac{\pi}{2}} \sin^2 2t\,\mathrm{d}t$$
$$= \frac{1}{8}\int_0^{\frac{\pi}{2}} (1-\cos 4t)\,\mathrm{d}t$$
$$= \frac{1}{8}\left(t-\frac{1}{4}\sin 4t\right)\Big|_0^{\frac{\pi}{2}} = \frac{\pi}{16}.$$

由此可见,直接用定积分换元法计算要比用不定积分换元法简便得多.

例 5.14 计算 $\int_0^{\frac{\pi}{2}} \cos^5 x\sin x\mathrm{d}x$.

解法一 令 $t=\cos x$,则 $\mathrm{d}t=-\sin x\mathrm{d}x$.

当 $x=0$ 时, $t=1$; 当 $x=\frac{\pi}{2}$ 时, $t=0$.于是

$$\int_0^{\frac{\pi}{2}} \cos^5 x\sin x\mathrm{d}x=-\frac{1}{6}t^6\Big|_1^0=\frac{1}{6}.$$

解法二 也可以不明显地写出新变量 t, 这样定积分的上、下限也不用改变,即

$$\int_0^{\frac{\pi}{2}} \cos^5 x\sin x\mathrm{d}x=-\int_0^{\frac{\pi}{2}} \cos^5 x\mathrm{d}(\cos x)=-\frac{1}{6}\cos^6 x\Big|_0^{\frac{\pi}{2}}=\frac{1}{6}.$$

通过该例可以看出,定积分的换元公式主要适用于第二类换元法,利用凑微分法换元不需要变换上下限.

例 5.15 设 $f(x)$ 在 $[-a,a]$ 上连续.证明:

(1)若 $f(x)$ 为奇函数,则 $\int_{-a}^{a} f(x)\mathrm{d}x=0$;

(2)若 $f(x)$ 为偶函数,则 $\int_{-a}^{a} f(x)\mathrm{d}x=2\int_0^a f(x)\mathrm{d}x$.

证明 由于

$$\int_{-a}^{a} f(x)\mathrm{d}x=\int_{-a}^{0} f(x)\mathrm{d}x+\int_0^a f(x)\mathrm{d}x,$$

对上式右边的第一个积分作变换,令 $x=-t$,于是

$$\int_{-a}^{0} f(x)\mathrm{d}x=-\int_a^0 f(-t)\mathrm{d}t=\int_0^a f(-t)\mathrm{d}t=\int_0^a f(-x)\mathrm{d}x,$$

所以

$$\int_{-a}^{a} f(x)\mathrm{d}x=\int_0^a [f(-x)+f(x)]\mathrm{d}x.$$

(1)当 $f(x)$ 为奇函数时, $f(-x)=-f(x)$,故

$$\int_{-a}^{a} f(x)\mathrm{d}x=\int_0^a 0\mathrm{d}x=0;$$

(2)当 $f(x)$ 为偶函数时, $f(-x)=f(x)$,故

$$\int_{-a}^{a} f(x)\mathrm{d}x=2\int_0^a f(x)\mathrm{d}x.$$

利用例 5.15 的结论能方便地求一些定积分的值,例如:

$$\begin{aligned}\int_{-1}^{1}(x+\sqrt{1-x^2})^2\mathrm{d}x&=\int_{-1}^{1}(1+2x\sqrt{1-x^2})\mathrm{d}x\\&=\int_{-1}^{1}\mathrm{d}x+2\int_{-1}^{1}x\sqrt{1-x^2}\mathrm{d}x\end{aligned}$$

$$= 2\int_0^1 dx + 0$$
$$= 2.$$

又如
$$\int_{-\frac{\pi}{2}}^{\frac{\pi}{2}} x^3 \sin x dx = 0.$$

二、定积分的分部积分法

设函数 $u=u(x)$，$v=v(x)$ 在区间 $[a,b]$ 时具有连续导数，由微分法则 $d(uv)=udv+vdu$，可得到
$$udv = d(uv) - vdu,$$
将等式两边同时在区间 $[a,b]$ 上积分，有
$$\int_a^b udv = (uv)\Big|_a^b - \int_a^b vdu.$$
上式就是**定积分的分部积分公式**，其中 a 与 b 分别是积分变量 x 的下限和上限.

例 5.16　计算 $\int_1^4 \frac{\ln x}{\sqrt{x}}dx$.

解　由定积分的分部积分公式，得
$$\int_1^4 \frac{\ln x}{\sqrt{x}}dx = 2\int_1^4 \ln x d(\sqrt{x}) = 2\sqrt{x}\ln x\Big|_1^4 - 2\int_1^4 \sqrt{x}\cdot\frac{1}{x}dx$$
$$= 4\ln 4 - 4.$$

例 5.17　计算 $\int_0^{\sqrt{3}} \arctan x dx$.

解　由定积分的分部积分公式，得
$$\int_0^{\sqrt{3}} \arctan x dx = x\arctan x\Big|_0^{\sqrt{3}} - \int_0^{\sqrt{3}} \frac{x}{1+x^2}dx$$
$$= \frac{\sqrt{3}}{3}\pi - \frac{1}{2}\ln(1+x^2)\Big|_0^{\sqrt{3}} = \frac{\sqrt{3}}{3}\pi - \ln 2.$$

例 5.18　计算 $\int_0^{\frac{\pi}{4}} \sec^3 x dx$.

解　$\int_0^{\frac{\pi}{4}} \sec^3 x dx = \int_0^{\frac{\pi}{4}} \sec x\cdot\sec^2 x dx$
$$= \int_0^{\frac{\pi}{4}} \sec x d(\tan x)$$
$$= \sec x\cdot\tan x\Big|_0^{\frac{\pi}{4}} - \int_0^{\frac{\pi}{4}} \tan x\cdot\sec x\tan x dx$$

$$
\begin{aligned}
&= \sqrt{2} - \int_0^{\frac{\pi}{4}} (\sec^2 x - 1)\sec x \mathrm{d}x \\
&= \sqrt{2} - \int_0^{\frac{\pi}{4}} \sec^3 x \mathrm{d}x + \int_0^{\frac{\pi}{4}} \sec x \mathrm{d}x \\
&= \sqrt{2} - \int_0^{\frac{\pi}{4}} \sec^3 x \mathrm{d}x + \ln |\sec x + \tan x| \Big|_0^{\frac{\pi}{4}} \\
&= \sqrt{2} - \int_0^{\frac{\pi}{4}} \sec^3 x \mathrm{d}x + \ln (\sqrt{2} + 1).
\end{aligned}
$$

所以

$$
\int_0^{\frac{\pi}{4}} \sec^3 x \mathrm{d}x = \frac{\sqrt{2}}{2} + \frac{1}{2}\ln (\sqrt{2} + 1).
$$

例 5.19 计算 $\int_0^1 \mathrm{e}^{\sqrt{x}} \mathrm{d}x$.

解 先用换元法,令 $\sqrt{x} = t$, 则 $x = t^2$, $\mathrm{d}x = 2t\mathrm{d}t$.

当 $x = 0$ 时, $t = 0$; 当 $x = 1$ 时, $t = 1$. 于是

$$
\int_0^1 \mathrm{e}^{\sqrt{x}} \mathrm{d}x = \int_0^1 \mathrm{e}^t 2t\mathrm{d}t.
$$

然后再用分部积分法,则有

$$
\begin{aligned}
\int_0^1 \mathrm{e}^{\sqrt{x}} \mathrm{d}x &= 2\int_0^1 t\mathrm{e}^t \mathrm{d}t = 2\int_0^1 t\mathrm{d}(\mathrm{e}^t) \\
&= 2\left(t\mathrm{e}^t \Big|_0^1 - \int_0^1 \mathrm{e}^t \mathrm{d}t\right) \\
&= 2\mathrm{e} - 2\mathrm{e}^t \Big|_0^1 \\
&= 2.
\end{aligned}
$$

练习题 5.3

1.计算下列定积分:

(1) $\int_{\frac{\pi}{3}}^{\pi} \sin\left(x + \frac{\pi}{3}\right)\mathrm{d}x$;

(2) $\int_{\mathrm{e}}^{2\mathrm{e}} \frac{\ln x}{x}\mathrm{d}x$;

(3) $\int_0^4 \frac{1}{1 + \sqrt{u}}\mathrm{d}u$;

(4) $\int_0^{\ln 2} \sqrt{\mathrm{e}^x - 1}\,\mathrm{d}x$;

(5) $\int_{-\frac{1}{2}}^{\frac{1}{2}} \frac{x + 3}{\sqrt{1 - x^2}}\mathrm{d}x$;

(6) $\int_{-\frac{1}{2}}^{\frac{1}{2}} x^3 \sqrt{1 - x^2}\,\mathrm{d}x$;

(7) $\int_{-3}^{3} (x + \sqrt{9 - x^2})^2 \mathrm{d}x$.

2.计算下列定积分：

(1) $\int_1^e x\ln x\mathrm{d}x$；　　(2) $\int_0^{\ln 2} x\cdot e^x\mathrm{d}x$；

(3) $\int_0^{\frac{\pi}{4}} \frac{x}{\cos^2 x}\mathrm{d}x$；　　(4) $\int_0^{\frac{\sqrt{3}}{2}} \arccos x\mathrm{d}x$.

3.设 $f(x)$ 是以 T 为周期的连续函数，证明：

$$\int_a^{a+T} f(x)\mathrm{d}x = \int_0^T f(x)\mathrm{d}x \ (a \text{ 为常数}).$$

4.设 $f(x)$ 是 $[0,1]$ 上的连续函数，证明：

(1) $\int_0^{\frac{\pi}{2}} f(\sin x)\mathrm{d}x = \int_0^{\frac{\pi}{2}} f(\cos x)\mathrm{d}x$；

(2) $\int_0^{\pi} f(\sin x)\mathrm{d}x = 2\int_0^{\frac{\pi}{2}} f(\sin x)\mathrm{d}x$；

(3) $\int_0^{\pi} xf(\sin x)\mathrm{d}x = \pi\int_0^{\frac{\pi}{2}} f(\sin x)\mathrm{d}x$.

第四节　广义积分

在前面的几节所研究的定积分中，我们都假定积分区间是有限的，且被积函数 $y=f(x)$ 在积分区间上连续或有有限个第一类间断点.而在一些实际问题中，我们常遇到积分区间为无限区间或被积函数是无界函数的(既具有多个无穷间断点)积分，我们称这样的积分为**广义积分**，以前定义的积分为**常义积分**.

一、无穷区间上的广义积分

引例 5.3　求由曲线 $y=e^{-x}$，y 轴及 x 轴所围成的开口曲边梯形(如图 5.8 所示)的面积.

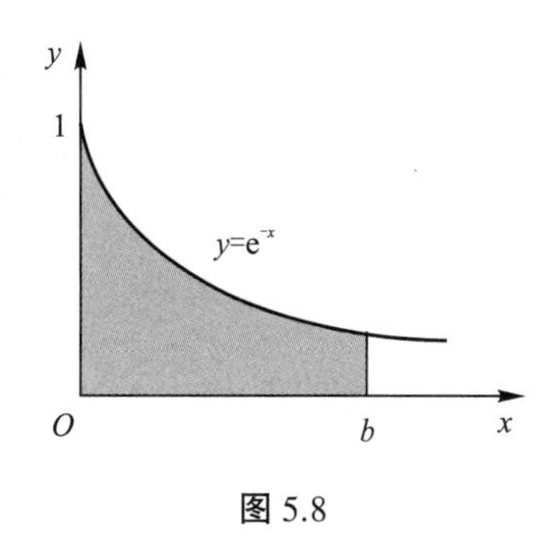

图 5.8

解　如果把开口曲边梯形的面积按定积分的几何意义那样理解，那么这块面积就对应着一个无穷区间上的广义积分：

$$A = \int_0^{+\infty} f(x)\mathrm{d}x = \int_0^{+\infty} e^{-x}\mathrm{d}x.$$

然而，这个积分已经不是通常意义的定积分了，因为它的积分区间是无限的.那么，怎样来计算呢?

任取实数 $b>0$，在有限区间$[0,b]$上，以曲线 $y=e^{-x}$ 为曲边的曲边梯形面积为图 5.8 所示的阴影部分，即

$$\int_0^b e^{-x}dx = -e^{-x}\Big|_0^b = 1 - \frac{1}{e^b}.$$

而 $b \to +\infty$ 时,阴影部分曲边梯形面积的极限就是开口曲边梯形面积的精确值,即

$$A = \lim_{b\to+\infty}\int_0^b e^{-x}dx = \lim_{b\to+\infty}\left(1 - \frac{1}{e^b}\right) = 1.$$

下面给出无穷区间上的广义积分的定义.

定义 5.2 设函数 $f(x)$ 在 $[a, +\infty)$ 上连续,取实数 $b > a$,如果极限 $\lim\limits_{b\to+\infty}\int_a^b f(x)dx$ 存在,则称此极限为函数 $f(x)$ 在无穷区间 $[a, +\infty)$ 上的**广义积分**,记作 $\int_a^{+\infty} f(x)dx$,即

$$\int_a^{+\infty} f(x)dx = \lim_{b\to+\infty}\int_a^b f(x)dx.$$

这时也称**广义积分收敛**;否则称**广义积分发散**.

类似地,可定义函数 $f(x)$ 在 $(-\infty, b]$ 上的广义积分.

定义 5.3 设 $y = f(x)$ 在 $(-\infty, b]$ 上连续,取实数 $a < b$,如果极限 $\lim\limits_{a\to-\infty}\int_a^b f(x)dx$ 存在,则称此极限为函数 $f(x)$ 在 $(-\infty, b]$ 上的广义积分,记作 $\int_{-\infty}^b f(x)dx$,即

$$\int_{-\infty}^b f(x)dx = \lim_{a\to-\infty}\int_a^b f(x)dx.$$

这时也称广义积分**收敛**;否则就称广义积分**发散**.

同理,我们可以定义 $f(x)$ 在 $(-\infty, +\infty)$ 上的广义积分.

定义 5.4 设 $f(x)$ 在区间 $(-\infty, +\infty)$ 内连续,且对于任意实数 c,如果广义积分

$$\int_{-\infty}^c f(x)dx \text{ 与 } \int_c^{+\infty} f(x)dx$$

都存在,则称 $\int_{-\infty}^c f(x)dx + \int_c^{+\infty} f(x)dx$ 为函数 $f(x)$ 在 $(-\infty, +\infty)$ 上的广义积分.这时也称广义积分**收敛**;否则就称广义积分**发散**.

上述各广义积分统称为**无穷区间上的广义积分**.可见,广义积分的基本思想是先计算定积分,然后再计算极限.

例 5.20 计算 $\int_0^{+\infty}\frac{dx}{9 + x^2}$.

解 取实数 $b > 0$,得

$$\begin{aligned}\int_0^{+\infty}\frac{dx}{9 + x^2} &= \lim_{b\to+\infty}\int_0^b\frac{dx}{9 + x^2}\\ &= \lim_{b\to+\infty}\left(\frac{1}{3}\arctan\frac{x}{3}\right)\Big|_0^b\end{aligned}$$

$$= \frac{1}{3} \lim_{b \to +\infty} \arctan \frac{b}{3} = \frac{\pi}{6}.$$

所以广义积分 $\int_0^{+\infty} \frac{dx}{9 + x^2}$ 收敛.

在计算广义积分的过程中,可以把牛顿-莱布尼茨公式的记号引入无穷区间上的广义积分来简化其极限的写法.如上述例 5.20 可以写成

$$\int_0^{+\infty} \frac{dx}{9 + x^2} = \frac{1}{3} \arctan \frac{x}{3} \Big|_0^{+\infty} = \frac{1}{3}\left(\frac{\pi}{2} - 0\right) = \frac{\pi}{6}.$$

例 5.21　计算 $\int_{-\infty}^0 x e^{-x^2} dx$.

解　$\int_{-\infty}^0 x e^{-x^2} dx = -\frac{1}{2}\int_{-\infty}^0 e^{-x^2} d(-x^2) = -\frac{1}{2} e^{-x^2}\Big|_{-\infty}^0 = -\frac{1}{2}(1-0) = -\frac{1}{2}.$

例 5.22　计算 $\int_e^{+\infty} \frac{1}{x \ln x} dx$.

解　$\int_e^{+\infty} \frac{1}{x \ln x} dx = \int_e^{+\infty} \frac{1}{\ln x} d(\ln x) = \ln \ln x \Big|_e^{+\infty} = +\infty.$

例 5.23　讨论广义积分 $\int_a^{+\infty} \frac{1}{x^p} dx\ (a > 0, p > 0)$ 的敛散性.

解　(1)当 $p = 1$ 时,

$$\int_a^{+\infty} \frac{1}{x} dx = \ln x \Big|_a^{+\infty} = +\infty.$$

(2)当 $p \neq 1$ 时,

$$\int_a^{+\infty} \frac{1}{x^p} dx = \frac{x^{1-p}}{1-p}\Big|_a^{+\infty} = \begin{cases} +\infty, & p < 1; \\ \frac{a^{1-p}}{p-1}, & p > 1. \end{cases}$$

综合(1)、(2),可得:当 $p > 1$ 时,该广义积分收敛;当 $p \neq 1$ 时,该广义积分发散.

例 5.23 的结论可直接运用,例如 $\int_1^{+\infty} \frac{dx}{x^2}$ 收敛于 1,而 $\int_1^{+\infty} \frac{dx}{\sqrt{x}}$ 是发散的.

二、无界函数的广义积分

定义 5.5　设函数 $f(x)$ 在 $(a,b]$ 上连续,且 $\lim_{x \to a+} f(x) = \infty$. 取 $\varepsilon > 0$,如果 $\lim_{\varepsilon \to 0+} \int_{a+\varepsilon}^b f(x) dx$ 存在,则此极限值叫作**函数 $f(x)$ 在区间 $(a,b]$ 上的广义积分**,记作 $\int_a^b f(x) dx$,即

$$\int_a^b f(x) dx = \lim_{\varepsilon \to 0+} \int_{a+\varepsilon}^b f(x) dx.$$

这时也称**广义积分收敛**,否则称**广义积分发散**.

定义 5.6 如果 $f(x)$ 在区间 $[a,b)$ 上连续,且 $\lim\limits_{x \to b^-} f(x) = \infty$. 取 $\varepsilon > 0$,如果 $\lim\limits_{\varepsilon \to 0+} \int_a^{b-\varepsilon} f(x)\mathrm{d}x$ 存在,则此极限值叫作**函数** $f(x)$ **在区间** $[a,b)$ **上的广义积分**,记作 $\int_a^b f(x)\mathrm{d}x$,即 $\int_a^b f(x)\mathrm{d}x = \lim\limits_{\varepsilon \to 0^+} \int_a^{b-\varepsilon} f(x)\mathrm{d}x$. 这时也称**广义积分收敛**,否则称**广义积分发散**.

定义 5.7 设 $f(x)$ 在 $[a,b]$ 上除 $c(c \in (a,b))$ 点外连续,且 $\lim\limits_{x \to c} f(x) = \infty$,如果广义积分 $\int_a^c f(x)\mathrm{d}x$ 与 $\int_c^b f(x)\mathrm{d}x$ 都收敛,那么这两个广义积分之和为 $f(x)$ 在 $[a,b]$ 上的广义积分.记作 $\int_a^b f(x)\mathrm{d}x$,即

$$\int_a^b f(x)\mathrm{d}x = \int_a^c f(x)\mathrm{d}x + \int_c^b f(x)\mathrm{d}x.$$

此时也称广义积分**收敛**,否则称广义积分**发散**.

例 5.24 计算 $\int_0^1 \frac{1}{\sqrt{1-x^2}}\mathrm{d}x$.

解 因为 $\lim\limits_{x \to 1^-} \frac{1}{\sqrt{1-x^2}} = \infty$,所以该积分为广义积分.取 $\varepsilon > 0$,又因为

$$\lim_{\varepsilon \to 0^+} \int_0^{1-\varepsilon} \frac{1}{\sqrt{1-x^2}}\mathrm{d}x = \lim_{\varepsilon \to 0^+} \arcsin x \Big|_0^{1-\varepsilon} = \lim_{\varepsilon \to 0^+} \arcsin(1-\varepsilon) = \frac{\pi}{2}.$$

所以广义积分

$$\int_0^1 \frac{1}{\sqrt{1-x^2}}\mathrm{d}x = \frac{\pi}{2}.$$

例 5.25 计算 $\int_{-1}^1 \frac{1}{x^2}\mathrm{d}x$.

解 因为 $\lim\limits_{x \to 0} \frac{1}{x^2} = +\infty$,$x = 0$ 是被积函数的无穷间断点,所以积分为广义积分,有

$$\int_{-1}^1 \frac{1}{x^2}\mathrm{d}x = \int_{-1}^0 \frac{1}{x^2}\mathrm{d}x + \int_0^1 \frac{1}{x^2}\mathrm{d}x.$$

取 $\varepsilon > 0$,因为

$$\int_0^1 \frac{1}{x^2}\mathrm{d}x = \lim_{\varepsilon \to 0^+} \int_\varepsilon^1 x^{-2}\mathrm{d}x = -\lim_{\varepsilon \to 0^+} \frac{1}{x}\Big|_\varepsilon^1 = -\lim_{\varepsilon \to 0^+}\left(1 - \frac{1}{\varepsilon}\right) = +\infty.$$

所以该广义积分发散.

练习题 5.4

1.填空题.

(1) $\int_{1}^{+\infty} \frac{1}{x^2}\mathrm{d}x =$ __________;

(2) $\int_{1}^{+\infty} x^{-\frac{1}{2}}\mathrm{d}x =$ __________;

(3) $\int_{0}^{+\infty} \frac{k}{1+x^2}\mathrm{d}x = 1$, 其中 k 为常数,则 $k=$ __________;

(4) $\int_{1}^{+\infty} \frac{1}{x+x^2}\mathrm{d}x =$ __________.

2.计算下列广义积分:

(1) $\int_{1}^{+\infty} \frac{1}{x^4}\mathrm{d}x$;

(2) $\int_{-\infty}^{+\infty} \frac{1}{x^2+2x+2}\mathrm{d}x$;

(3) $\int_{-\infty}^{0} \cos x\mathrm{d}x$;

(4) $\int_{0}^{+\infty} x^2 \mathrm{e}^{-x}\mathrm{d}x$.

3.证明:

(1)广义积分 $\int_{2}^{+\infty} \frac{\mathrm{d}x}{x(\ln x)^k}$, 当 $k>1$ 时收敛;当 $k\leqslant 1$ 时发散.

(2)广义积分 $\int_{0}^{1} \frac{1}{x^p}\mathrm{d}x$, 当 $p\geqslant 1$ 时收敛;当 $p<1$ 时发散.

第五节　定积分的应用

利用定积分计算一个量,其关键是通过找所求量对应的积分和式的极限,来推导出积分公式.这里,我们采用一种简化且比较直观的分析方法(简称元素法或微元分析法),把所求量表达成定积分.这种方法对解决实际问题是很方便的,特别在工程技术和物理学中被大量应用.

本节将利用定积分来计算一些常见的几何量和物理量,并介绍几个应用实例.

一、微元分析法

我们采用曲边梯形的面积问题来叙述微元分析法.

根据定积分的几何意义, $\int_{a}^{b} f(x)\mathrm{d}x$ 表示由曲线 $y=f(x)\,(f(x)\geqslant 0)$, 直线 $x=a,x=b$ 及

$y=0$ 所围成的曲边梯形的面积(见图 5.9),记作 $A=\sum\Delta A$. 我们把 $[a,b]$ 分成几个小区间,取出一个代表性小区间记作 $[x,x+\mathrm{d}x]$,其长度为 $\mathrm{d}x$, 表示在 $[x,x+\mathrm{d}x]$ 上小曲边梯形的面积.因为 $\mathrm{d}x$ 很小,小曲边梯形几乎可以看作一个窄长的矩形,这样以 $f(x)$ 为高, $\mathrm{d}x$ 为底的矩形面积 ΔA 的近似值,即 $\Delta A\approx f(x)\mathrm{d}x$. 把上式的右端 $f(x)\mathrm{d}x$ 称为所求面积 A 的**面积元素**,记作 $\mathrm{d}A$,即

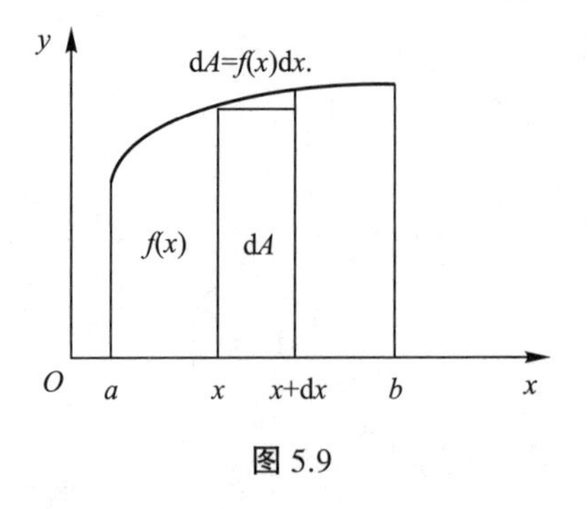

图 5.9

$$\mathrm{d}A=f(x)\mathrm{d}x.$$

于是

$$A=\sum\Delta A\approx\sum f(x)\mathrm{d}x=\sum\mathrm{d}A.$$

这一“累加”过程(当 $n\to+\infty$ 时)就是所求面积,即

$$A=\lim_{n\to+\infty}\sum f(x)\mathrm{d}x=\lim_{n\to+\infty}\sum\mathrm{d}A=\int_a^b f(x)\mathrm{d}x=\int_a^b\mathrm{d}A.$$

我们把导出积分表达式的分析方法称为**元素法**.

对于由一般量求总量 U 的元素法步骤如下:

(1)选取一个积分变量 x (或其他),并确定它的变化区间 $[a,b]$;

(2)在 $[a,b]$ 中取代表性小区间 $[x,x+\mathrm{d}x]$,求出该小区间上所求量的部分 ΔU 的近似表达式,即

$$\Delta U\approx\mathrm{d}U=\int f(x)\mathrm{d}x,$$

其中, $\mathrm{d}U$ 称为总量 U 的元素, $f(x)$ 是连续函数.

利用可加性,把 U 的元素 $\mathrm{d}U$ 化为积分表达式,在 $[a,b]$ 上作定积分:

$$U=\sum\Delta U=\lim_{n\to+\infty}\sum\mathrm{d}U=\lim_{n\to+\infty}\sum f(x)\Delta x=\int f(x)\mathrm{d}x.$$

二、平面图形面积

应用定积分来计算平面图形的面积,对于在不同坐标系下的情况我们分别加以介绍.

(一)计算直角坐标系中平面图形的面积

例 5.26 求由曲线 $y=x^2$, 直线 $y=-\dfrac{3}{2}x$ 及 $x=2$ 所围成平面图形(见图 5.10)的面积.

解 面积元素 $\mathrm{d}A=\left[x^2-\left(-\dfrac{3}{2}x\right)\right]\mathrm{d}x$.

在积分区间[0,2]上作定积分,即所求的面积是

$$A=\int_0^2\left[x^2-\left(-\frac{3}{2}x\right)\right]\mathrm{d}x$$

$$=\left(\frac{x^3}{3}+\frac{3x^2}{4}\right)\Bigg|_0^2=\frac{17}{3}.$$

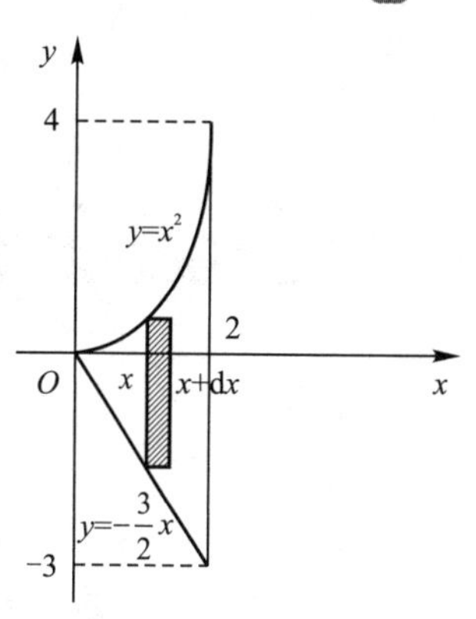

图 5.10

一般地，由曲线 $y=f(x)$，$y=g(x)$ $(f(x)\geqslant g(x))$ 与直线 $x=a$，$x=b$ 所围成平面图形的面积（见图 5.11）是定积分

$$A=\int_a^b[f(x)-g(x)]\mathrm{d}x.$$

如果平面图形的区域是由曲线 $x=\phi(y)$，$x=\psi(y)$ $(\phi(y)\leqslant\psi(y))$ 及直线 $y=c$，$y=d$ 所围成（见图 5.12），则它的面积是定积分：

$$A=\int_c^d[\psi(y)-\phi(y)]\mathrm{d}y.$$

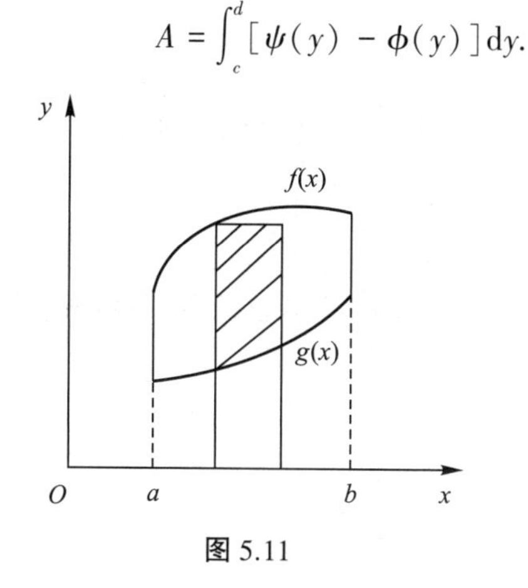

图 5.11

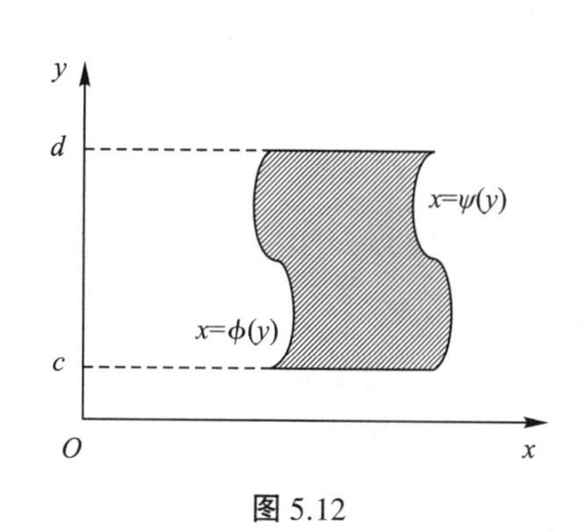

图 5.12

例 5.27　求抛物线 $y^2=2x$ 与直线 $y=x-4$ 所围成图形的面积.

解　解方程组 $\begin{cases}y^2=2x,\\ y=x-4,\end{cases}$ 得抛物线与直线的交点 $(2,-2)$ 和 $(8,4)$.

若以 y 为积分变量，则 y 的变化范围为闭区间 $[-2,4]$，从中任选小区间 $[y,y+\mathrm{d}y]$（见图 5.13），与它相对应的面积元素为

$$\mathrm{d}A=\left(y+4-\frac{y^2}{2}\right)\mathrm{d}y,$$

于是

$$A=\int_{-2}^4\left(y+4-\frac{y^2}{2}\right)\mathrm{d}y=\left(\frac{y^2}{2}+4y-\frac{y^3}{6}\right)\Bigg|_{-2}^4=18.$$

若以 x 为积分变量，x 的变化范围为闭区间 $[0,8]$，但必须把它分成 $[0,2]$ 和 $[2,8]$ 两个区间，并在这两个区间中任选小区间 $[x,x+\mathrm{d}x]$（见图 5.14），与它们相对应的面积元素为

$$\mathrm{d}A_1=[\sqrt{2x}-(-\sqrt{2x})]\mathrm{d}x\,(0\leqslant x\leqslant 2),$$

$$\mathrm{d}A_2=[\sqrt{2x}-(x-4)]\mathrm{d}x\,(2\leqslant x\leqslant 8).$$

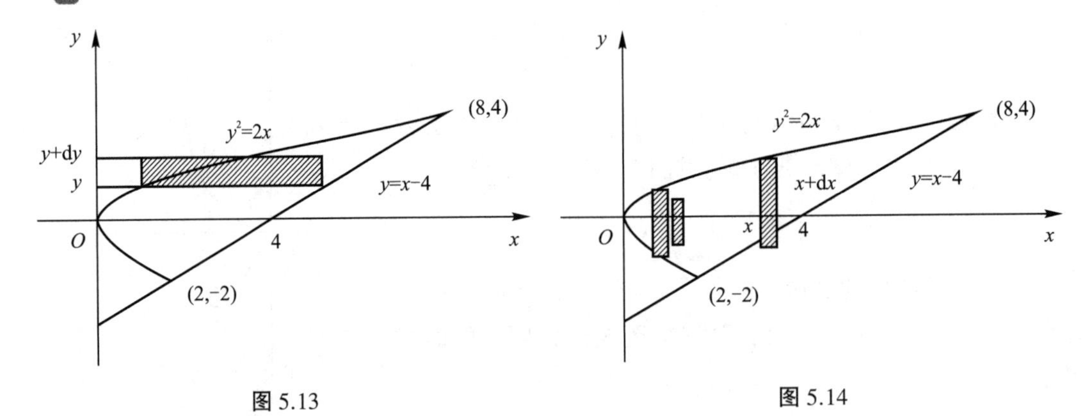

图 5.13　　图 5.14

这样,所求面积为

$$A=\int_0^2[\sqrt{2x}-(-\sqrt{2x})]\,\mathrm{d}x+\int_2^8[\sqrt{2x}-(x-4)]\,\mathrm{d}x$$

$$=\frac{2}{3}[(2x)^{\frac{3}{2}}]\Big|_0^2+\left[\frac{1}{3}(2x)^{\frac{3}{2}}-\frac{1}{2}x^2+4x\right]\Big|_2^8=18.$$

比较上述两种解法可以知道,积分变量选择适当,计算就可以简单.一般选择积分变量时应该考虑下列因素:

(1)原函数较容易求得;

(2)尽量少分割区域.

例 5.28　求椭圆 $\frac{x^2}{a^2}+\frac{y^2}{b^2}=1$ 的面积.

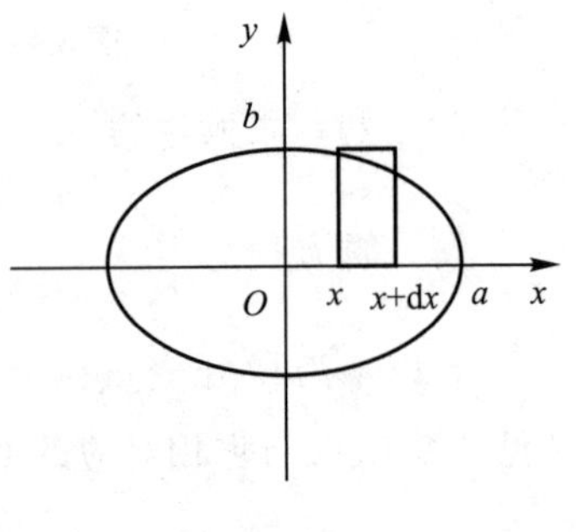

图 5.15

解　由于椭圆关于两个坐标轴都对称(见图 5.15),故椭圆面积为 $A=4A_1$. 其中 A_1 为椭圆在第一象限的面积,因此

$$A=4A_1=4\int_0^a y\,\mathrm{d}x.$$

利用椭圆的参数方程 $\begin{cases}x=a\cos\theta,\\ y=b\sin\theta,\end{cases}$ 可得 $\mathrm{d}x=-a\sin\theta\mathrm{d}\theta$,

且当 x 由 0 变到 a 时, θ 由 $\frac{\pi}{2}$ 到 0,则有

$$A=4\int_{\frac{\pi}{2}}^0 b\sin\theta(-a\sin\theta)\,\mathrm{d}\theta=4ab\int_0^{\frac{\pi}{2}}\sin^2\theta\mathrm{d}\theta=4ab\cdot\frac{1}{2}\cdot\frac{\pi}{2}=\pi ab.$$

一般地,当曲边梯形的曲边 $y=f(x)\,(f(x)\geqslant 0, x\in[a,b])$ 由参数方程 $\begin{cases}x=\varphi(t),\\ y=\psi(t)\end{cases}$ 给出时,若(1)曲边的起点和终点分别对应的参数值是 $\varphi(\alpha)=a,\varphi(\beta)=b$;(2) $y=\psi(t)$ 连续;则曲边梯形的面积为

$$A=\int_a^b f(x)\,\mathrm{d}x=\int_\alpha^\beta \psi(t)\varphi'(t)\,\mathrm{d}t.$$

例 5.29　求由星形线$\begin{cases} x = a\cos^3 t, \\ y = a\sin^3 t \end{cases}$所围成图形的面积.

解　星形线关于两个坐标轴都对称(见图 5.16),由上面公式计算星形线所围成的面积:

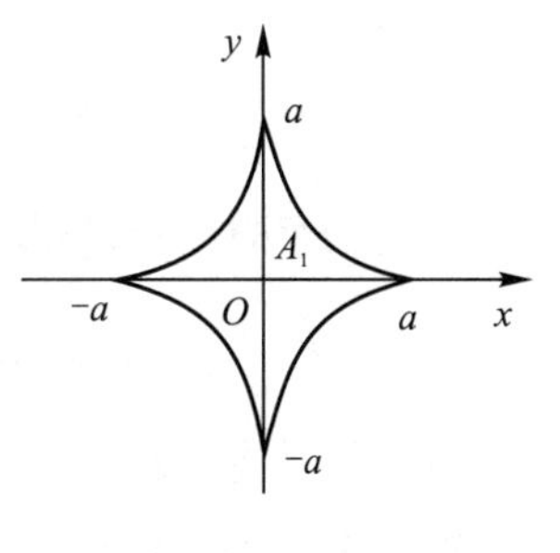

图 5.16

$$\begin{aligned} A &= 4A_1 = 4\int_0^a y\mathrm{d}x \\ &= 4\int_{\frac{\pi}{2}}^0 a\sin^3 t(-3a\sin t\cos^3 t)\mathrm{d}t \\ &= 12a^2\int_0^{\frac{\pi}{2}}(\sin^4 t - \sin^6 t)\mathrm{d}t \\ &= 12a^2\left(\frac{3\times 1}{4\times 2} - \frac{5\times 3\times 1}{6\times 4\times 2}\right)\cdot\frac{\pi}{2} \\ &= \frac{3}{8}\pi a^2. \end{aligned}$$

(二)计算极坐标系中平面图形的面积

某些平面图形,用极坐标来计算它们的面积比较方便.

设由曲线 $\rho = \rho(\theta)$ 及射线 $\theta = \alpha, \theta = \beta$ 围成一图形(简称为**曲边扇形**),现在要计算它的面积(见图 5.17).这里 $\rho(\theta)$ 在 $[\alpha,\beta]$ 上连续,且 $\rho(\theta) \geqslant 0$.

用微元法推导计算面积的公式.

取极角 θ 为积分变量,它的变化区间为 $[\alpha,\beta]$. 相应于任一小区间 $[\theta,\theta + \mathrm{d}\theta]$ 的窄曲边扇形的面积可以用半径为 $\rho = \rho(\theta)$ 、中心角为 $\mathrm{d}\theta$ 的圆扇形的面积来近似代替,从而得到这个小曲边扇形面积的近似值,即曲边扇形的面积微元

$$\mathrm{d}A = \frac{1}{2}[\rho(\theta)]^2\mathrm{d}\theta.$$

从而得所求曲边扇形的面积为

$$A = \int_\alpha^\beta \frac{1}{2}[\rho(\theta)]^2\mathrm{d}\theta.$$

例 5.30　求心形线 $\rho = a(1 + \cos\theta)$ 所围图形的面积 $(a > 0)$.

解　由于图形关于极轴对称(见图 5.17),所以所求面积为

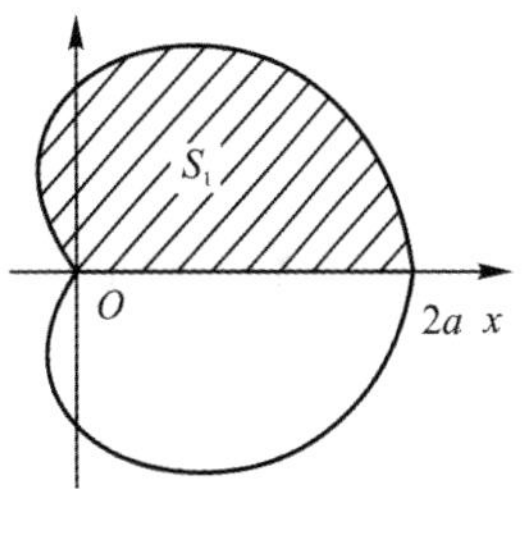

图 5.17

$$\begin{aligned} A &= 2\cdot\frac{1}{2}\int_0^\pi a^2(1 + \cos\theta)^2\mathrm{d}\theta \\ &= a^2\int_0^\pi(1 + 2\cos\theta + \cos^2\theta)\mathrm{d}\theta \\ &= a^2\int_0^\pi\left(\frac{3}{2} + 2\cos\theta + \frac{1}{2}\cos 2\theta\right)\mathrm{d}\theta \end{aligned}$$

$$= a^2\left[\frac{3}{2}\theta + 2\sin\theta + \frac{1}{4}\sin 2\theta\right]\bigg|_0^{\pi}$$

$$= \frac{3}{2}\pi a^2.$$

三、旋转体的体积

由一个平面图形绕着该平面内一条直线旋转一周而成的立体称为**旋转体**,称这条直线为**旋转轴**.圆柱、圆锥、圆台、球体可以分别看作由矩形绕一条边、直角三角形绕一直角边、直角梯形绕它的直角腰、半圆绕直径旋转一周而成的立体,它们都是旋转体.下面来推导计算旋转体的体积.(所用的体积元素 $\mathrm{d}V$ 是垂直于旋转轴的扁柱体,用它计算旋转体体积的方法称为“扁柱体法”.)

(1)由连续曲线 $y=f(x)$,直线 $x=a,x=b$ 及 x 轴所围成的曲边梯形绕 x 轴旋转一周而生成的旋转体(见图 5.18);它的平行截面是垂直于 x 轴、半径为 $|f(x)|$ 的圆.这样,平行截面的面积是 $A(x)=\pi f^2(x)=\pi y^2$, 由此可得旋转体的体积为

$$V=\int_a^b \pi y^2\mathrm{d}x.$$

(2)若由连续曲线 $x=g(y)$,直线 $y=c,y=d$ 及 y 轴所围成的曲边梯形绕 y 轴旋转一周而生成的旋转体(见图 5.19)垂直于 y 轴的截面的面积是 $A(y)=\pi g^2(y)$,则旋转体的体积为

$$V=\int_c^d \pi g^2(y)\mathrm{d}y=\int_c^d \pi x^2\mathrm{d}y.$$

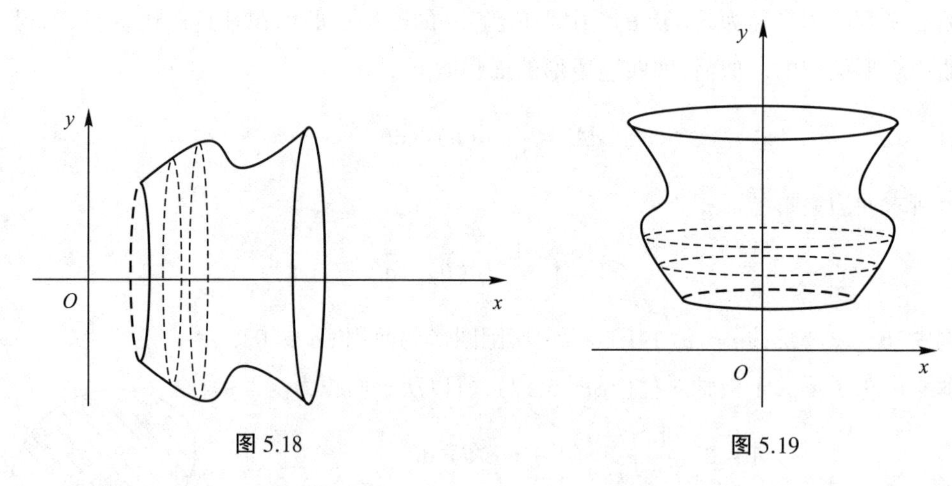

图 5.18　　　　图 5.19

例 5.31　求由曲线 $y=\mathrm{e}^{-x}$ 和直线 $x=1,x=2,y=0$ 所围成图形分别绕着 x 轴、y 轴旋转而成的立体的体积.

解　曲线为 $y=\mathrm{e}^{-x}$, $x\in[1,2]$ 或 $x=-\ln y,y\in[\mathrm{e}^{-2},\mathrm{e}^{-1}]$(见图 5.20).计算围成的图形绕着 x 轴旋转一周而成的旋转体积 V_x:

$$V_x=\int_1^2 \pi y^2 \mathrm{d}x=\pi\int_1^2 \mathrm{e}^{-2x}\mathrm{d}x=\frac{-\pi}{2}\mathrm{e}^{2x}\Big|_1^2$$

$$=\frac{\pi}{2}(\mathrm{e}^{-2}-\mathrm{e}^{-4}).$$

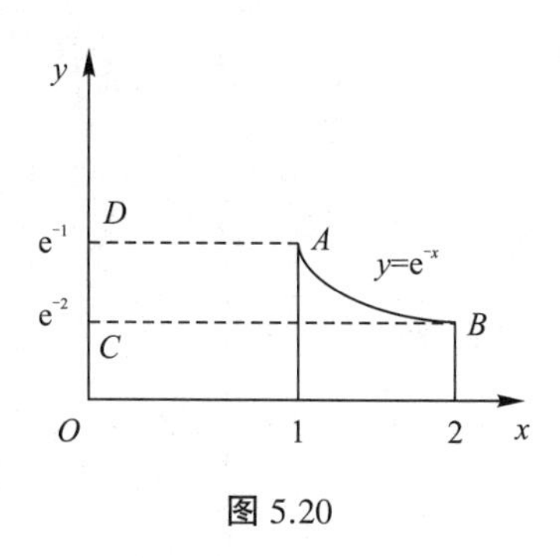

图 5.20

围成的图形绕着 y 轴旋转一周而成的旋转体体积 V_y，是底面半径为 2、高为 e 的圆柱体积与曲边梯形 $ABCD$ 绕着 y 轴旋转一周而成的立体的体积之和,再减去底面半径为 1、高为 e 的圆柱体的体积.可得

$$V_y=\int_0^{\mathrm{e}^{-2}}\pi\cdot 2^2\mathrm{d}y+\int_{\mathrm{e}^{-2}}^{\mathrm{e}^{-1}}\pi x^2\mathrm{d}y-\int_0^{\mathrm{e}^{-1}}\pi\cdot 1^2\mathrm{d}y$$

$$=4\pi\mathrm{e}^{-2}+\int_{\mathrm{e}^{-2}}^{\mathrm{e}^{-1}}\pi(-\ln y)^2\mathrm{d}y-\pi\mathrm{e}^{-1}$$

$$=4\pi\mathrm{e}^{-2}-\pi\mathrm{e}^{-1}+\pi\left(y\ln^2 y\Big|_{\mathrm{e}^{-2}}^{\mathrm{e}^{-1}}-\int_{\mathrm{e}^{-2}}^{\mathrm{e}^{-1}}2y\ln y\cdot\frac{1}{y}\mathrm{d}y\right)$$

$$=\pi\left[4\mathrm{e}^{-2}-\mathrm{e}^{-1}+\mathrm{e}^{-1}-4\mathrm{e}^{-2}-2\left(y\ln y\Big|_{\mathrm{e}^{-2}}^{\mathrm{e}^{-1}}-\int_{\mathrm{e}^{-2}}^{\mathrm{e}^{-1}}y\cdot\frac{1}{y}\mathrm{d}y\right)\right]$$

$$=-2\pi(-\mathrm{e}^{-1}+2\mathrm{e}^{-2}-\mathrm{e}^{-1}+\mathrm{e}^{-2})$$

$$=2\pi(2\mathrm{e}^{-1}-3\mathrm{e}^{-2})=\frac{\pi}{\mathrm{e}^2}(4\mathrm{e}-6).$$

例 5.32　求由圆 $x^2+(y-b)^2=a^2(b>a)$ 绕 x 轴旋转而成的圆环的体积.

解　把圆的方程 $x^2+(y-b)^2=a^2$ 分成上半圆周 $y=b+\sqrt{a^2-x^2}$ 和下半圆周 $y=b-\sqrt{a^2-x^2}$（见图 5.21）.

所求的体积是以上半圆周为曲边的曲边梯形 $ABCDE$ 和以下半圆周为曲边的曲边梯形 $ABCDE$ 分别绕着 x 轴旋转而成的立体体积之差,这样可得

$$V=\pi\int_{-a}^{a}\left[(b+\sqrt{a^2-x^2})^2-(b-\sqrt{a^2-x^2})^2\right]\mathrm{d}x$$

$$=2\pi\int_0^a 4b\sqrt{a^2-x^2}\mathrm{d}x=8\pi b\cdot\frac{1}{4}\pi a^2=2\pi^2a^2b.$$

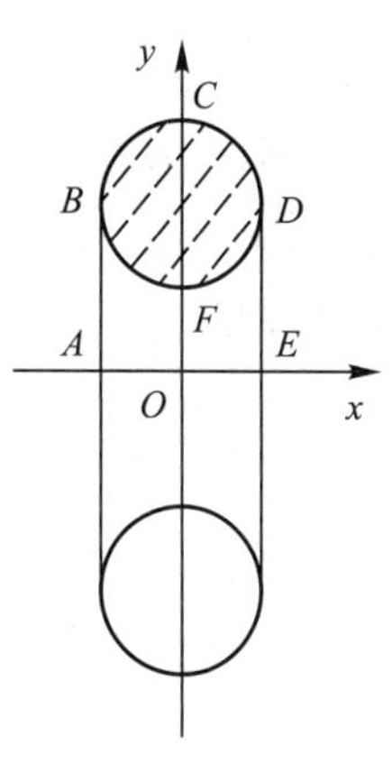

图 5.21

例 5.33　求由椭圆 $\dfrac{x^2}{a^2}+\dfrac{y^2}{b^2}=1$ 所围成的图形分别绕 x 轴和 y 轴旋转所生成的旋转体(见图 5.22)的体积.

解　由于椭圆关于坐标轴对称,所以所求的体积 V 是椭圆在第一象限内形成的曲边梯形绕坐标轴旋转所生成的旋转体体积的 2 倍,即绕 x 轴旋转时,

$$V = 2\pi \int_0^a y^2 \mathrm{d}x = 2\pi \int_0^a \frac{b^2}{a^2}(a^2 - x^2)\,\mathrm{d}x$$

$$= 2\pi \frac{b^2}{a^2}\left[a^2 x - \frac{1}{3}x^3\right]\Big|_0^a = \frac{4}{3}\pi a b^2.$$

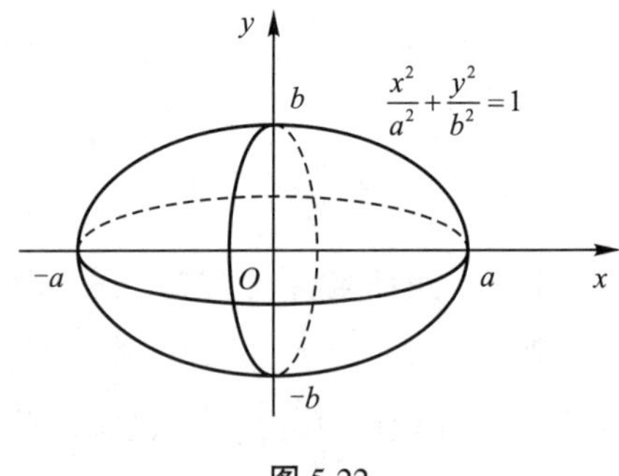

图 5.22

绕 y 轴旋转时,

$$V = 2\pi \int_0^b x^2 \mathrm{d}y = 2\pi \int_0^b \frac{a^2}{b^2}(b^2 - y^2)\,\mathrm{d}y$$

$$= 2\pi \frac{a^2}{b^2}\left[b^2 y - \frac{1}{3}y^3\right]\Big|_0^b = \frac{4}{3}\pi a^2 b.$$

四、变力所做的功

由物理学知道,在常力 F 的作用下,物体沿力的方向移动了距离 s,则力 F 对物体所做的功为 $W = F \cdot s$. 但在实际问题中,物体所受的力经常是变化的,现在我们来讨论如何求变力做功的问题.

设物体在变力 $F = f(x)$ 的作用下,沿 Ox 轴由 a 移动到 b,而且变力方向保持与 Ox 轴一致.我们仍采用微元法来计算力 F 在这段路程中所做的功.

在区间 $[a,b]$ 上任取一小区间 $[x,x+\mathrm{d}x]$,当物体从 x 移动到 $x+\mathrm{d}x$ 时,变力 $F = f(x)$ 所做的功近似于把变力看作常力所做的功,从而功元素为

$$\mathrm{d}W = f(x)\,\mathrm{d}x.$$

因此所求的功为 $W = \int_a^b f(x)\,\mathrm{d}x$.

例 5.34 把一个带 $+q$ 电量的点电荷放在 r 轴上坐标原点处,它产生一个电场,这个电场对周围的电荷产生作用力,由物理学知道,如果有一个单位正电荷放在这个电场中距原点 O 为 r 的地方,那么电场对它的作用力大小为

$$F = k\frac{q}{r^2}(k\text{ 为常数}).$$

如图 5.23 所示,当这个单位正电荷在电场中从 $r = a$ 处沿 r 轴移到 $r = b$ 处($a < b$)时,计算电场力对它所做的功.

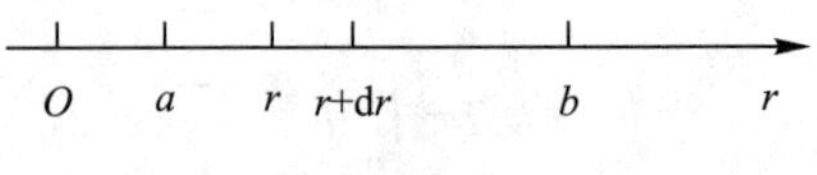

+q　+1
O　a　r　r+dr　b　r

图 5.23

解 积分区间为 $[a,b]$,积分变量为 r,在区间 $[a,b]$ 上任取一小区间 $[r,r+\mathrm{d}r]$,与它相对应的电场力 F 所做的功的近似值,即功元素为 $\mathrm{d}W = F\mathrm{d}r$.

在 $[a,b]$ 上积分,则所求电场力所做的功为

$$W = \int_a^b k\frac{q}{r^2}\mathrm{d}r = kq\int_a^b \frac{1}{r^2}\mathrm{d}r = kq\left[-\frac{1}{r}\right]\Big|_a^b = kq\left(\frac{1}{a} - \frac{1}{b}\right).$$

练习题 5.5

1.画出由给定曲线所围成的平面区域的草图,并求它的面积:

(1) $y=x^2$ 和 $y=3x-2$;　　(2) $y=2x^2$ 和 $y=x+1$;

(3) $y=4x$ 和 $y=2x^2$;　　(4) $y=x^2$ 和 $y=4$;

(5) $y=\dfrac{1}{x^2}$, $y=0, x=1, x=3$;　　(6) $x=y^2$ 和 $x=3y-2$;

(7) $y=\sin x, y=0, x=\dfrac{\pi}{2}\left(x\leqslant\dfrac{\pi}{2}\right)$;　　(8) $y=\tan x, y=0, x=\dfrac{\pi}{4}(x\geqslant 0)$.

2.求 $y=|\ln x|, y=0, x=\dfrac{1}{\mathrm{e}}$, $x=\mathrm{e}$ 所围成图形的面积.

3.假设鸡蛋是上下对称的,上半部分是由 $y=3-\dfrac{3}{4}x^2$, $y=0$ 所围成的区域绕着 y 轴旋转而成,求鸡蛋的体积.

4.求下列曲线所围成的图形绕着指定轴旋转所得旋转体的体积:

(1) $xy=4$, $x=1, y=0$, 绕 x 轴;

(2) $y=\sin x, y=\dfrac{2x}{\pi}$, 绕 x 轴;

(3) $y=x^2$, $y^2=8x$, 绕 x 轴、绕 y 轴;

(4) $x^2+(y-5)^2=16$, 绕 x 轴.

【本章小结】

一、本章主要内容与重点

本章主要内容:定积分的概念与性质,牛顿-莱布尼茨公式,定积分的换元积分法与分部积分法,广义积分,定积分的应用.

1.定积分的概念

函数 $y=f(x)$ 在区间 $[a,b]$ 上的定积分是通过积分和的极限定义的:

$$\int_a^b f(x)\,\mathrm{d}x=\lim_{\lambda\to 0}\sum_{i=1}^{n} f(\xi_i)\Delta x_i,$$

其中 $\lambda=\max\limits_{1\leqslant i\leqslant n}\{\Delta x_i\}$.

2.定积分的几何意义

定积分 $\int_a^b f(x)\,\mathrm{d}x$ 在几何上表示由曲线 $y=f(x)$ 与直线 $x=a$, $x=b$ 和 x 轴围成的各种图

形的面积的代数和,在 x 轴上方的图形面积取正值,在 x 轴下方的图形面积取负值.

3.定积分的性质

定积分的性质在积分的理论和计算中都是很重要的.还有一些关于定积分的结论也是很重要的:

(1)定积分是由被积函数与积分区间所确定的,而与积分变量所采用的符号无关,即

$$\int_a^b f(x)\,\mathrm{d}x = \int_a^b f(t)\,\mathrm{d}t.$$

(2)互换定积分的上、下限,定积分要变号,即

$$\int_a^b f(x)\,\mathrm{d}x = -\int_b^a f(x)\,\mathrm{d}x.$$

特殊地,当 $a=b$ 时,规定 $\int_a^a f(x)\,\mathrm{d}x=0$.

(3)设函数 $f(x)$ 在对称区间 $[-a,a]$ 上连续 $(a>0)$.

当 $f(x)$ 为偶函数时,$\int_{-a}^a f(x)\,\mathrm{d}x=2\int_0^a f(x)\,\mathrm{d}x$;

当 $f(x)$ 为奇函数时,$\int_{-a}^a f(x)\,\mathrm{d}x=0$.

4.定积分的计算

(1)变上限定积分:

$$\Phi'(x)=\left[\int_a^x f(t)\,\mathrm{d}t\right]'=f(x).$$

一般地,如果 $g(x)$ 可导,则

$$\left[\int_a^{g(x)} f(t)\,\mathrm{d}t\right]'=f[g(x)]\cdot g'(x).$$

(2)牛顿-莱布尼茨公式:

$$\int_a^b f(x)\,\mathrm{d}x=F(b)-F(a),$$

其中 $F(x)$ 是 $f(x)$ 的原函数.

这一公式说明只需计算 $f(x)$ 的一个原函数,就可以求得 $f(x)$ 在区间 $[a,b]$ 上的定积分.

牛顿-莱布尼茨公式在积分学中占有极其重要的地位,它沟通了定积分与不定积分这两个基本概念.

(3)定积分的换元积分法.

在换元时,一定要注意在变换被积表达式的同时要相应地改变积分上下限.

(4)定积分的分部积分法:

$$\int_a^b u\,\mathrm{d}v=uv\big|_a^b-\int_a^b v\,\mathrm{d}u.$$

5.广义积分

广义积分,原则上是把它化为一个定积分,通过求极限的方法确定该广义积分是否收敛.

6.定积分的应用

(1)用定积分求平面图形的面积;

(2)用定积分求旋转体的体积;

(3)定积分的物理应用.

重点　定积分的概念与性质,牛顿-莱布尼茨公式,定积分的换元积分法与分部积分法,利用定积分计算平面图形的面积.

二、学习指导

定积分及其应用是微积分学的又一重点.深刻理解定积分的概念,熟悉定积分的计算方法,学会用定积分解决实际问题,对于学好一元函数和多元函数微积分都是十分重要的.

(1)利用定积分的几何意义可计算较简单的定积分.

(2)在不要求或不易计算定积分值时,可利用估值不等式估计定积分的取值范围.

(3)对于分段函数或被积函数含有绝对值符号的定积分,通常利用区间可加性分段积分.

(4)定积分作换元时,要求变换 $x=\varphi(t)$ 是单调函数,且同时写出变换 $x=\varphi(t)$ 与逆变换 $t=\varphi^{-1}(x)$, 特别要注意换元后一定要换新的积分限.

利用凑微分法计算定积分时,不换元可不换限.

(5)根据被积函数的特点选择适当的换元是本章的难点,掌握换元法需通过一定的练习才能逐步入门,熟能生巧.

(6)用分部积分法计算定积分,先利用不定积分的分部积分法求出其中一个原函数,再用牛顿-莱布尼茨公式求得结果.不定积分与定积分的分部积分法的差别是定积分经分部积分后,积出部分就代入上、下限,即积出一步代一步,不必等到最后一起代上、下限,而不定积分是求被积函数的全体原函数.

(7)关于变上限定积分也是本章的重点与难点.只有熟悉变上限定积分的求导运算,才能解决有变限积分函数参与的求极限、判断函数的单调性与求极值等问题.

(8)学习的目的在于应用,定积分在几何、物理、力学、经济上均有广泛应用.本课程主要应用是在直角坐标系下计算平面图形的面积、平面图形绕坐标轴旋转所得旋转体的体积等.

习题五

1.选择题.

(1)若函数 $f(x)$ 可导,则下列等式正确的是(　　);

A. $\int f'(x)\mathrm{d}x=f(x)$　　　　B. $\frac{\mathrm{d}}{\mathrm{d}x}\int f(x)\mathrm{d}x=f(x)+C$

C. $\frac{\mathrm{d}}{\mathrm{d}x}\int_a^b f(x)\mathrm{d}x=f(x)$　　　　D. $\frac{\mathrm{d}}{\mathrm{d}x}\int_a^b f(x)\mathrm{d}x=0$

(2)如果函数 $f(x)$ 在$[-1,1]$上连续,且平均值为 2,则 $\int_1^{-1} f(x)\mathrm{d}x=$(　　);

A.−1　　B.1　　C.−4　　D.4

(3)下列图形中阴影部分的面积不等于定积分 $\int_{-\frac{\pi}{2}}^{\pi}\cos x\mathrm{d}x$ 的是(　　);

A.
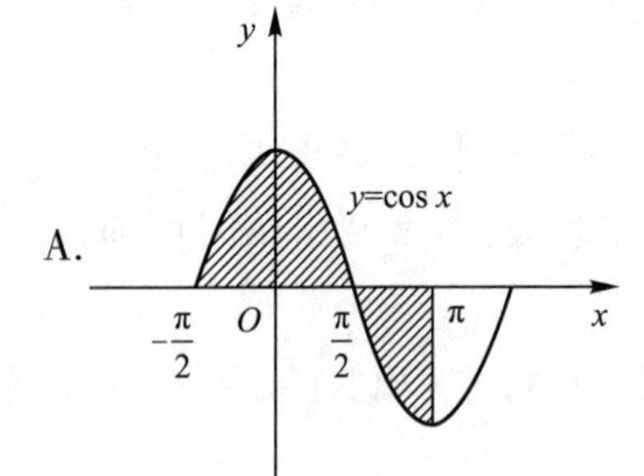

B.
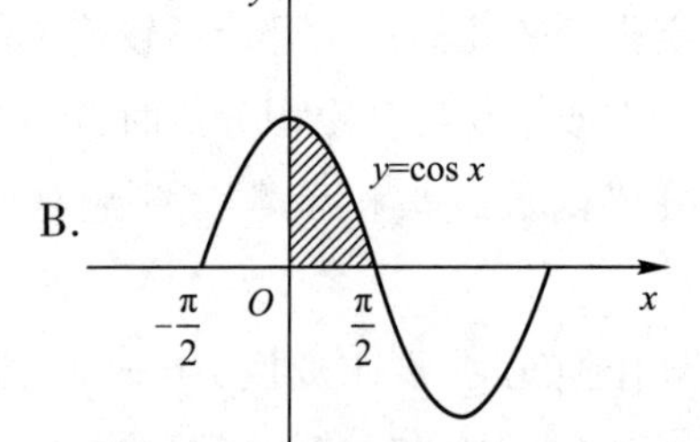

C.
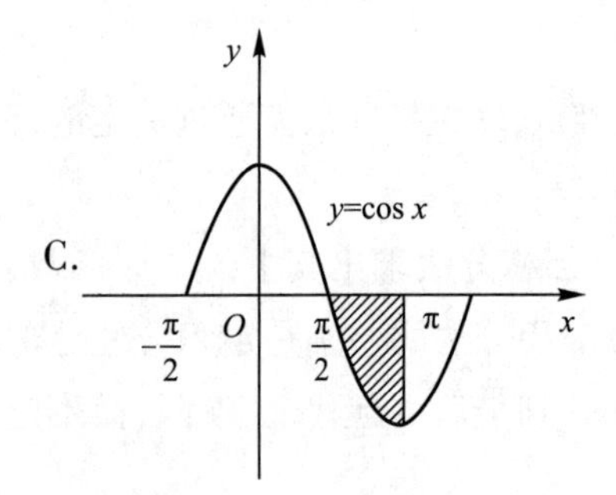

D.
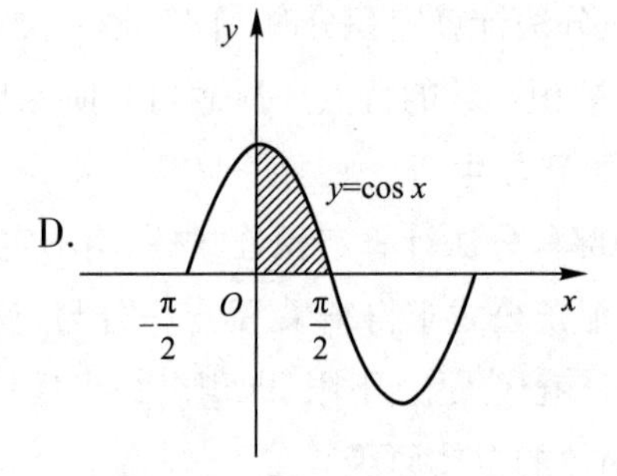

(4) $\int_1^{-1} x^2\arctan x\mathrm{d}x=$(　　);

A.1　　B.2　　C.−1　　D.0

(5)使定积分 $\int_0^2 kx(1+x^2)^{-2}\mathrm{d}x=32$ 成立的常数 $k=$(　　);

A.40　　B.−40　　C.80　　D.−80

(6)定积分 $\int_0^{\pi}\cos\frac{x}{2}\mathrm{d}x=$(　　);

A.1　　B.0　　C.π　　D.2

(7)设$f(x)$是连续函数,则$\int_a^b f(x)\mathrm{d}x-\int_a^b f(a+b-x)\mathrm{d}x=($　　$)$;

A.0　　B.1　　C. $a+b$　　D. $2\int_b^a f(x)\mathrm{d}x$

(8)若$F(x)=\int_a^x xf(t)\mathrm{d}t$,则$F'(x)=($　　$)$;

A. $xf(x)$　　B. $\int_a^x f(t)\mathrm{d}t+xf(x)$　　C. $(x-a)f(x)$　　D. $(x-a)[f(x)-f(a)]$

(9) $\lim\limits_{x\to 0}\dfrac{\int_0^x t\,\mathrm{e}^{t^2}\mathrm{d}t}{x^2}=($　　$)$;

A. $\dfrac{1}{2}$　　B.$-\dfrac{1}{2}$　　C. $\dfrac{1}{4}$　　D.$-\dfrac{1}{4}$

(10)已知当$x\to 0$时,$\int_0^x \sin t\mathrm{d}t$与$x^a$是同阶无穷小,则$a=($　　$)$;

A.-1　　B.1　　C.0　　D.2

(11)下列广义积分发散的是(　　);

A. $\int_1^{+\infty}\dfrac{\mathrm{d}x}{x^{\frac{1}{4}}}$　　B. $\int_1^{+\infty}\dfrac{\mathrm{d}x}{x\sqrt{x}}$　　C. $\int_1^{+\infty}\dfrac{\mathrm{d}x}{x^2}$　　D. $\int_1^{+\infty}\dfrac{\mathrm{d}x}{x^2\sqrt{x}}$

(12)由曲线$y=\mathrm{e}^{-x}$与两坐标轴及直线$x=1$所围成的平面图形的面积是(　　).

A. $1-\mathrm{e}$　　B. $\mathrm{e}-1$　　C. $1-\mathrm{e}^{-1}$　　D. $\mathrm{e}^{-1}-1$

2.填空题.

(1) $\int_0^1\sqrt{1+x^3}\mathrm{d}x$与$\int_0^1\sqrt{1+x^4}\mathrm{d}x$相比,较大的是__________;

(2) $\int_{-\frac{\pi}{\omega}}^{\frac{\pi}{\omega}}x\sin x^2\cos x^2\mathrm{d}x=$__________,$\int_{-5}^{5}\dfrac{x^3\sin x^2}{x^4+2x^2+1}\mathrm{d}x=$__________;

(3)已知连续函数$f(x)$满足$f(x)=\sin x+1+\int_{-1}^1 f(x)\mathrm{d}x$,则$f(x)=$__________;

(4)设$F(x)=\int_0^x t\cos^2 t\mathrm{d}t$,则$F'\left(\dfrac{\pi}{4}\right)=$__________;

(5)已知$f(x)=\begin{cases}\dfrac{1}{x^2}\int_0^x(\mathrm{e}^t-1)\mathrm{d}t, x>0,\\ A, x\leqslant 0\end{cases}$在$(-\infty,+\infty)$内连续,则$A=$__________;

(6)设$f(x)=\int_0^x(a\cos t+\cos 3t)\mathrm{d}t$在$x=\dfrac{\pi}{3}$处取得极值,则$a=$__________;

(7)若曲线$y=\sqrt{ax}\,(a>0)$与$x=3$围成的平面图形的面积等于6,则$a=$________;

(8) xOy坐标面上的双曲线$9x^2-4y^2=36$与$y=0,y=1$围成的平面图形绕y轴旋转一周而生成的旋转体的体积是__________.

3.用换元法求下列定积分:

(1) $\int_{\pi^2}^{\frac{\pi^2}{4}} \frac{\cos\sqrt{x}}{\sqrt{x}} dx$;　　(2) $\int_{-2}^{-\sqrt{2}} \frac{1}{x\sqrt{x^2-1}} dx$;

(3) $\int_{2}^{4} |x-3| dx$;　　(4) $\int_{0}^{\sqrt{\ln 2}} 2x e^{x^2} dx$;

(5) $\int_{1}^{-1} \frac{x}{\sqrt{5-4x}} dx$;　　(6) $\int_{4}^{9} \frac{\sqrt{x}}{\sqrt{x}-1} dx$.

4.用分部积分法求下列定积分:

(1) $\int_{0}^{\frac{\pi^2}{16}} \cos\sqrt{x}\, dx$;　　(2) $\int_{0}^{1} \frac{\ln(1+x)}{(2-x)^2} dx$.

5.设 $f(x)$ 是连续函数,利用奇偶函数在对称区间上积分的性质,计算下列定积分:

(1) $\int_{1}^{-1} (1-x^2)^5 \sin^7 x dx$;　　(2) $\int_{-\pi}^{\pi} [f(x)-f(-x)] dx$.

6.求 $\lim\limits_{x\to 0} \frac{\int_0^x e^t \sin t^2 dt}{x^3}$.

7.求函数 $f(x)=\int_{-1}^{x}(e^t-1)dt$ 的极值点与极值.

8.判断下列各广义积分的敛散性,如果收敛,计算出它的值:

(1) $\int_{1}^{-1} \frac{1}{x^3} dx$;　　(2) $\int_{0}^{+\infty} x^n e^{-x} dx$;

(3) $\int_{-\infty}^{+\infty} (x+|x|) e^{-|x|} dx$.

9.求由曲线 $y=3-2x^2$ 和直线 $y=x$ 围成的平面图形的面积.

10.求 $y=\sin x\ (0\leqslant x\leqslant\pi)$ 与 x 轴所围成的图形绕 x 轴旋转一周所生成的旋转体体积.

11.设平面图形由曲线 $y=x^2$ 与直线 $y=x, y=2x$ 围成.试求:

(1)该图形的面积;

(2)该图形绕 x 轴旋转一周所生成的旋转体的体积.

12.求抛物线 $y^2=2px$ 及其在点 $\left(\frac{p}{2},p\right)$ $(p>0)$ 处的法线所围成图形的面积.

13.求下列曲线所围成的图形绕指定轴旋转一周而成的旋转体的体积:

(1) $y=x^2$, x 轴及 $x=1$ 所围的图形分别绕 x 轴、y 轴;

(2) $y=x^{-3}$, 直线 $x=2$ 及 $y=1$ 所围的图形分别绕 x 轴、y 轴.

14.设 (t,t^2+1) 为曲线 $y=x^2+1$ 上的点,其中 $t>0$.

(1)试求由该曲线与曲线在此点处的切线,以及直线 $x=0$, $x=a(a>0)$ 所围成图形的

面积$A(t)$;

(2)当t取何值时,$A(t)$最小?

15.一物体按规律$x=ct^3$做直线运动,其中x是物体运动的路程,t是物体运动的时间,媒质阻力与速度的平方成正比(比例系数为$k(k>0)$),求物体由$x=0$处移至$x=a$处克服媒质阻力所做的功.

16.设函数$f(x)$为连续的奇(偶)函数,证明$F(x)=\int_0^x f(t)\mathrm{d}t$为偶(奇)函数.

17.证明:$3x-1-\int_0^x \frac{\mathrm{d}t}{1+t^2}=0$在区间$(0,1)$内有唯一的实根.

18.若函数$f(x)$在$[a,b]$上有连续的导函数,$f(a)=f(b)=0$,且$\int_a^b f^2(x)\mathrm{d}x=1$,证明:

$$\int_a^b xf(x)f'(x)\mathrm{d}x=\frac{1}{2}.$$

【阅读材料】

国际著名的华人数学家——丘成桐

丘成桐

丘成桐(1949—),1949年生于广东汕头市,美籍华裔数学家,教授.

1966年考入香港中文大学数学系;1969年获推荐留学于美国加州大学柏克莱分校;1971年获博士学位,同年开始先后在普林斯顿高级研究院、纽约州立大学及斯坦福大学任教,为讲座教授;1987年起任美国哈佛大学讲座教授至今;并分别于1994年及2003年出任香港中文大学数学科学研究所所长及香港中文大学博文讲座教授至今;此外,于2013年起任哈佛大学物理系教授.

丘成桐在1982年的时候便获得了菲尔兹数学奖,这个奖项被称之为数学界的“诺贝尔奖”,而丘成桐是第一个获得该奖项的华人数学家.2010年获沃尔夫奖,丘成桐还是继陈省身以后,第二位获得沃尔夫数学奖的华人数学家.

丘成桐主攻的领域为偏微分方程在微分几何中的作用,影响遍及拓扑学、代数几何、表示理论、广义相对论等众多数学和物理领域.他对微分几何学做出了极为重要的贡献.1976年,证明了卡拉比猜想(Calabi Conjecture)与爱因斯坦方程中的正质量猜想(Positive Mass Conjecture),并对微分几何和微分方程进行重要融合,解决问题,其影响直至今天.其后,继续在几何、拓扑学、物理学上做出许多成就.

丘成桐现任清华大学丘成桐数学科学中心主任.他全面负责数学科学中心和数学系的

学科规划、人才引进以及海外招聘等重要工作.2011 年当选“清华学堂人才培养计划”数学班的首席教授,指导数学班的建设;在科学研究方面,在清华大学数学中心建立多个高水平的研究团队,其团队组成人员为数学家、计算机科学家和生物数学家;在学科建设方面,大力推进清华大学数学学科建设,培养和引进一批杰出数学人才和优秀青年教师,进一步提升了清华大学数学学科的整体水平;在学术交流上,组织举办一系列高层次国际学术活动,增强了中国与国外著名数学家之间的交流、合作与学术研讨.

丘成桐说过,如今在国际上华人数学家还是非常少的,更别提有成就的数学家了.而任正非先生也说过:这些年我们科学的发展,最大的遗憾就是没有完成基础数学家的集群.等什么时候我们完成了对基础数学家的集群,那么我们就能够实现真正的科学强大!

不管是国家还是高科技公司,对于数学人才都是非常缺失的.特别是对于现在的孩子们而言,数学好不好会直接影响到未来能不能考一个好学校!

附录Ⅰ　初等数学常用公式

一、代数

1.绝对值与不等式

(1) $|a|=\begin{cases}a, a\geqslant 0,\\ -a, a<0;\end{cases}$

(2) $\sqrt{a^2}=|a|, |-a|=|a|$;

(3) $-|a|\leqslant a\leqslant |a|$;

(4)若 $|a|\leqslant b(b>0)$,则 $-b\leqslant a\leqslant b$;

(5)若 $|a|\geqslant b(b>0)$,则 $a\geqslant b$ 或 $a\leqslant -b$;

(6)(三角不等式) $|a+b|\leqslant |a|+|b|, |a-b|\geqslant |a|-|b|$;

(7) $|ab|=|a|\cdot|b|$;

(8) $\left|\dfrac{a}{b}\right|=\dfrac{|a|}{|b|}(b\neq 0)$.

2.指数运算

(1) $a^x\cdot a^y=a^{x+y}$;

(2) $\dfrac{a^x}{a^y}=a^{x-y}$;

(3) $(a^x)^y=a^{xy}$;

(4) $(ab)^x=a^x b^x$;

(5) $\left(\dfrac{a}{b}\right)^x=\dfrac{a^x}{b^x}$;

(6) $a^{\frac{x}{y}}=\sqrt[y]{a^x}$;

(7) $a^{-x}=\dfrac{1}{a^x}$;

(8) $a^0=1(a\neq 0)$.

3.对数运算($a>0, a\neq 1$)

(1) $\log_a a=1$;

(2) $\log_a 1=0$;

(3) $\log_a(xy)=\log_a x+\log_a y$;

(4) $\log_a \dfrac{x}{y}=\log_a x-\log_a y$;

(5) $\log_a x^b=b\log_a x$;

(6)对数恒等式 $a^{\log_a y}=y$;

(7)换底公式 $\log_a y=\dfrac{\log_b y}{\log_b a}$;

(8) $\lg \mathrm{e}=\log_{10}\mathrm{e}=0.434\ 294\ 481\ 903\cdots$;

(9) $\ln 10=\log_e 10=2.30\ 258\ 509\ 299\cdots$.

4.乘法及因式分解公式

(1) $(x+a)(x+b)=x^2+(a+b)x+ab$;

(2) $(x\pm y)^2=x^2\pm 2xy+y^2$;

(3) $(x\pm y)^3=x^3\pm 3x^2y+3xy^2\pm y^3$;

(4) $x^2-y^2=(x+y)(x-y)$;

(5) $x^3\pm y^3=(x\pm y)(x^2\mp xy+y^2)$;

(6) $x^n-y^n=(x-y)(x^{n-1}+x^{n-2}y+x^{n-3}y^2+\cdots+xy^{n-2}+y^{n-1})$.

5.数列

(1)等差数列.

通项公式:$a_n=a_1+(n-1)d$ (a_1 为首项,d 为公差).

前 n 项和公式:$S_n=\dfrac{(a_1+a_n)n}{2}=na_1+\dfrac{n(n-1)}{2}d$.

特例:

①$1+2+3+\cdots+(n-1)+n=\dfrac{n(n+1)}{2}$;

②$1+3+5+\cdots+(2n-3)+(2n-1)=n^2$;

③$2+4+6+\cdots+(2n-2)+2n=n(n+1)$.

(2)等比数列.

通项公式:$a_n=a_1q^{n-1}$ (a_1 为首项,q 为公比,$q\neq 1$).

前 n 项和公式:$S_n=\dfrac{a_1(1-q^n)}{1-q}=\dfrac{a_1-a_nq}{1-q}$.

(3) $1^2+2^2+3^2+\cdots+n^2=\dfrac{1}{6}n(n+1)(2n+1)$;

(4) $1^3+2^3+3^3+\cdots+n^3=\dfrac{n^2(n+1)^2}{4}$;

(5) $1^2+3^2+5^2+\cdots+(2n-1)^2=\dfrac{n(4n^2-1)}{3}$;

(6) $1^3+3^3+5^3+\cdots+(2n-1)^3=n^2(2n^2-1)$;

(7) $1-2+3-\cdots+(-1)^{n-1}n=\begin{cases}\dfrac{1}{2}(n+1),n\text{ 为奇数},\\ -\dfrac{n}{2},n\text{ 为偶数}.\end{cases}$

(8) $1\times 2+2\times 3+3\times 4+\cdots+n(n-1)=\dfrac{1}{3}n(n+1)(n+2)$.

6.二项式公式

$$(a+b)^n=a^n+na^{n-1}b+\frac{n(n-1)}{2!}a^{n-2}b^2+\frac{n(n-1)(n-2)}{3!}a^{n-3}b^3+\cdots+\frac{n(n-1)\cdots(n-k+1)}{k!}a^{n-k}b^k+\cdots+nab^{n-1}+b^n=\sum_{k=0}^{n}C_n^k a^{n-k}b^k.$$

二、三角

1.基本关系式

(1) $\tan\alpha=\frac{\sin\alpha}{\cos\alpha}$;

(2) $\cot\alpha=\frac{\cos\alpha}{\sin\alpha}$;

(3) $\tan\alpha=\frac{1}{\cot\alpha}$;

(4) $\sec\alpha=\frac{1}{\cos\alpha}$;

(5) $\csc\alpha=\frac{1}{\sin\alpha}$;

(6) $\sin^2\alpha+\cos^2\alpha=1$;

(7) $1+\tan^2\alpha=\sec^2\alpha$;

(8) $1+\cot^2\alpha=\csc^2\alpha$.

2.诱导公式

函数	$A=\frac{\pi}{2}\pm\alpha$	$A=\pi\pm\alpha$	$A=\frac{3}{2}\pi\pm\alpha$	$A=2\pi-\alpha$
$\sin A$	$\cos\alpha$	$\mp\sin\alpha$	$-\cos\alpha$	$-\sin\alpha$
$\cos A$	$\mp\sin\alpha$	$-\cos\alpha$	$\pm\sin\alpha$	$\cos\alpha$
$\tan A$	$\mp\cot\alpha$	$\pm\tan\alpha$	$\mp\cot\alpha$	$-\tan\alpha$
$\cot A$	$\mp\tan\alpha$	$\pm\cot\alpha$	$\mp\tan\alpha$	$-\cot\alpha$

3.和差公式

(1) $\sin(\alpha\pm\beta)=\sin\alpha\cos\beta\pm\cos\alpha\sin\beta$;

(2) $\cos(\alpha\pm\beta)=\cos\alpha\cos\beta\mp\sin\alpha\sin\beta$;

(3) $\tan(\alpha\pm\beta)=\frac{\tan\alpha\pm\tan\beta}{1\mp\tan\alpha\cdot\tan\beta}$;

(4) $\cot(\alpha\pm\beta)=\frac{\cot\alpha\cot\beta\mp1}{\cot\beta\pm\cot\alpha}$;

(5) $\sin\alpha+\sin\beta=2\sin\frac{\alpha+\beta}{2}\cos\frac{\alpha-\beta}{2}$;

(6) $\sin\alpha-\sin\beta=2\cos\frac{\alpha+\beta}{2}\sin\frac{\alpha-\beta}{2}$;

(7) $\cos\alpha+\cos\beta=2\cos\dfrac{\alpha+\beta}{2}\cos\dfrac{\alpha-\beta}{2}$;

(8) $\cos\alpha-\cos\beta=-2\sin\dfrac{\alpha+\beta}{2}\sin\dfrac{\alpha-\beta}{2}$;

(9) $\sin\alpha\cos\beta=\dfrac{1}{2}[\sin(\alpha+\beta)+\sin(\alpha-\beta)]$;

(10) $\cos\alpha\sin\beta=\dfrac{1}{2}[\sin(\alpha+\beta)-\sin(\alpha-\beta)]$;

(11) $\cos\alpha\cos\beta=\dfrac{1}{2}[\cos(\alpha+\beta)+\cos(\alpha-\beta)]$;

(12) $\sin\alpha\sin\beta=-\dfrac{1}{2}[\cos(\alpha+\beta)-\cos(\alpha-\beta)]$.

4.倍角(半角)公式

(1) $\sin 2\alpha=2\sin\alpha\cos\alpha$;

(2) $\cos 2\alpha=\cos^2\alpha-\sin^2\alpha$;

(3) $\tan 2\alpha=\dfrac{2\tan\alpha}{1-\tan^2\alpha}$;

(4) $\cot 2\alpha=\dfrac{\cot^2\alpha-1}{2\cot\alpha}$;

(5) $\sin\dfrac{\alpha}{2}=\pm\sqrt{\dfrac{1-\cos\alpha}{2}}$;

(6) $\cos\dfrac{\alpha}{2}=\pm\sqrt{\dfrac{1+\cos\alpha}{2}}$;

(7) $\tan\dfrac{\alpha}{2}=\pm\sqrt{\dfrac{1-\cos\alpha}{1+\cos\alpha}}$;

(8) $\cot\dfrac{\alpha}{2}=\pm\sqrt{\dfrac{1+\cos\alpha}{1-\cos\alpha}}$.

三、初等几何

在下列公式中,字母 R 和 r 表示半径, h 表示高, l 表示斜高, s 表示弧长.

1.圆、圆扇形

圆:周长 $=2\pi r$; 面积 $=\pi r^2$.

圆扇形:圆弧长 $s=r\theta$(圆心角 θ 以弧度计) $=\dfrac{\pi r\theta}{180}$(圆心角 θ 以度计);

扇形面积 $=\dfrac{1}{2}rs=\dfrac{1}{2}r^2\theta$(圆心角 θ 以弧度计).

2.正圆锥、正棱锥

正圆锥:体积 $=\dfrac{1}{3}\pi r^2h$.

侧面积 $=\pi rl$;

全面积 $=\pi r(r+l)$.

正棱锥:体积 $=\frac{1}{3}\times$ 底面积 $\times$ 高;

侧面积 $=\frac{1}{2}\times$ 斜高 $\times$ 底周长.

3.圆台

体积 $=\frac{\pi h}{3}(R^2+r^2+Rr)$;侧面积 $=\pi l(R+r)$.

4.球

体积 $=\frac{4}{3}\pi r^3$;表面积 $=4\pi r^2$.

附录Ⅱ　基本初等函数的图象与性质

函数名称	函数表达式	函数的图象	函数的性质
幂函数	$y=x^{\mu}$ (μ为任意实数)	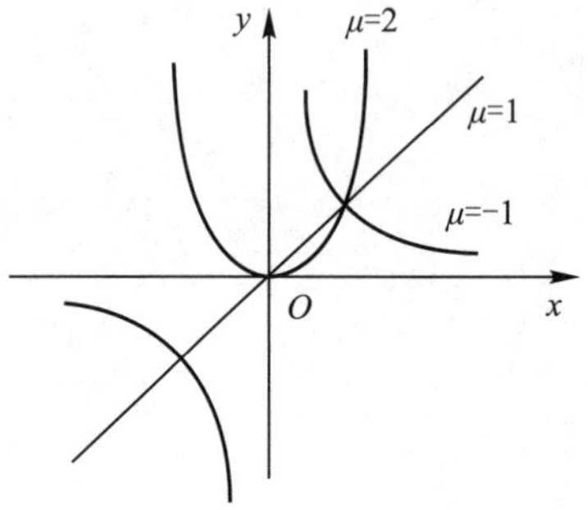 y　$\mu=2$　$\mu=1$　$\mu=-1$　O　x	①$\mu>0$时,过点$(0,0)$,$(1,1)$,在$(0,+\infty)$上是增函数 ②$\mu<0$时,过点$(1,1)$,在$(0,+\infty)$上是减函数
指数函数	$y=a^{x}$ $(a>0,a\neq1)$	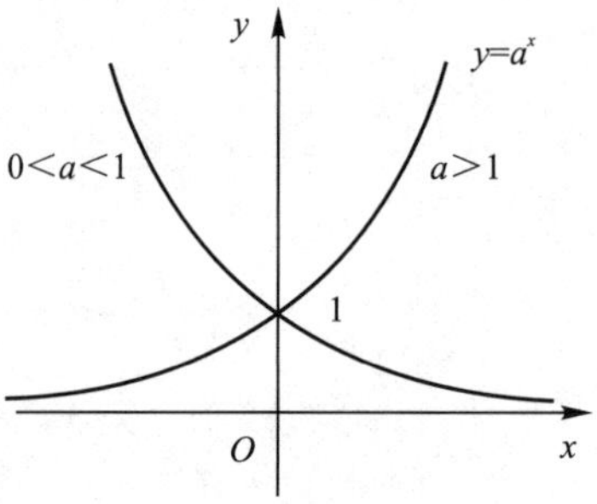 y　$y=a^{x}$　$0<a<1$　$a>1$　1　O　x	①定义域:**R** ②值域:$(0,+\infty)$ ③图象过定点$(0,1)$ ④$a>1$时,在**R**上是增函数; $0<a<1$时,在**R**上是减函数
对数函数	$y=\log_{a}x$ $(a>0,a\neq1)$	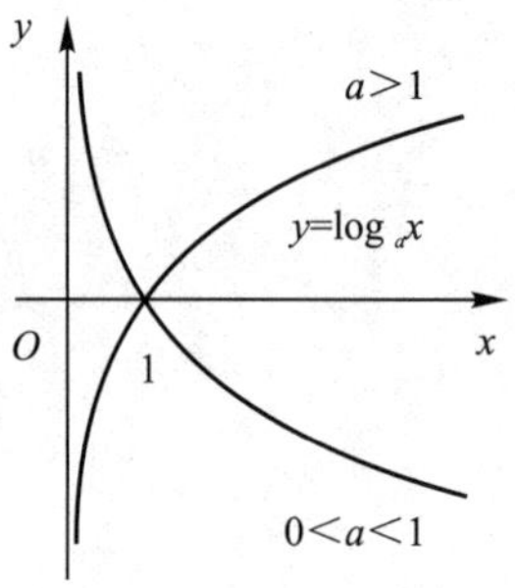 y　$a>1$　$y=\log_{a}x$　O　1　x　$0<a<1$	①定义域:$(0,+\infty)$ ②值域:**R** ③图象过定点$(1,0)$ ④$a>1$时,在**R**上是增函数; $0<a<1$时,在**R**上是减函数

续表

函数名称	函数表达式	函数的图象	函数的性质
三角函数	$y=\sin x$ (正弦函数)	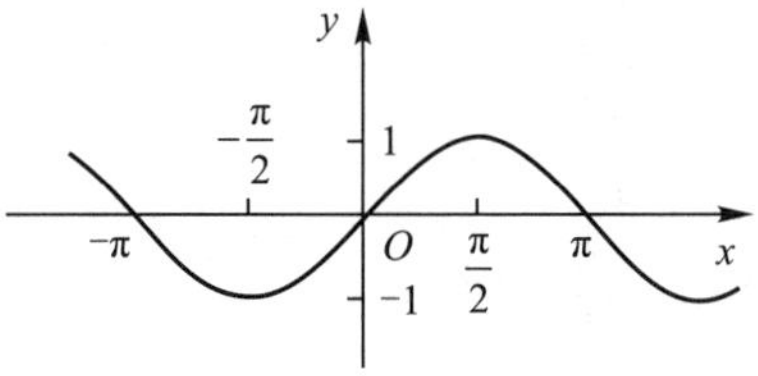	①定义域:$\mathbf{R}$ ②值域:$[-1,1]$ ③在$\left[\left(2k-\frac{1}{2}\right)\pi,\left(2k+\frac{1}{2}\right)\pi\right]$上是增函数;在$\left[\left(2k+\frac{1}{2}\right)\pi,\left(2k+\frac{3}{2}\right)\pi\right]$上是减函数;$k\in\mathbf{Z}$ ④$\mathbf{R}$上的奇函数 ⑤以2π为周期的周期函数
	$y=\cos x$ (余弦函数)	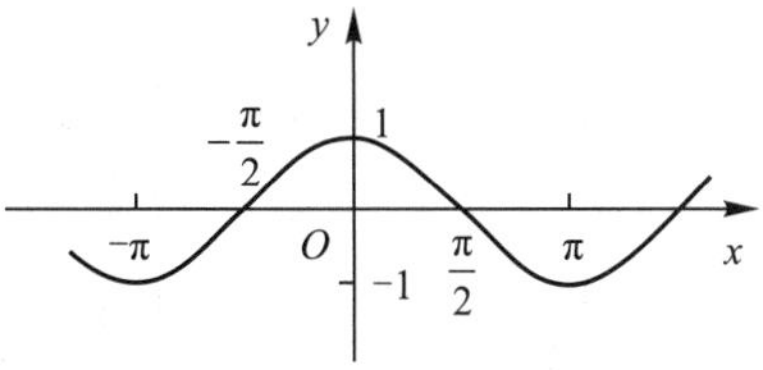	①定义域:$\mathbf{R}$ ②值域:$[-1,1]$ ③在$[2k\pi,(2k+1)\pi]$上是减函数;在$[(2k+1)\pi,(2k+2)\pi]$上是增函数;$k\in\mathbf{Z}$ ④$\mathbf{R}$上的偶函数 ⑤以2π为周期的周期函数
	$y=\tan x$ (正切函数)	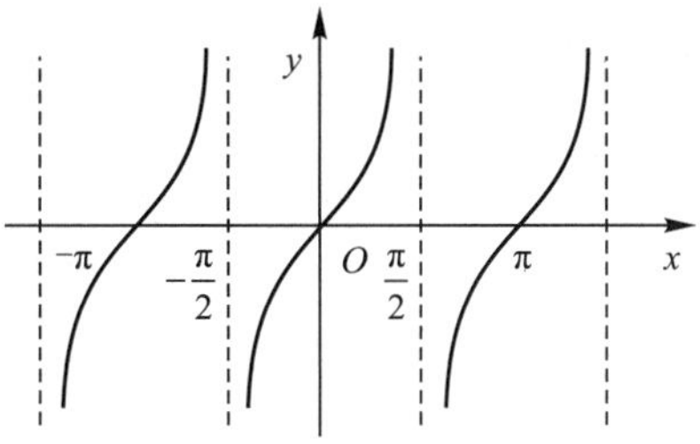	①定义域:$x\neq k\pi+\frac{\pi}{2},k\in\mathbf{Z}$ ②值域:$\mathbf{R}$ ③在$\left(k\pi-\frac{\pi}{2},k\pi+\frac{\pi}{2}\right)$上是增函数 ④$\mathbf{R}$上的奇函数 ⑤以$\pi$为周期的周期函数
	$y=\cot x$ (余切函数)	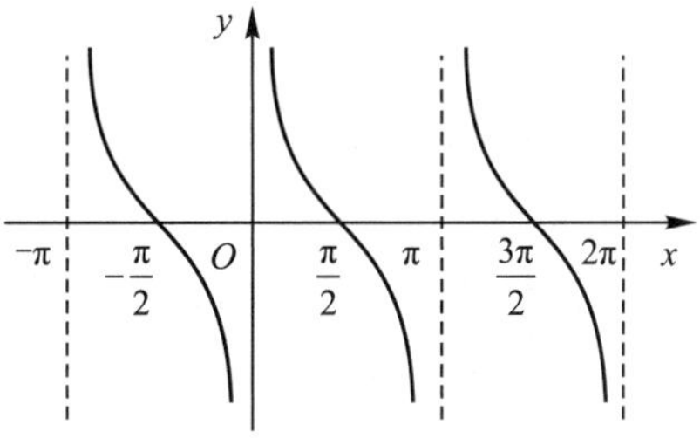	①定义域:$x\neq k\pi,k\in\mathbf{Z}$ ②值域:$\mathbf{R}$ ③在$(k\pi,k\pi+\pi)$上是减函数 ④$\mathbf{R}$上的奇函数 ⑤以π为周期的周期函数

续表

函数名称	函数表达式	函数的图象	函数的性质
三角函数	$y = \sec x$ (正割函数)	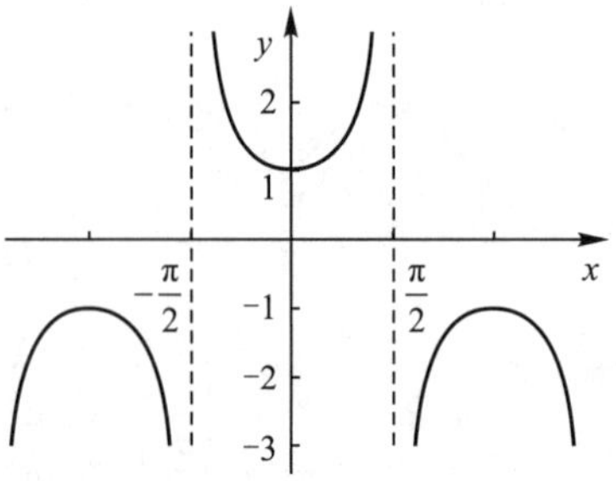	①定义域:$x \neq k\pi + \frac{\pi}{2}, k \in \mathbf{Z}$ ②值域:$(-\infty, -1] \cup [1, +\infty)$ ③在 $\left[2k\pi, 2k\pi + \frac{\pi}{2}\right) \cup \left(2k\pi + \frac{\pi}{2}, 2k\pi + \pi\right]$ 上是增函数;在 $\left[2k\pi + \pi, 2k\pi + \frac{3}{2}\pi\right) \cup \left(2k\pi + \frac{3}{2}\pi, 2k\pi + 2\pi\right]$ 上是减函数 ④定义域上的偶函数 ⑤以 2π 为周期的周期函数
	$y = \csc x$ (余割函数)	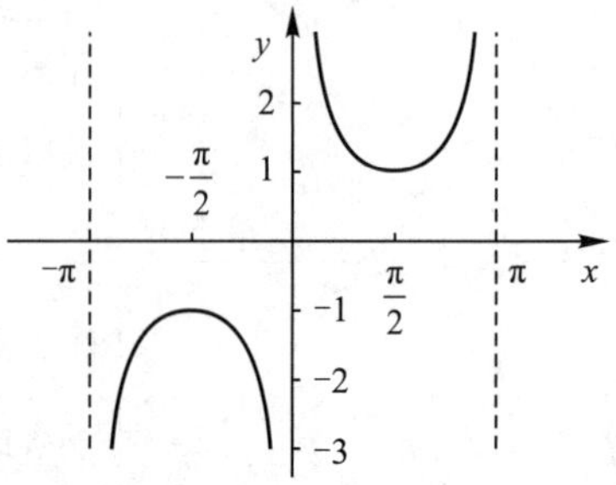	①定义域:$x \neq k\pi, k \in \mathbf{Z}$ ②值域:$(-\infty, -1] \cup [1, +\infty)$ ③在 $\left[2k\pi - \frac{\pi}{2}, 2k\pi\right) \cup \left(2k\pi, 2k\pi + \frac{\pi}{2}\right]$ 上是减函数;在 $\left[2k\pi + \frac{\pi}{2}, 2k\pi + \pi\right) \cup \left(2k\pi + \pi, 2k\pi + \frac{3}{2}\pi\right]$ 上是增函数 ④定义域上的奇函数 ⑤以 2π 为周期的周期函数
反三角函数	$y = \arcsin x$ (反正弦函数)	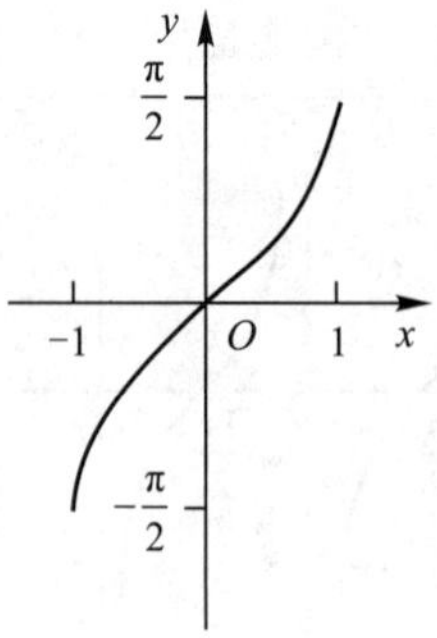	①定义域:$[-1, 1]$ ②值域:$\left[-\frac{\pi}{2}, \frac{\pi}{2}\right]$ ③在 $[-1, 1]$ 上是增函数 ④$[-1, 1]$ 上的奇函数

续表

函数名称	函数表达式	函数的图象	函数的性质
反三角函数	$y = \arccos x$ (反余弦函数)		①定义域:[-1,1] ②值域:[0,π] ③在[-1,1]上是减函数
	$y = \arctan x$ (反正切函数)		①定义域:(-∞,+∞) ②值域:$\left(-\frac{\pi}{2},\frac{\pi}{2}\right)$ ③在(-∞,+∞)上是增函数 ④(-∞,+∞)上的奇函数
	$y = \text{arccot}\ x$ (反余切函数)		①定义域:(-∞,+∞) ②值域:(0,π) ③在(-∞,+∞)上是减函数

附录Ⅲ　高等数学常用公式

（一元微积分部分）

一、两个重要极限

(1) $\lim\limits_{x\to0}\frac{\sin x}{x}=1$;

(2) $\lim\limits_{x\to0}(1+x)^{\frac{1}{x}}=\mathrm{e}$ 或 $\lim\limits_{x\to\infty}\left(1+\frac{1}{x}\right)^{x}=\mathrm{e}$.

二、导数基本公式与运算法则

（一）导数基本公式

(1) $C'=0$（C 为常数）;

(2) $(x^{\alpha})'=\alpha x^{\alpha-1}$;

(3) $(a^{x})'=a^{x}\ln a\,(a>0,a\neq1)$;

(4) $(\mathrm{e}^{x})'=\mathrm{e}^{x}$;

(5) $(\log_{a}x)'=\frac{1}{x\ln a}(a>0,a\neq1)$;

(6) $(\ln x)'=\frac{1}{x}$;

(7) $(\sin x)'=\cos x$;

(8) $(\cos x)'=-\sin x$;

(9) $(\tan x)'=\sec^{2}x$;

(10) $(\cot x)'=-\csc^{2}x$;

(11) $(\sec x)'=\tan x\sec x$;

(12) $(\csc x)'=-\cot x\csc x$;

(13) $(\arcsin x)'=\frac{1}{\sqrt{1-x^{2}}}$;

(14) $(\arccos x)'=-\frac{1}{\sqrt{1-x^{2}}}$;

(15) $(\arctan x)'=\dfrac{1}{1+x^2}$;

(16) $(\operatorname{arccot} x)'=-\dfrac{1}{1+x^2}$.

(二)求导法则

1.四则运算法则

设$f(x)$,$g(x)$均在点x可导,则:

(1) $[f(x)\pm g(x)]'=f'(x)\pm g'(x)$;

(2) $[f(x)g(x)]'=f'(x)g(x)+f(x)g'(x)$.

特别地,$[Cf(x)]'=Cf'(x)$ (C为常数).

(3) $\left[\dfrac{f(x)}{g(x)}\right]'=\dfrac{f'(x)g(x)-f(x)g'(x)}{g^2(x)}(g(x)\neq 0)$.

特别地,$\left[\dfrac{1}{g(x)}\right]'=-\dfrac{g'(x)}{g^2(x)}$.

2.复合函数求导法则

(1)设函数$y=f(u)$,$u=\varphi(x)$均可导,则$y=f[\varphi(x)]$关于x的导数恰为$f(u)$及$\varphi(x)$的导数的乘积,即

$$\frac{\mathrm{d}y}{\mathrm{d}x}=\frac{\mathrm{d}f[\varphi(x)]}{\mathrm{d}x}=\frac{\mathrm{d}y}{\mathrm{d}u}\cdot\frac{\mathrm{d}u}{\mathrm{d}x}=f'(u)\varphi'(x)\ (y'_x=y'_u\cdot u'_x).$$

(2)推广:若$y=f(u)$,$u=g(v)$,$v=h(x)$,则

$$\frac{\mathrm{d}y}{\mathrm{d}x}=\frac{\mathrm{d}y}{\mathrm{d}u}\cdot\frac{\mathrm{d}u}{\mathrm{d}v}\cdot\frac{\mathrm{d}v}{\mathrm{d}x}=f'(u)\cdot g'(v)\cdot h'(x)\ (y'_x=y'_u\cdot u'_v\cdot v'_x).$$

三、微分基本公式与运算法则

(一)微分基本公式

函数$y=f(x)$在点x处的微分$\mathrm{d}y=y'\mathrm{d}x=f'(x)\mathrm{d}x$.

(1) $\mathrm{d}C=0$(C为常数);

(2) $\mathrm{d}(x^\alpha)=\alpha x^{\alpha-1}\mathrm{d}x$;

(3) $\mathrm{d}(a^x)=a^x\ln a\mathrm{d}x(a>0,a\neq 1)$;

(4) $\mathrm{d}(\mathrm{e}^x)=\mathrm{e}^x\mathrm{d}x$;

(5) $\mathrm{d}(\log_a x)=\dfrac{\mathrm{d}x}{x\ln a}(a>0,a\neq 1)$;

(6) $d(\ln x)=\frac{1}{x}dx$;

(7) $d(\sin x)=\cos x dx$;

(8) $d(\cos x)=-\sin x dx$;

(9) $d(\tan x)=\sec^2 x dx$;

(10) $d(\cot x)=-\csc^2 x dx$;

(11) $d(\sec x)=\tan x\sec x dx$;

(12) $d(\csc x)=-\cot x\csc x dx$;

(13) $d(\arcsin x)=\frac{1}{\sqrt{1-x^2}}dx$;

(14) $d(\arccos x)=-\frac{1}{\sqrt{1-x^2}}dx$;

(15) $d(\arctan x)=\frac{1}{1+x^2}dx$;

(16) $d(\text{arccot}\, x)=-\frac{1}{1+x^2}dx$.

(二)微分法则

1.四则运算法则

设函数 $u=u(x)$, $v=v(x)$ 均可微, C 为常数,则:

(1) $d(Cu)=Cdu$; $d(u\pm v)=du\pm dv$;

(2) $d(uv)=vdu+udv$;

(3) $d\left(\frac{u}{v}\right)=\frac{vdu-udv}{v^2}(v\neq 0)$.

2.复合函数微分法则——微分形式不变性

若函数 $y=f(u)$, $u=\varphi(x)$ 均可微,则复合函数 $y=f[\varphi(x)]$ 也可微,且有

$$dy=f'(u)du=f'(u)\varphi'(x)dx.$$

四、中值定理

1.罗尔中值定理

$f'(\xi)=0$.

2.拉格朗日中值定理

$f(b)-f(a)=f'(\xi)(b-a)$.

3.柯西中值定理

$$\frac{f(b)-f(a)}{F(b)-F(a)}=\frac{f'(\xi)}{F'(\xi)}.$$

当$f(a)=f(b)$时,拉格朗日中值定理就是罗尔中值定理;

当$F(x)=x$时,柯西中值定理就是拉格朗日中值定理.

五、不定积分公式与运算法则

(一)不定积分公式

(1) $\int 0\mathrm{d}x=C$;

(2) $\int x^{\alpha}\mathrm{d}x=\frac{1}{\alpha+1}x^{\alpha+1}+C\ (\alpha\neq-1)$;

(3) $\int\frac{1}{x}\mathrm{d}x=\ln|x|+C$;

(4) $\int \mathrm{e}^{x}\mathrm{d}x=\mathrm{e}^{x}+C$;

(5) $\int a^{x}\mathrm{d}x=\frac{a^{x}}{\ln a}+C\ (a>0,a\neq1)$;

(6) $\int\cos x\mathrm{d}x=\sin x+C$;

(7) $\int\sin x\mathrm{d}x=-\cos x+C$;

(8) $\int\sec^{2}x\mathrm{d}x=\tan x+C$;

(9) $\int\csc^{2}x\mathrm{d}x=-\cot x+C$;

(10) $\int\sec x\tan x\mathrm{d}x=\sec x+C$;

(11) $\int\csc x\cot x\mathrm{d}x=-\csc x+C$;

(12) $\int\frac{1}{\sqrt{1-x^{2}}}\mathrm{d}x=\arcsin x+C=-\arccos x+C$;

(13) $\int\frac{1}{1+x^{2}}\mathrm{d}x=\arctan x+C=-\operatorname{arccot} x+C$.

(二)不定积分的性质和运算法则

(1) $(\int f(x)\mathrm{d}x)'=f(x)$ 或 $\mathrm{d}\int f(x)\mathrm{d}x=f(x)\mathrm{d}x$;

(2) $\int F'(x)\mathrm{d}x = F(x) + C$ 或 $\int \mathrm{d}F(x) = F(x) + C$;

(3) $\int [f(x) \pm g(x)]\mathrm{d}x = \int f(x)\mathrm{d}x \pm \int g(x)\mathrm{d}x$;

(4) $\int kf(x)\mathrm{d}x = k\int f(x)\mathrm{d}x$ (k 为常数).

(三)不定积分的计算方法

1.凑微分法

设 $F(u)$ 是 $f(u)$ 的原函数,$u=\varphi(x)$ 可导,则 $F[\varphi(x)]$ 是 $f[\varphi(x)]\varphi'(x)$ 的原函数.即若 $\int f(x)\mathrm{d}x = F(x) + C$,则:

$$\int f[\varphi(x)]\varphi'(x)\mathrm{d}x = \int f[\varphi(x)]\mathrm{d}\varphi(x) = F[\varphi(x)] + C.$$

2.换元积分法

设 $x=\varphi(t)$ 可导,且 $\varphi'(t)\neq 0$,又 $f[\varphi(t)]\varphi'(t)$ 有原函数 $F(t)$,则:

$$\int f(x)\mathrm{d}x = \int f[\varphi(t)]\varphi'(t)\mathrm{d}t = F(t) + C = F[\varphi^{-1}(x)] + C.$$

其中 $t=\varphi^{-1}(x)$ 是 $x=\varphi(t)$ 的反函数.

3.分部积分法

$\int u(x)v'(x)\mathrm{d}x = u(x)v(x) - \int v(x)u'(x)\mathrm{d}x$ 或简写成 $\int u\mathrm{d}v = uv - \int v\mathrm{d}u$.

六、定积分的计算公式与计算方法

(一)定积分的计算公式

1.定积分运算性质

(1) $\int_a^b [k_1f(x) + k_2g(x)]\mathrm{d}x = k_1\int_a^b f(x)\mathrm{d}x + k_2\int_a^b g(x)\mathrm{d}x$,其中 k_1,k_2 为任意常数;

(2) $\int_a^b f(x)\mathrm{d}x = \int_a^c f(x)\mathrm{d}x + \int_c^b f(x)\mathrm{d}x$.

2.牛顿-莱布尼茨公式

$\int_a^b f(x)\mathrm{d}x = F(x)\Big|_a^b = F(b) - F(a)$,其中 $F'(x)=f(x)$.

(二)定积分的计算方法

1.换元积分法

设函数 $f(x)$ 在区间 $[a,b]$ 上连续,作变换 $x=\varphi(t)$,如果:① $\varphi'(t)$ 在区间 $[\alpha,\beta]$ 上连

续;② 当 t 从 α 变到 β 时, $\varphi(t)$ 从 $\varphi(\alpha)=a$ 单调地变到 $\varphi(\beta)=b$, 则有

$$\int_a^b f(x)\,\mathrm{d}x=\int_\alpha^\beta f[\varphi(t)]\varphi'(t)\,\mathrm{d}t.$$

2.分部积分法

设 $u(x)$,$v(x)$ 在 $[a,b]$ 上具有连续导数 $u'(x)$,$v'(x)$, 则

$$\int_a^b u(x)\,\mathrm{d}v(x)=u(x)v(x)\big|_a^b-\int_a^b v(x)\,\mathrm{d}u(x).$$

(三)定积分应用的有关公式

(1) 功:$W=F\cdot s$;

(2)水压力:$F=p\cdot A$;

(3)引力:$F=k\dfrac{m_1m_2}{r^2}$,k 为引力系数;

(4)函数的平均值:$\bar{y}=\dfrac{1}{b-a}\int_a^b f(x)\,\mathrm{d}x$.

附录Ⅳ　近年专升本高等数学考试真题

(一元函数微积分部分)

一、选择题

1.(2019)已知$f(x)$的定义域为$[1,e]$，则$f(e^x)$的定义域为(　　)；

A.$(0,1]$　　B.$[0,1]$　　C.$(0,1)$　　D.$[0,1)$

2.(2018)函数$f(x)=\dfrac{1}{\sqrt{4-x^2}}$的定义域是(　　)；

A.$[-2,2)$　　B.$(-2,2)$　　C.$(-2,2]$　　D.$[-2,2]$

3.(2022)函数$\dfrac{f(-x)-f(x)}{3}$在区间$(-\infty,+\infty)$内(　　)；

A.是奇函数　　B.是偶函数　　C.是非奇非偶函数　　D.无法判断奇偶性

4.(2021)对称区间上$f(x)$为奇函数，$g(x)$为偶函数，则以下函数为奇函数的是(　　)；

A.$f(x^4)$　　B.$f(x)+g(x)$　　C.$g(x)f(x)$　　D.$-g(-x)$

5.(2020)设$f(x)$为$(-\infty,+\infty)$内的奇函数，则函数$\sin f(x)+\ln(\sqrt{1+x^2}-x)$在$(-\infty,+\infty)$内(　　)；

A.是奇函数　　B.是偶函数　　C.是非奇非偶函数　　D.无法判断奇偶性

6.(2019)函数$f(x)=\ln(\sqrt{1+x^2}-x)$的定义域内(　　)；

A.不确定奇偶性　　B.是偶函数　　C.是非奇非偶函数　　D.是奇函数

7.(2018)函数$f(x)=(e^x-e^{-x})\sin x$(　　)；

A.是偶函数　　B.是奇函数　　C.是非奇非偶函数　　D.无法判断奇偶性

8.(2022)$\lim\limits_{x\to\infty}\dfrac{5x^2+7x-1}{2x+5}=$(　　)；

A.2　　B.∞　　C.0　　D.$\dfrac{5}{2}$

9.(2020)$\lim\limits_{x\to\infty}\dfrac{x-4}{x^2-4x+8}=$(　　)；

A.-1　　B.0　　C.$\dfrac{1}{2}$　　D.2

10.(2019) $\lim\limits_{n\to+\infty}\dfrac{3+2n-4n^2}{3n^2-5n+4}=$ (　　);

A.1　　B.$\dfrac{3}{4}$　　C.$-\dfrac{2}{5}$　　D.$-\dfrac{4}{3}$

11.(2018) $\lim\limits_{x\to\infty}\dfrac{x^2+1}{2x^2-x+1}=$ (　　);

A.0　　B.$\dfrac{1}{2}$　　C.1　　D.2

12.(2022) $\lim\limits_{x\to1}\dfrac{\sqrt{7x-6}-\sqrt{x}}{x-1}=$ (　　);

A.1　　B.2　　C.3　　D.4

13.(2021) $\lim\limits_{x\to0}\dfrac{\tan 3x}{2x}=$ (　　);

A.$\dfrac{3}{2}$　　B.$\dfrac{2}{3}$　　C.0　　D.∞

14.(2021) $\lim\limits_{x\to2}\left(\dfrac{1}{x-2}-\dfrac{4}{x^2-4}\right)=$ (　　);

A.$\dfrac{1}{2}$　　B.$\dfrac{1}{4}$　　C.$-\dfrac{1}{4}$　　D.∞

15.(2020) $\lim\limits_{x\to\infty}\left(1-\dfrac{1}{x}\right)^{4x}=$ (　　);

A. e^4　　B. e^{-4}　　C. e　　D.1

16.(2020) $\lim\limits_{x\to0}\dfrac{x-\sin x}{x^3}=$ (　　);

A.$-\dfrac{1}{6}$　　B.-6　　C.$\dfrac{1}{6}$　　D.6

17.(2019) $\lim\limits_{x\to0}\dfrac{\sin 4x}{5x}=$ (　　);

A.$\dfrac{5}{4}$　　B.$\dfrac{1}{5}$　　C.$\dfrac{4}{5}$　　D.1

18.(2018) $\lim\limits_{x\to0}\left(x\arctan\dfrac{1}{x}-\dfrac{\arctan x}{x}\right)=$ (　　);

A.-1　　B.1　　C.0　　D.2

19.(2022)当 $x\to0$ 时,以下是等价无穷小的是(　　);

A. $1-\cos x$ 与 $\dfrac{1}{2}x^2$　　B. x 与 $\tan^2 x$

C. $x-\sin x$ 与 $\cot x$　　D. $1-\cos x$ 与 $2x$

20.(2021)当 $x\to+\infty$ 时,下列不属于无穷大量的函数是(　　);

A. $\dfrac{x^2+1}{\sqrt{2x^3+4}}$　　B. $\lg x$　　C. 3^x　　D. $\arctan x$

21.(2020)当 $x\to 0$ 时, $3x^2-6x$ 是 x 的(　　);

A.高阶无穷小　　B.等价无穷小

C.同阶非等价无穷小　　D.低阶无穷小

22.(2019)当 $x\to 0$ 时, $\sqrt[3]{1+ax^2}-1$ 与 $-\dfrac{1}{2}x^2$ 等价,则 $a=$(　　);

A. $-\dfrac{3}{2}$　　B. $-\dfrac{2}{3}$　　C. $-\dfrac{1}{2}$　　D. $\dfrac{2}{3}$

23.(2019)当 $x\to 0$ 时, $e^{2x^2}-1$ 是 x^2 的(　　);

A.高阶无穷小　　B.低阶无穷小　　C.等价无穷小　　D.同阶非等价无穷小

24.(2018)当 $x\to 0$ 时, $(1+x^2)^k-1$ 与 $1-\cos x$ 为等价无穷小,则 k 的值为(　　);

A.1　　B. $-\dfrac{1}{2}$　　C. $\dfrac{1}{2}$　　D. -1

25.(2022)设 $f(x)=\begin{cases}\dfrac{x^2}{\ln(1-kx^2)}, x>0,\\ x+3, x<0,\end{cases}$ 且 $\lim\limits_{x\to 0}f(x)$ 存在,则 $k=$(　　);

A. $\dfrac{1}{3}$　　B. $-\dfrac{1}{3}$　　C.3　　D. -3

26.(2020)设函数 $f(x)=\begin{cases}\dfrac{\sin 2(x-1)}{x-1}, x<1,\\ 2, x=1,\\ x^2-1, x>1,\end{cases}$ 则 $\lim\limits_{x\to 1}f(x)$ 为(　　);

A.0　　B.1　　C.2　　D.不存在

27.(2019)已知函数 $f(x)=\begin{cases}a+\ln x, x\geqslant 1,\\ 2ax-1, x<1\end{cases}$ 在点 $x=1$ 处连续,则 $a=$(　　);

A.1　　B. -1　　C.0　　D.3

28.(2022) $f(x)=\begin{cases}a+2x\sin\dfrac{1}{x}, x<0,\\ 0, x=0,\\ \dfrac{\tan x}{x}, x>0,\end{cases}$ $x=0$ 是 $f(x)$ 的可去间断点,则 $a=$(　　);

A.0　　B. -1　　C.1　　D.2

29.(2021) $f(x)=\begin{cases}2x+\dfrac{\sin x}{x}, x>0,\\ x\cos x, x\leqslant 0,\end{cases}$ 则 $x=0$ 是 $f(x)$ 的(　　);

A.无穷间断点　　B.可去间断点　　C.跳跃间断点　　D.振荡间断点

30.(2020)设函数 $f(x)=\dfrac{x}{\sin x}$, 则 $x=0$ 是 $f(x)$ 的(　　);

A.连续点　　B.可去间断点　　C.跳跃间断点　　D.第二类间断点

31.(2019)设 $f(x)=\begin{cases}1-x, x\geqslant 1,\\ \cos\dfrac{\pi}{2}x, x<1,\end{cases}$ 则 $x=1$ 是其(　　);

A.连续点　　B.可去间断点　　C.跳跃间断点　　D.第二类间断点

32.(2018)函数 $y=\dfrac{x^2-1}{x^2-3x+2}$ 在 $x=1$ 处间断点的类型为(　　);

A.连续点　　B.可去间断点　　C.跳跃间断点　　D.第二类间断点

33.(2020)已知函数 $f(x+1)=2x+1$, 则 $f^{-1}(x-5)=$(　　);

A. $2x-9$　　B. $2x-11$　　C. $\dfrac{x}{2}-3$　　D. $\dfrac{x}{2}-2$

34.(2019)已知 $f(x)=\dfrac{x}{1+2x}$, 则 $f^{-1}(1)=$(　　);

A.-1　　B.1　　C.$-\dfrac{1}{3}$　　D.$\dfrac{1}{3}$

35.(2019)一元函数在某点处极限存在是在该点可导的(　　);

A.必要条件　　B.充分条件　　C.充要条件　　D.无关条件

36.(2022)已知 $f(x)$ 可导且 $\lim\limits_{x\to 0}\dfrac{f(5x)-f(x)}{2x}=1$, 则 $f'(0)=$(　　);

A.$\dfrac{5}{2}$　　B.$\dfrac{2}{5}$　　C.1　　D.5

37.(2021)函数 $y=f(x)$ 在 $x=1$ 处可导,且 $\lim\limits_{x\to 1}\dfrac{f(x)-f(1)}{x^2-1}=3$, 则 $f'(x)=$(　　);

A.2　　B.3　　C.6　　D.12

38.(2019)函数 $f(x)$ 在 $x=a$ 处可导,则 $\lim\limits_{x\to 0}\dfrac{f(a+x)-f(a-x)}{x}=$(　　);

A. $2f'(a)$　　B.0　　C. $f'(a)$　　D. $\dfrac{1}{2}f'(a)$

39.(2018)设 $f(x)$ 在 $x=a$ 的某个邻域内有定义,则 $f(x)$ 在 $x=a$ 处可导的一个充要条件为(　　);

A. $\lim\limits_{h\to 0}\dfrac{f(a+2h)-f(a+h)}{h}$存在　　B. $\lim\limits_{h\to 0}\dfrac{f(a+h)-f(a-h)}{2h}$存在

C. $\lim\limits_{h\to 0}\dfrac{f(a)-f(a-h)}{h}$存在　　D. $\lim\limits_{h\to\infty}h\left[f\left(a+\dfrac{1}{h}\right)-f(a)\right]$存在

40.(2019)已知 $y=xe^x$，则 $dy=($　　$)$；

A. $xe^x dx$　　B. $e^x dx$　　C. $(1+x)e^x dx$　　D. $(e^x+x)dx$

41.(2022)设 $y=\arcsin(3x+1)$，则 $dy=($　　$)$；

A. $\dfrac{3dx}{\sqrt{1-(3x+1)^2}}$　　B. $\dfrac{-3dx}{\sqrt{1-(3x+1)^2}}$

C. $\dfrac{3dx}{\sqrt{1+(3x+1)^2}}$　　D. $\dfrac{-3dx}{\sqrt{1-(3x+1)^2}}$

42.(2019)若 $y=2e^x-x^2+x+1$，则 $y^{(520)}=($　　$)$；

A. $520e^x$　　B. $2e^x$　　C. $2e^{520x}$　　D.0

43.(2021) $y=x^n+a_1x^{n-1}+a_2x^{n-1}+\cdots+a_n$，则 $y^{(n)}=($　　$)$；

A. a_n　　B. $n!$　　C.0　　D. $a_n!\ x^n$

44.(2018)已知 $y=x\ln x$ 存在，则 $y'''=($　　$)$；

A. $\dfrac{1}{x}$　　B. $\dfrac{1}{x^2}$　　C. $-\dfrac{1}{x}$　　D. $-\dfrac{1}{x^2}$

45.(2022) $y=|\tan x|$ 在 $x=0$ 处(　　)；

A.可导但不连续　　B.可导且连续　　C.不可导但连续　　D.不可导也不连续

46.(2021)下列关于函数 $y=f(x)$ 在点处的命题不正确的是(　　)；

A.可导必连续　　B.可微必可导　　C.可导必可微　　D.连续必可导

47.(2020)设函数 $f(x)$ 在点 x_0 连续，则下列说法正确的是(　　)；

A. $\lim\limits_{x\to x_0}f(x)$ 可能不存在

B. $\lim\limits_{x\to x_0}f(x)$ 必定存在，但不一定等于 $f(x_0)$

C.当 $x\to x_0$ 时，$f(x)-f(x_0)$ 必为无穷小

D. $f(x)$ 在点 x_0 必定可导

48.(2022)已知 $f(x)=\sqrt{2x}+\dfrac{1}{3}\cos 3x$，则 $f'(x)=($　　$)$；

A. $\dfrac{1}{\sqrt{2x}}-\sin 3x$　　B. $\dfrac{1}{\sqrt{2x}}+\sin 3x$　　C. $-\dfrac{1}{\sqrt{2x}}-\sin 3x$　　D. $\dfrac{1}{\sqrt{2x}}-\dfrac{1}{3}\sin 3x$

49.(2021)已知 $f(x)=\ln\sqrt{1+x}$，则 $f'(1)=($　　$)$；

A. $\dfrac{1}{4}$　　B. $-\dfrac{1}{4}$　　C. $\dfrac{1}{2}$　　D. $-\dfrac{1}{2}$

50.(2020)设$\begin{cases}x=\cos t,\\ y=t\cos t-\sin t\end{cases}$($t$为参数),则$\left.\dfrac{d^2y}{dx^2}\right|_{t=\frac{\pi}{4}}=$(　　);

A.$-\sqrt{2}$　　B.$\sqrt{2}$　　C.$\dfrac{\sqrt{2}}{2}$　　D.$-\dfrac{\sqrt{2}}{2}$

51.(2022)设$f(x)=\begin{cases}x=\cos t,\\ y=t+\sin 2t,\end{cases}$则$\left.\dfrac{dy}{dx}\right|_{t=\frac{\pi}{2}}=$(　　);

A.1　　B.2　　C.3　　D.4

52.(2020)设$y=f(x)$由方程$y^2-3xy+x^3=1$确定,则$y'=$(　　);

A.$\dfrac{3x^2-3y}{2y-3x}$　　B.$\dfrac{3y-3x^2}{2y-3x}$　　C.$\dfrac{2y-3x}{3x^2-3y}$　　D.$\dfrac{3x-2y}{3x^2-3y}$

53.(2022)已知$f(x)=\begin{cases}2-x,0\leqslant x<1,\\ 2,x=1,\\ -x+4,1<x\leqslant 2,\end{cases}$则$f(x)$在$[0,2]$上(　　);

A.无间断点　　B.有最大值

C.有最小值　　D.既无最大值,又无最小值

54.(2021)曲线$y=x^3(x-4)$在$(-\infty,-4)$上的特性为(　　);

A.函数单调递减且为凸的　　B.函数单调递减且为凹的

C.函数单调递增且为凸的　　D.函数单调递增且为凹的

55.(2022)曲线$y=\dfrac{3x^2-5x}{(x-3)(x+7)}$的渐近线有(　　);

A.1条　　B.2条　　C.3条　　D.4条

56.(2019)$y=\dfrac{x^2}{1+x}$的垂直渐近线为(　　);

A. $x=1$　　B. $x=-1$　　C. $y=1$　　D. $y=-1$

57.(2018)曲线$y=\dfrac{x^2}{x^2+x-2}$的水平渐近线为(　　);

A. $y=1$　　B. $y=0$　　C. $x=-2$　　D. $x=1$

58.(2022)设$f(x)$在$[-1,3]$上连续,在$(-1,3)$内可导且$f'(x)<0$,则(　　);

A. $f(3)>0$　　B. $f(-1)<0$　　C. $f(3)>f(-1)$　　D. $f(3)<f(-1)$

59.(2020)设函数$y=3x\cdot 3^x$在点x_0处取得极值,则$x_0=$(　　);

A. $-\dfrac{1}{\ln 3}$　　B. $-\ln 3$　　C. $\dfrac{1}{\ln 3}$　　D. $\ln 3$

60.(2020)设$f(x)$在$x=a$的某个邻域内有定义,若$\lim\limits_{x\to a}\dfrac{f(x)-f(a)}{(x-a)^3}=6$,则在$x=a$处(　　);

A. $f(x)$ 导数存在且 $f'(a)\neq 0$　　B. $f(x)$ 导数不存在

C. $f(x)$ 取得极小值　　D. $f(x)$ 不取极值

61.(2020)设 $f'(x)$ 在点 x_0 的邻域内存在,且 $f(x_0)$ 为极大值,则 $\lim\limits_{h\to 0}\dfrac{f(x_0+2h)-f(x_0)}{h}$ =(　　);

A.0　　B.$-\dfrac{1}{2}$　　C.$\dfrac{1}{2}$　　D.2

62.(2020)过曲线 $y=x\ln x$ 上 M_0 点的切线平行于直线 $y=2x+1$,则切点 M_0 的坐标是(　　);

A.(1,0)　　B. (e,0)　　C. (e,1)　　D. (e,e)

63.(2020)设函数 $y=f(x)$ 在 $(-\infty,+\infty)$ 内连续,其二阶导数 $f''(x)$ 的图形如图所示,则曲线 $y=f(x)$ 的拐点的个数为(　　);

A.1 个　　B.2 个

C.3 个　　D.4 个

64.(2020)设 $f(x)$ 在闭区间 $[0,1]$ 上连续,在开区间 $(0,1)$ 内可导,且 $f(0)=f(1)$,则在 $(0,1)$ 内曲线 $y=f(x)$ 的所有切线中(　　);

A.至少有一条平行于 x 轴　　B.至少有一条平行于 y 轴

C.没有一条平行于 x 轴　　D.可能有一条平行于 y 轴

65.(2019)曲线 $y=\dfrac{1}{3}x^3+\dfrac{1}{2}x^2+6x+1$ 在点 $(0,1)$ 处的切线与 x 轴的交点坐标为(　　);

A.$\left(-\dfrac{1}{6},0\right)$　　B.(0,1)　　C.$\left(\dfrac{1}{6},0\right)$　　D.(−1,0)

66.(2019) $y=2x^3+x+1$ 的拐点为(　　);

A. $x=0$　　B.(1,1)　　C.(0,0)　　D.(0,1)

67.(2022) $\int f'(7x)\,dx=$(　　);

A. $f(x)+C$　　B. $\dfrac{1}{7}f(7x)+C$　　C. $7f(x)+C$　　D. $7f(7x)+C$

68.(2021)已知 $\int f(x)\,dx=F(x)+C$,则 $\int\dfrac{1}{x}f(\ln x)\,dx=$(　　);

A. $F(\ln x)$　　B. $F(\ln x)+C$　　C. $xF(\ln x)+C$　　D. $\dfrac{1}{x}F(\ln x)+C$

69.(2021)下列选项正确的是(　　);

A. $\dfrac{d}{dx}\int f(x)\,dx=f(x)$　　B. $d\int f(x)\,dx=f(x)$

C. $\frac{d}{dx}\int f(x)dx = f(x) + C$　　D. $\int f'(x)dx = f(x)$

70.(2020) $\int \sin(1-2x)dx =$ (　　);

A. $\cos(1-2x) + C$　　B. $-\cos(1-2x) + C$

C. $\frac{1}{2}\cos(1-2x) + C$　　D. $-\frac{1}{2}\cos(1-2x) + C$

71.(2019)可导函数$f(x)$和$g(x)$满足$g'(x) = f'(x)$，则下列选项正确的是(　　);

A. $g(x) = f(x)$　　B. $(\int g(x)dx)' = (\int f(x)dx)'$

C. $g(x) = f(x) - C$　　D. $\int g(x)dx = \int f(x)dx$

72.(2019)计算不定积分：$\int \frac{1}{1-2x}dx =$ (　　);

A. $\frac{1}{2}\ln|1-2x| + C$　　B. $\frac{1}{2}\ln(1-2x) + C$

C. $-\frac{1}{2}\ln|1-2x| + C$　　D. $-\frac{1}{2}\ln(1-2x) + C$

73.(2018)下列等式正确的是(　　);

A. $d\int df(x) = f'(x) + C$　　B. $d\int df(x) = f(x) + C$

C. $\int f'(x)dx = f(x) + C$　　D. $\frac{d}{dx}\int df(x) = f(x)$

74.(2018)已知$\int f(x)dx = x^3 + C$，则$\int xf(1-x^2)dx =$ (　　);

A. $(1-x^2)^3 + C$　　B. $\frac{1}{2}(1-x^2)^3$

C. $\frac{1}{2}(1-x^2)^3 + C$　　D. $-\frac{1}{2}(1-x^2)^3 + C$

75.(2022)已知$I_1 = \int_1^2 (\ln x)^2 dx$，$I_2 = \int_1^2 (\ln x)^3 dx$，则(　　);

A. $I_1 = I_2$　　B. $I_1 < I_2$　　C. $I_1 > I_2$　　D.无法判断I_1，I_2大小

76.(2022)已知$f(x) = \int_0^{2x} \cos t^2 dt$，则$f'(x) =$ (　　);

A. $\cos 4x^2$　　B. $2\cos 4x^2$　　C. $\sin 4x^2$　　D. $4\cos x^2$

77.(2021)下列积分正确的是(　　);

A. $\int_{-1}^{1} 2dx = 2$　　B. $\int_{-1}^{1} \sqrt{1+x^2}dx = \frac{\pi}{2}$

C. $\int_{-1}^{1}\sqrt{1-x^2}\,dx=\dfrac{\pi}{2}$　　D. $\int_{-1}^{1}(\sin x+\cos x)\,dx=0$

78.(2021)已知 $a>0$, 则 $\int_{-a}^{a}(x^2+x\sqrt{a^2-x^2})\,dx=$(　　);

A.0　　B. a^3　　C. $\dfrac{3}{2}a^3$　　D. $\dfrac{2}{3}a^3$

79.(2020)设 $\int_0^x f(t)\,dt=e^{2x}-1$, 其中 $f(x)$ 为连续函数,则 $f^{(n)}(x)=$(　　);

A. $2e^{2x}$　　B. $2^{n-1}e^{2x}$　　C. $2^n e^{2x}$　　D. $2^{n+1}e^{2x}$

80.(2020)曲线 $y=x, y=2x$ 与 $x=1$ 所围成的平面图形绕 x 轴旋转所形成旋转体的体积 $V=$(　　);

A. $\dfrac{7}{15}\pi$　　B. π　　C. $\dfrac{1}{\pi}$　　D. $\dfrac{15}{7}\pi$

81.(2019) $\dfrac{d}{dx}\int_a^b \cos t\,dt=$(　　);

A. $\cos b-\cos a$　　B.0　　C. $\sin b-\sin a$　　D. $\sin a-\sin b$

82.(2019)若 $f(x)$ 在 $(1,5)$ 上可积, $\int_{-1}^{1}f(x)\,dx=1$, $\int_{-1}^{5}f(x)\,dx=2$, 则 $\int_5^1 3f(x)\,dx=$(　　);

A.−2　　B.2　　C.−3　　D.3

83.(2018)导数 $\dfrac{d}{dx}\int_0^{e^x}(1-t^2)\,dt=$(　　);

A. $(1+e^{2x})e^x$　　B. $(1+e^{x^2})e^x$　　C. $(1+e^{2x})e^{2x}$　　D. $(1+e^{x^2})e^{2x}$

84.(2018)下列不等式成立的是(　　);

A. $\int_0^1 x\,dx>\int_0^1 x^2\,dx$　　B. $\int_1^2 x\,dx>\int_1^2 x^2\,dx$

C. $\int_0^1 x\,dx<\int_0^1 x^2\,dx$　　D. $\int_1^2 x\,dx>\int_1^2 x^3\,dx$

85.(2022)下列广义积分发散的是(　　);

A. $\int_0^{+\infty}3xe^{-x^2}\,dx$　　B. $\int_{-\infty}^{-1}\dfrac{1}{2x^3}\,dx$　　C. $\int_{-\infty}^{+\infty}\dfrac{3}{1+x^2}\,dx$　　D. $\int_{-1}^{+\infty}\dfrac{6x}{x^2+1}\,dx$

86.(2021)下列广义积分发散的是(　　);

A. $\int_{-2}^{2}\dfrac{dx}{x}$　　B. $\int_{-1}^{1}\dfrac{dx}{\sqrt{1-x}}$　　C. $\int_0^{+\infty}e^{-x}\,dx$　　D. $\int_2^{+\infty}\dfrac{1}{x(\ln x)^2}\,dx$

87.(2020)下列广义积分收敛的是(　　);

A. $\int_0^{+\infty}\dfrac{x}{1+x^2}\,dx$　　B. $\int_e^{+\infty}\dfrac{1}{\sqrt{x}}\,dx$　　C. $\int_1^{+\infty}\sin x\,dx$　　D. $\int_4^{+\infty}\dfrac{1}{4-x^2}\,dx$

88.(2019)当 k 为何值时，$\int_{-\infty}^{0} e^{-kx}dx$ 收敛(　　)；

A. $k>0$　　B. $k\geqslant 0$　　C. $k<0$　　D. $k\leqslant 0$

89.(2018)下列广义积分收敛的是(　　)；

A. $\int_{1}^{+\infty}\frac{1}{\sqrt{x}}dx$　　B. $\int_{e}^{+\infty}\frac{1}{\sqrt{x^3}}dx$　　C. $\int_{1}^{+\infty}\frac{1}{x}dx$　　D. $\int_{e}^{+\infty}\frac{1}{x\ln x}dx$

90.(2018)对函数 $f(x)=\sqrt{x}-1$ 在闭区间[1,4]上应用拉格朗日中值定理，结论中的 $\xi=$(　　).

A. $\frac{3}{2}$　　B. $\frac{2}{3}$　　C. $\frac{4}{9}$　　D. $\frac{9}{4}$

二、填空题

1.(2022)已知 $f(x)=\sqrt{x^3+2}$，则 $f^{-1}(2)=$__________；

2.(2022) $f(x)=2+xe^{-x}$ 的单调区间是__________；

3.(2021) $f(x)=\frac{1}{\sqrt{9-x^2}}+\ln(x+1)$ 的连续区间为__________；

4.(2020)已知 $f(1+x)=\arctan x$，$f[\varphi(x)]=x-2$，则 $\varphi(x+2)=$__________；

5.(2019)若 $f(x+1)=2x+3$，则 $f(f(x)-3)=$__________；

6.(2018)已知 $f(x)=e^x$ 且 $f[\varphi(x)]=1+2x(x>0)$，则 $\varphi(x)=$__________；

7.(2020)设当 $x\neq 0$ 时，$f(x)=\frac{\sin 2x}{x}$，$F(x)$ 在点 $x=0$ 处连续，当 $x\neq 0$ 时，$F(x)=f(x)$，则 $F(0)=$__________；

8.(2021) $\lim\limits_{x\to\infty}\left(1-\frac{1}{x}\right)^{x+2021}=$__________；

9.(2019) $\lim\limits_{x\to\infty}\left(1+\frac{3}{3+x}\right)^{x}=$__________；

10.(2018) $\lim\limits_{x\to\infty}\left(\frac{3+x}{2+x}\right)^{2x}=$__________；

11.(2018) $\lim\limits_{x\to+\infty}\frac{\ln(1+e^x)}{x}=$__________；

12.(2018)设 $f(x)=\begin{cases}ae^x+1, x<0,\\ x+2, x\geqslant 0\end{cases}$ 在 $x=0$ 处连续，则 $a=$__________；

13.(2021) $f(x)$ 为可导的奇函数且 $f'(-2)=3$，则 $f'(2)=$__________；

14.(2022)已知函数 $f(x)=5^x$，则 $f^{(n)}(x)=$__________；

15.(2022)曲线$\begin{cases}x=\cos t+\dfrac{\sqrt{2}}{2},\\ y=\sin 3t\end{cases}$在$t=\dfrac{\pi}{4}$处的切线方程为__________;

16.(2021) $y=\ln x$，当$x=$__________时的切线平行于过点$(1,0)$,$(e,1)$的弦;

17.(2021) $y=\dfrac{2x^2-1}{x-1}$的垂直渐近线是__________;

18.(2021)设曲线方程为$\begin{cases}x=2\cos\theta+\sin 2\theta,\\ y=2\sin\theta+\cos 2\theta\end{cases}$（$\theta$为参数)，则$\left.\dfrac{dy}{dx}\right|_{\theta=0}=$__________;

19.(2019)参数方程$\begin{cases}x=\dfrac{1}{2}\cos^3 t,\\ y=\dfrac{1}{2}\sin^3 t\end{cases}$的导数$\dfrac{dy}{dx}=$__________;

20.(2018)已知函数$y=x\sin x$，则$dy=$__________;

21.(2020)函数$f(x)=\int_0^{x^2}\ln(t+3)dt$的单调区间是__________;

22.(2019)若$f(x)=\int_0^x(t-1)dt$，则$f(x)$的单调区间是__________;

23.(2020)设$f(x)=x^3+3x\lim\limits_{x\to 2}f(x)$，且$\lim\limits_{x\to 2}f(x)$存在，则$f'(x)=$__________;

24.(2022)函数$y=e^x-2$在区间$[0,1]$上满足拉格朗日中值定理的$\xi=$__________;

25.(2021) $y=4e^x+e^{-x}$的极值点坐标为__________;

26.(2021) $y=\ln\sin x$在区间$\left[\dfrac{\pi}{3},\dfrac{2}{3}\pi\right]$上满足罗尔中值定理的$\xi=$__________;

27.(2022)已知$f(x)$的一个原函数是$\ln x$，则$\int xf'(x)dx=$__________;

28.(2018)不定积分$\int\dfrac{1}{x^2}dx=$__________;

29.(2020)设$\int f(x)dx=F(x)+C$，则$\int f(\sin x)\cos x dx=$__________;

30.(2019)不定积分$\int\dfrac{x}{\sqrt{1+x^2}}dx=$__________;

31.(2022) $\int\dfrac{3}{(x-3)(x-2)}dx=$__________;

32.(2021) $\int x\sin x dx=$__________;

33.(2021) $\dfrac{d}{dx}\int_0^{x^2}\cos\sqrt{t}\,dt\,(x>0)=$__________;

34.(2022) $\lim\limits_{x\to 0}\dfrac{\int_0^x \ln(2+t^3)\,\mathrm{d}t}{\sin x}=$ __________;

35.(2022) $\int_{-\pi}^{\pi} x(x^2+5\cos x+3)\,\mathrm{d}x=$ __________;

36.(2021) $\int_0^2 \max\{x,2-x\}\,\mathrm{d}x=$ __________;

37.(2020)定积分 $\int_{-2}^{2} x\sqrt{4-x^2}\,\mathrm{d}x=$ __________;

38.(2019) $\int_{-\pi}^{\pi}(x^6\cdot\sin x+x^2)\,\mathrm{d}x=$ __________;

39.(2018)定积分 $\int_{-1}^{1}(x^2+x\cos x)\,\mathrm{d}x=$ __________.

三、计算题

1.(2022)求 $\lim\limits_{x\to 0}\left[\dfrac{2}{\ln(1+x)}-\dfrac{2}{x}\right]$.

2.(2021)求 $\lim\limits_{x\to 0}\dfrac{\ln(1+5x\sin x)}{1-\cos x}$.

3.(2021)已知 $\lim\limits_{x\to\infty}\left(\dfrac{x^2+3}{x-1}-ax+b\right)=0$, 求 a,b 的值.

4.(2020)求 $\lim\limits_{n\to+\infty}\left[\dfrac{1}{1\times 2}+\dfrac{1}{2\times 3}+\cdots+\dfrac{1}{n(n+1)}\right]^{3n-2}$.

5.(2019)求 $\lim\limits_{x\to\infty}\left[x-x^2\ln\left(1+\dfrac{1}{x}\right)\right]$.

6.(2018)求 $\lim\limits_{x\to+\infty}\dfrac{\tan x-x}{x^2(\mathrm{e}^x-1)}$.

7.(2021)已知 $y=\arctan\sqrt{x}$, 求 $\dfrac{\mathrm{d}y}{\mathrm{d}x}$ 及 $\left.\dfrac{\mathrm{d}y}{\mathrm{d}x}\right|_{x=1}$.

8.(2020)求函数 $y=x^{\ln x}$ 的导数.

9.(2018)已知 $\begin{cases}x=2(t-\sin t),\\ y=2(1-\cos t)\end{cases}$ $0\leqslant t\leqslant 2\pi$, 求 $\dfrac{\mathrm{d}^2y}{\mathrm{d}x^2}$.

10.(2020)已知 $f(x)=x\sin\dfrac{1}{x}+\dfrac{1}{\mathrm{e}^x-1}-\dfrac{1}{\ln(1+x)}$, 求 $f(x)$ 的渐近线(不考虑斜渐近线).

11.(2022)求 $y=3+\mathrm{e}^{\arctan x}$ 的凹凸区间与拐点.

12.(2021)求曲线 $y=3+\ln(x^2+1)$ 的拐点及凹凸区间.

13.(2020)求函数 $f(x)=3x^4-8x^3+6x^2+5$ 的凹凸区间与拐点.

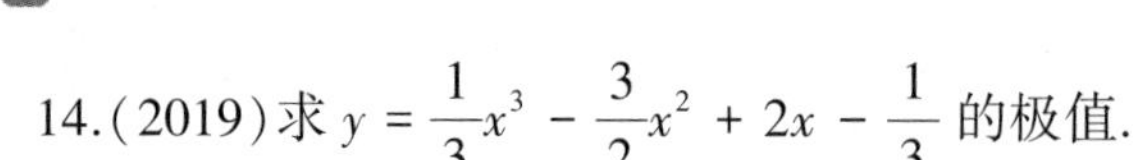

14.(2019)求 $y=\frac{1}{3}x^3-\frac{3}{2}x^2+2x-\frac{1}{3}$ 的极值.

15.(2018)求函数 $y=3x^4-4x^3+2$ 的凹凸区间和拐点.

16.(2022)求不定积分 $\int\left(\frac{3}{1+x^2}-\frac{2+\ln x}{x\ln x}\right)\mathrm{d}x$.

17.(2021)求不定积分 $\int\frac{1}{\sqrt[3]{x+1}+1}\mathrm{d}x$.

18.(2020)求不定积分 $\int\frac{1}{x(2x+1)}\mathrm{d}x$.

19.(2019)求不定积分 $\int x\cos x\mathrm{d}x$.

20.(2018)求不定积分 $\int x\sqrt{x-1}\,\mathrm{d}x$.

21.(2022)计算定积分 $\int_0^4 \mathrm{e}^{-\frac{\sqrt{x}}{2}}\mathrm{d}x$.

22.(2021) $f(x)=\begin{cases}1+x^2, x<0,\\ \cos\frac{\pi}{2}x, x\geqslant 0,\end{cases}$ 求 $\int_{-1}^{2}f(x-1)\mathrm{d}x$.

23.(2020)计算定积分 $\int_0^{\frac{\pi}{4}}\frac{1}{\cos^2x+3}\mathrm{d}x$.

24.(2019)已知 $f(x)=\begin{cases}2x, x\leqslant 0,\\ \sqrt{x}, x>0,\end{cases}$ 求 $\int_{-1}^{3}f(x-2)\mathrm{d}x$.

25.(2018)求定积分 $\int_1^{\mathrm{e}^2}\frac{1}{x\sqrt{1+\ln x}}\mathrm{d}x$.

四、证明题

1.(2022)设 $\mathrm{e}<a<b<\mathrm{e}^3$,证明:$\ln^2b-\ln^2a>\frac{6}{\mathrm{e}^3}(b-a)$.

2.(2021)已知多项式 $f(x)=2x^3-6x+a$,证明:$f(x)$ 在区间 $[-1,1]$ 上至多有一个零点,a 为任意常数.

3.(2020)设 $f(x)$ 在闭区间 $[0,1]$ 上连续,在开区间 $(0,1)$ 内可导,且 $f(0)=0, f(1)=\frac{1}{\alpha+1}$,证明:在开区间 $(0,1)$ 内至少存在不同的两点 ξ_1,ξ_2,使得 $f'(\xi_1)+f'(\xi_2)=\xi_1^{\alpha}+\xi_2^{\alpha}$ 成立(其中 α 为大于 -1 的实数).

4.(2019)设 $f(x)$ 在 $[a,b]$ 上连续,(a,b) 内可导,$f(a)=a, f(b)=b$ 且 $f(x)\neq 0$,证明:在 (a,b) 内至少存在一点 ξ 使得 $f(\xi)=\xi\cdot f'(\xi)$.

5.(2018)设$f(x)$在区间$[0,1]$内连续,$(0,1)$内可导,且$f(0)=0,f(1)=\frac{1}{2}$,证明:存在不同两个点$\xi_1,\xi_2\in(0,1)$,使得$f'(\xi_1)+f'(\xi_2)=1$成立.

五、应用题

1.(2022)某房地产公司有60套公寓要出租,当月租金为3 000元时,公寓会全部租出去,当月租金每增加200元时,就会多一套公寓租不出去,而租出去的公寓每月需花费200元的维修费.试问:租金定为多少时可获得最大收入?

2.(2022)已知D是由$y=2\sin x,x=\pm\frac{\pi}{2}$和$x$轴所围成的平面区域,试求:

(1)区域D的面积;

(2)区域D绕x轴旋转一周所形成的旋转体的体积.

3.(2021)已知曲线$y=e^{-x}$.

(1)求该曲线过原点的切线方程;

(2)求该切线与曲线$y=e^{-x}$和y轴所围成的图形绕x轴旋转一周的旋转体的体积.

4.(2021)一个质量为1 g的质点,受外力的作用做直线运动,该外力和时间成正比,和质点的速度成反比,当$t=10$ s时,质点的速度v为100 cm/s,外力F为2 g·cm/s^2,求$t=30$ s时,质点的速度.($\sqrt{65}\approx8.062$, $F=ma$,a为加速度)

5.(2020)已知抛物线$y=1-x^2$与x轴交于A,B两点,以AB为下底的等腰梯形$ABCD$内接于该抛物线.试问:当C点的纵坐标为多少时,等腰梯形的面积达到最大?

6.(2019)求$y=x^2,x=2,y=0$所围图形绕x轴旋转一周的旋转体的体积.

7.(2019)已知血液浓度C关于时间t的函数为$C(t)=0.03t+0.04t^2-0.004t^3$,求时间$t$为多少时血液浓度最大.(提示:$\sqrt{0.007\ 84}\approx0.088\ 5$)

8.(2018)设平面图形D是由曲线$y=\frac{1}{x}$、直线$y=x$及$x=3$所围成的部分,求D绕x轴旋转形成的旋转体的体积.

9.(2018)某车间靠墙壁要盖一间长方形的小屋,现有存砖只够砌20 m长的墙壁,问:应围成怎样的长方形才能使这间小屋的面积最大?

附录Ⅴ　习题答案与提示

第一章

练习题 1.1

1.(1)$(-\infty,0)\cup(0,4)\cup(4,+\infty)$;(2)$(2,3)$;(3)$(-\infty,-2]\cup[2,+\infty)$;(4)$[-2,3)$;

(5) $f(x)=x^2-5x+4, f(x-1)=x^2-7x+10$; (6) $y=\sqrt{x^2-2}$; (7) $y=\log_3(x+1)$.

2.(1)C;(2)D;(3)C;(4)B.

3.(1)偶函数;(2)奇函数;(3)奇函数;(4)偶函数.

4.(1)在$(-\infty,+\infty)$内无界,在$[-1,1]$内有界;(2)在$(1,2)$内无界,在$(2,+\infty)$内有界.

5.(1) $y=\sin u, u=3x+2$; (2) $y=u^3, u=\cos v, v=2x-1$;

(3) $y=\ln u, u=\sqrt{v}, v=\cos x$; (4) $y=e^u, u=v^2, v=\tan x$.

6. $f[g(x)]=\begin{cases}1, x<0,\\0, x=0,\\-1, x>0,\end{cases}\quad g[f(x)]=\begin{cases}e, |x|<1,\\1, |x|=1,\\e^{-1}, |x|>1.\end{cases}$

7. $V=\pi h\left(R^2-\dfrac{h^2}{4}\right), h\in(0,2R)$.

8. $y=\begin{cases}0.15x, 0\leqslant x\leqslant 50,\\0.25x-5, x>50.\end{cases}$ 图象略.

9. $y=\begin{cases}10x, 0\leqslant x\leqslant 3,\\7x+9, x>3.\end{cases}$ 79 元.

10. $y=\begin{cases}2.4x, 0\leqslant x\leqslant 4.5,\\4.8x-10.8, x>4.5.\end{cases}$ 9.6 元,13.2 元,18 元.

练习题 1.2

1.(1)0;(2)0;(3)0;(4)2;(5)1,不存在,2.

2.(1)D;(2)D;(3)D;(4)D.

3.1,-1,不存在.

4.-1,1,不存在.

练习题 1.3

1.(1)-1;(2)1;(3) $\dfrac{1}{2}$; (4)4.

2.(1)B;(2)A;(3)A;(4)C.

3.(1)1;(2) $\frac{1}{2}$; (3)0;(4) $\frac{1}{2}$; (5) n; (6) na^{n-1}; (7) $\frac{1}{3}$; (8)6.

4. $b=1$.

5.(1)5;(2) $\frac{2}{3}$; (3)0;(4)1;(5) e^2; (6) e^2; (7) e^{-3}; (8) $\cos a$; (9) e^2; (10) x; (11) e^{-1};

(12) e^{-2}.

6.$p\left(1+\frac{r}{n}\right)^{nt}$, 1 126.49,1 127.16,1 127.49,1 127.50,用复利计息时,只要年利率不大,按季度、月、日连续计算所得结果相差不大.

练习题 1.4

1.(1)1;(2)1;(3)1;(4)1.

2.(1)D;(2)C;(3)D;(4)B.

3.(1) $x\to-2$, $x\to2$;(2) $x\to\infty$, $x\to-1$;(3) $x\to0$, $x\to+\infty$;(4) $x\to0^-$, $x\to0^+$.

4.(1)同阶无穷小;(2)同阶无穷小;(3)高阶无穷小;(4)等价无穷小.

5.(1)0;(2)0;(3) $\frac{1}{3}$; (4) $\frac{1}{2}$.

6.略.

练习题 1.5

1.(1) $\frac{1}{2}$; (2)1,-3;(3) 2; (4) 2.

2.(1)C;(2)C;(3)D;(4)B;(5)C;(6)A;(7)B;(8)B.

3.连续.

4.$(-\infty,-3)\cup(-3,2)\cup(2,+\infty)$, ∞, $-\frac{1}{5}$, $-\frac{1}{2}$.

5.(1) $x=-2$, $x=1$ 为无穷间断点;

(2) $x=-3$ 为可去间断点, $x=3$ 是无穷间断点;

(3) $x=0$ 为振荡间断点;(4) $x=0$ 为跳跃间断点.

6. $a=b=2$.

7.(1)0;(2)1;(3) e^3; (4)1.

8.略.

9.略.

10. $y=\begin{cases}5, 0\leqslant x<20,\\ 10, 20\leqslant x<40,\\ 15, x\geqslant 40.\end{cases}$ 不连续.

习题一

1.(1)D;(2)A;(3)B;(4)C;(5)C;(6)D;(7)B;(8)B;(9)D;(10)A;(11)D;(12)D;(13)D;(14)A;(15)B;(16)A;(17)D;(18)A;(19)C;(20)A;(21)C;(22)D.

2.(1)0;(2) $\frac{x+1}{x+2}$;(3) $(-4,-\pi]\cup[0,\pi]$;(4) $[e,e^7)$;(5)2;(6) x^2+1;(7) $\tan x+1$;(8) $x+1$;(9) $\frac{2}{3}$;(10) $(-1,3)$.

3.(1)不正确;(2)不正确;(3)正确;(4)不正确.原因略.

4.(1) $[-2,1)$;(2) $[2,4]$;(3) $(-\infty,0)\cup(0,3]$;(4) $(-\infty,-1)\cup(-1,3)\cup(3,+\infty)$.

5.(1)奇函数;(2)奇函数;(3)偶函数;(4)非奇非偶函数.

6. $f(x)=x^2+2x-5, f(x-1)=x^2-6$.

7.(1) $y=u^3, u=x^2+5$;(2) $y=u^3, u=\sin v, v=2x+1$;(3) $y=e^u, u=\sqrt{v}, v=x+1$;(4) $y=\ln u, u=\cos v, v=\sqrt{w}, w=x^2+3$.

8.(1)0;(2)2;(3)1;(4)2;(5)1;(6)0;(7) $\frac{2}{3}$;(8) e^6;(9) e;(10) $\frac{1}{2}$;(11)1;(12) $\cos a$;(13) e^a;(14)0.

9. $a=1, b=-1$.

10.略.

11.(1) $(-\infty,-5)\cup(-5,2)\cup(2,+\infty)$;(2) $(-\infty,1)\cup(2,+\infty)$.

12.(1)不连续,可去间断点;(2)不连续,跳跃间断点.

13. $a=\ln 2$.

14. $y=\begin{cases}0, 0\leqslant x\leqslant 20,\\ 0.2x-4, 20<x\leqslant 50,\\ 0.3x-9, x>50.\end{cases}$

15. v_0.

16.略.

17.略.

第二章

练习题2.1

1.10.

2. $r_0\alpha$.

3.(1) $\frac{1}{2}f'(x_0)$;(2) $2f'(x_0)$;(3) $-\frac{3}{2}f'(x_0)$;(4) $2f'(x_0)$.

4.(1)√;(2)√.

5.C.

6.D.

7.6.

8.略.

9.(1,1),(−1,−1).

10.(1)切线方程为 $3x-y-2=0$,法线方程为 $x+3y-4=0$;

(2)切线方程为 $4x-y-4=0$, 法线方程为 $x+4y-18=0$;

(3)切线方程为 $\sqrt{2}x+2y-\sqrt{2}-\frac{\sqrt{2}}{4}\pi=0$,法线方程为 $\sqrt{2}x-y+\frac{\sqrt{2}}{2}-\frac{\sqrt{2}}{4}\pi=0$.

11.$f(x)$ 在点 $x=1$ 处不连续,也不可导.

$$\begin{cases}-1, x<0,\\ \text{不存在}, x=0,\\ 1, x>0.\end{cases}$$

12.略.

13.$f(x)$在点 $x=0$ 处连续,但不可导.

练习题 2.2

1.(1) $8x+3$; (2) $10x^4+\frac{1}{x^2}+\cos x$; (3) $x^3(4\ln x+1)$; (4) $\cos x+1$; (5) $-2\sin x+3$;

(6) $2^x\ln 2+3^x\ln 3$; (7) $\frac{1}{x\ln 2}+2x$; (8) $1+\frac{1}{x}$; (9) $e^x(x^2+1)(\cos x-\sin x)+2xe^x\cos x$;

(10) $-\frac{2}{(1+x)^2}$.

2.(1) $26x+14$; (2) $-14(1-2x)^6$; (3) $\cos 2x$; (4) $e^x\cot e^x$; (5) $-8\sin 8x$;

(6) $e^x(\sin 2x+2\cos 2x)$; (7) $\frac{2}{1+4x^2}$; (8) $(2x+1)e^{2x}$; (9) $2\cos(2x+5)$;

(10) $27(3x-1)^2$; (11) $\frac{\cos\ln\sqrt{2x+1}}{2x+1}$; (12) $\frac{1}{x\ln x}$; (13) $-\frac{1}{2x\sqrt{(x^2-1)\arcsin\frac{1}{x}}}$;

(14) $6x^2\tan(1+x^3)\sec^2(1+x^3)$.

3.(1) $\frac{y-2x}{2y-x}$; (2) $\frac{2e^{2x}-1}{1+e^y}$; (3) $\frac{3y-3x^2}{2y-3x}$; (4) $-\sqrt[3]{\frac{y}{x}}$; (5) $\frac{y(x-1)}{x(1-y)}$; (6) $\frac{y^2}{e^y-2xy}$.

4.(1) $x^x(1+\ln x)$; (2) $(\ln x)^{x-1}+(\ln x)^x\ln(\ln x)$; (3) $\left(\frac{x}{1+x}\right)^x\left[\ln\left(\frac{x}{1+x}\right)+\frac{1}{1+x}\right]$;

(4) $\frac{2}{3}y\left(\frac{1}{x+1}+\frac{1}{x+2}+\frac{1}{x+3}-\frac{3}{x}-\frac{1}{x+4}\right)$.

5.(1) $\frac{\sqrt{1-t^2}}{t-1}$; (2) $-\tan t$; (3) $\frac{t}{2}$; (4) $\frac{\sin\theta+\theta\cos\theta}{1+\cos\theta-\theta\sin\theta}$.

6.(1)切线方程为 $2x-4y+\pi-2=0$,法线方程为 $2x+y-\frac{\pi}{4}-2=0$;

(2)切线方程为 $x-y=0$,法线方程为 $x+y=0$;

(3)切线方程为 $x-y-4=0$,法线方程为 $x+y=0$;

(4)切线方程为 $x-y-2=0$,法线方程为 $x+y-6=0$.

7. $y'=\frac{1}{[1+\ln(1+x)](1+x)}$.

8. (e,e).

9. $y'=f'(\sin x^2)\cdot 2x\cdot\cos x^2$.

10.144π (m^2/s).

11.$\frac{16}{25\pi}\approx 0.204$ (m/min).

练习题 2.3

1. $y'=4x^3+e^x, y''=12x^2+e^x, y'''=24x+e^x, y^{(4)}=24+e^x$.

2.(1)1;(2)16;(3)1;(4)−1;(5)2.

3.(1) a^ne^{ax}; (2) $(-1)^{n+1}\frac{(n-1)!}{(1+x)^n}$; (3) $(x+n)e^x$.

4. $\frac{dy}{dx}=t, \frac{d^2y}{dx^2}=\frac{t^2}{1+t^2}$.

5.1.

练习题 2.4

1.(1)(2)(3)三个命题全正确.

2.(1) $2x+C$; (2) $\frac{x^3}{3}+C$; (3) $\arctan t+C$; (4) $-\frac{1}{4}\cos 4x+C$; (5) $\arcsin t+C$;

(6) $2\sin x$; (7) $e^{\sin x}$; (8) $\sec^2(x+1)$.

3.(1) $(2x+\cos x)dx$; (2) $-2\sin(2x+1)dx$; (3) $e^x(x+1)dx$;(4) $300(3x-1)^{99}dx$;

(5) $\csc x dx$; (6) $(\sin x)\cdot\sin(\cos x)dx$; (7) $-4x\tan(1-x^2)\sec^2(1-x^2)dx$;

(8) $\frac{2\sqrt{x+1}+1}{4\sqrt{x+1}\sqrt{x+\sqrt{x+1}}}dx$; (9) $\frac{2x-1}{x^2-x+2}dx$; (10) $\frac{e^x}{1+e^x}dx$; (11) $e^{\sin 2x}\sin 2x dx$;

(12) $\frac{2x}{1+x^4}dx$.

4.(1)1.0067;(2)0.4849;(3)−0.02;(4)0.97.

5. $\frac{1}{300}$.

6. $\frac{e^{x+y}-y}{x-e^{x+y}}dx$.

7. $\frac{ye^y}{1-xye^y}dx$.

8.1.117 8 g.

习题二

1.(1)×;(2)×;(3)√;(4)×.

2.(1)B;(2)B;(3)C;(4)C;(5)B;(6)D;(7)B;(8)C;(9)C;(10)B;(11)C;(12)A.

3.(1)>1;(2) $x-y-1=0$;(3) $-2e^{-2x}$;(4) $\frac{1}{1-\cos y}$;(5)−1;(6) $\frac{A}{2}$,4A;(7) $\frac{1}{2}$,$\frac{1}{6}$;

(8) $f'(0)$;(9) $\frac{2^{2007}}{e}$.

4.(1) $9x^2-2x+3$;(2) $2x\sin\frac{1}{x}-\cos\frac{1}{x}$;(3) $(\sin x)^{\cos x}[\cos x\cdot\cot x-\sin x\cdot\ln(\sin x)]$;

(4) $\frac{2}{(1-x)^2}\sec^2\frac{1+x}{1-x}$;(5) $-\csc^2(x+y)$;(6) $\tan t$.

5. $y=x+e^{\frac{\pi}{2}}$.

6. $y'=\frac{x+y}{x-y}$.

7. $a=b=1$.

8. $2x-y+3=0$.

9.(1) $dy=\frac{2^x\ln 2}{1+2^x}dx$;(2) $dy=-\sec^2x\cdot\sin(\tan x)dx$;(3) $dy=\frac{2x}{1+x^2}\sec^2[\ln(1+x^2)]dx$;

(4) $dy=-\frac{3}{x}\csc^3(\ln x)\cdot\cot(\ln x)dx$;(5) $dy=x^{\frac{1}{x}}\cdot\frac{1-\ln x}{x^2}dx$;(6) $dy=-\frac{2xe^y}{x^2e^y+2y}dx$;

(7) $dy=\frac{6(1-x^2)-2x}{x(1-x^2)}\cdot\sqrt[3]{\frac{1-x}{1+x}}dx$.

10. $y^{(n)}=(\sqrt{2})^ne^x\sin\left(x+\frac{n\pi}{4}\right)$.

11. $-\frac{1}{a(1-\cos t)^2}$.

12. $\frac{1}{e^2}$.

13.17.28 s.

14.略.

15.$\frac{4}{3}$ (m/s);$\frac{10}{3}$ (m/s).

16.0.64 (cm/min).

17.(1)$\frac{3}{8}$ (m/s);(2)0.2 (rad/min).

第三章

练习题 3.1

1.(1) $-\ln\ln 2$; (2) $f'(\xi)(b-a)$.

2.(1)C;(2)C;(3)B;(4)B;(5)B.

3.(1) $\xi_1=2-\frac{\sqrt{3}}{3},\xi_2=2+\frac{\sqrt{3}}{3}$; (2) $\xi=1$.

4.$\xi=\frac{\pi}{4}$.

5.有四个实数根,分别位于区间(-2,-1),(-1,0),(0,1)及(1,2)内.

6.提示:反证法.

7.提示:运用两次罗尔中值定理.

8.略.

9.略.

10.略.

练习题 3.2

1.略.

2.(1) $\frac{a}{b}$; (2) $a^a(\ln a-1)$; (3)3; (4) $\frac{1}{6}$; (5) 0; (6)0; (7)0; (8)1; (9) $\frac{1}{4}$; (10)0;

(11)0; (12)0; (13) e^{-1}; (14)1; (15)1; (16)1; (17) $\frac{1}{6}$; (18)1; (19)1; (20) $\frac{1}{2}$.

练习题 3.3

1.(1)错;(2)错;(3)错.原因略.

2.(1)D;(2)C;(3)D;(4)B;(5)C.

3.(1)在$\left(0,\frac{1}{2}\right)$内↘,在$\left(\frac{1}{2},+\infty\right)$内↗;

(2)在$(-\infty,-1)\cup(3,+\infty)$内↗,在$(-1,3)$内↘;

(3)在$(2,+\infty)$内↗,在$(0,2)$内↘;

(4)在$(-\infty,1)$内↘,在$(1,+\infty)$内↗;

(5)在$(-\infty,-1)\cup(1,+\infty)$内↘,在$(-1,1)$内↗;

(6)在$(-\infty,0)$内↗,在$(0,+\infty)$内↘;

(7)在$\left(-\infty,\dfrac{1}{2}\right)$内↘,在$\left(\dfrac{1}{2},+\infty\right)$内↗;

(8)在$(-\infty,+\infty)$内↗.

4.略.

5.(1)极小值$y|_{x=0}=0$;

(2)极小值$y|_{x=e}=e$;

(3)极小值$y|_{x=1}=2$;

(4)极小值$y|_{x=0}=0$; 极小值$y|_{x=1}=-1$;

(5)极小值$y|_{x=\frac{5}{4}\pi+2k\pi}=-\dfrac{\sqrt{2}}{2}e^{\frac{5}{4}\pi+2k\pi}$, 极大值$y|_{x=\frac{\pi}{4}+2k\pi}=-\dfrac{\sqrt{2}}{2}e^{\frac{\pi}{4}+2k\pi}(k=0,\ \pm1,\ \pm2,\cdots)$;

(6)极小值$y|_{x=-\frac{1}{2}\ln 2}=2\sqrt{2}$;

(7)极大值$y|_{x=\pm1}=1$, 极小值$y|_{x=0}=0$;

(8)极大值$y|_{x=\frac{3}{4}}=\dfrac{5}{4}$;

(9)无极值;

(10)极大值$y|_{x=\frac{\pi}{2}}=1,y|_{x=\frac{5}{4}\pi}=-\dfrac{\sqrt{2}}{2}$; 极小值$y|_{x=\frac{\pi}{4}}=\dfrac{\sqrt{2}}{2},y|_{x=\pi}=-1,y|_{x=\frac{3}{2}\pi}=-1$;

(11)极大值$y|_{x=e}=e^{\frac{1}{e}}$;

(12)没有极值.

6. $a=2,f\left(\dfrac{\pi}{3}\right)=\sqrt{3}$ 为极大值.

练习题 3.4

1.(1)A;(2)A.

2.(1)最大值$y|_{x=0}=10$, 最小值$y|_{x=8}=6$;

(2)最大值$y|_{x=-\frac{\pi}{2}}=\dfrac{\pi}{2}$, 最小值$y|_{x=\frac{\pi}{2}}=-\dfrac{\pi}{2}$;

(3)最大值$y|_{x=0}=0$;

(4)最大值$y|_{x=2}=\ln 5$, 最小值$y|_{x=0}=0$;

(5)最大值$y|_{x=4}=80$, 最小值$y|_{x=-1}=-5$;

(6)最大值$y|_{x=3}=11$, 最小值$y|_{x=2}=-14$;

(7)最大值$y|_{x=4}=\dfrac{3}{5}$, 最小值$y|_{x=0}=-1$;

(8)最大值$y|_{x=\pm1}=\dfrac{1}{e}$, 最小值$y|_{x=0}=y|_{x=\pm\infty}=0$.

3.圆桶的高与底面直径相等时,所用材料最省.

4. $r=5$ cm.

5.企业生产 3 000 件产品时,平均成本最小.

6.梯形上底等于圆半径时,梯形的面积最大.

7.25 棵.

练习题 3.5

1.(1)A;(2)B;(3)A.

2.(1)凸区间:$\left(0,\frac{2}{3}\right)$,凹区间:$(-\infty,0)\cup\left(\frac{2}{3},+\infty\right)$,拐点:$(0,1)$与$\left(\frac{2}{3},\frac{11}{27}\right)$;

(2)凸区间:$(-\infty,-1)\cup(1,+\infty)$,凹区间:$(-1,1)$,拐点:$(\pm1,\ln 2)$;

(3)处处凹,无拐点;

(4)凸区间:$\left(\frac{1}{2},+\infty\right)$,凹区间:$\left(-\infty,\frac{1}{2}\right)$,拐点:$\left(\frac{1}{2},e^{\arctan\frac{1}{2}}\right)$;

(5)凸区间:$\left(-\infty,-\frac{\sqrt{2}}{2}\right)\cup\left(0,\frac{\sqrt{2}}{2}\right)$,凹区间:$\left(-\frac{\sqrt{2}}{2},0\right)$与$\left(\frac{\sqrt{2}}{2},+\infty\right)$,拐点:$(0,0)$,$\left(-\frac{\sqrt{2}}{2},\frac{7}{8}\sqrt{2}\right)$和$\left(\frac{\sqrt{2}}{2},-\frac{7}{8}\sqrt{2}\right)$;

(6)凹区间:$(-2,+\infty)$,凸区间:$(-\infty,-2)$,拐点:$(-2,-2e^{-2})$;

(7)无凸区间,凹区间:$(-\infty,+\infty)$,无拐点;

(8)凸区间:$(-\infty,0)\cup(0,1)$,凹区间:$(1,+\infty)$,拐点:$(1,-3)$.

3. $a=-\frac{3}{2}$, $b=\frac{9}{2}$.

4.拐点:$(-1,-1)$,$\left(2-\sqrt{3},\frac{1-\sqrt{3}}{4(2-\sqrt{3})}\right)$,$\left(2+\sqrt{3},\frac{1+\sqrt{3}}{4(2+\sqrt{3})}\right)$.证明略.

练习题 3.6

1.(1)D;(2)A;(3)C;(4)B.

2.(1)垂直渐近线 $x=0$; (2)垂直渐近线 $x=0$, 水平渐近线 $y=1$.

3.略.

练习题 3.7

1. $C(1\ 000)=1\ 012\ 000$,$C'(1\ 000)=3\ 010$.

2. $R(50)=9975$,$R'(50)=199$.

3.250.

4.50.

5.(1) $R(20)=120$,$R(30)=20$,$R'(20)=20$,$R'(30)=-2$; (2)25.

6. $\eta=\frac{P}{4},\eta(3)=\frac{3}{4},\eta(4)=1,\eta(5)=\frac{5}{4}$.

7. $\varepsilon=\frac{3P}{2+3P},\varepsilon(2)=\frac{3}{4}$.

8.(1) $P(x)=550-\frac{x}{10}$; (2)175(元);(3)100(元).

9.(1) $Q'(4)=-8$; (2) $\eta(4)\approx 0.54$; (3)增加;(4)减少;(5) $P=5$.

习题三

1.(1)×;(2)×;(3)×;(4)×;(5)×.

2.(1)$\frac{5}{2}$;(2)$\frac{1}{2}$;(3)$\left[0,\frac{1}{4}\right]$;(4)$2-\ln 5$;(5)0;(6)$-4$.

3. ka.

4.略.

5.(1) $\frac{1}{2}$; (2)1;(3)$\frac{1}{2}$;(4)1.

6.在 $(-\infty,0)\cup(1,2)$ 内单调减少,在 $(0,1)\cup(2,+\infty)$ 内单调增加,极小值 $y|_{x=0}=0$,极大值 $y|_{x=1}=1$,极小值 $y|_{x=2}=0$

7.极大值 $y|_{x=1}=\frac{1}{e}$,拐点为 $\left(2,\frac{2}{e^2}\right)$.

8.(1)最大值 $y|_{x=\pm 2}=29$,最小值 $y|_{x=0}=5$;

(2)最大值 $y|_{x=0}=2$, 最小值 $y|_{x=-1}=0$.

10. $x+2y-6=0$.

第四章

练习题 4.1

1.(1) $\sin^2 x,\cos 2x\mathrm{d}x$; (2) $\ln|x|$, $-\frac{1}{x^2}$; (3) $e^x+\cos x$; (4) $\frac{\sin x}{x}+C$.

2.(1)×;(2)×;(3)×;(4)×;(5)√;(6)√.

3.(1)D;(2)D;(3)B;(4)B;(5)C;(6)C.

4.(1) $-\frac{1}{x}+C$;(2) $\frac{2}{5}x^{\frac{5}{2}}+C$;(3) $-\frac{2}{3}x^{-\frac{3}{2}}+C$;(4) $\frac{5}{4}x^4+C$;(5) $\frac{1}{3}x^3-\frac{3}{2}x^2+2x+C$;

(6) $\frac{1}{5}x^5+\frac{2}{3}x^3+x+C$;(7) $\sqrt{\frac{2h}{g}}+C$;(8) $\frac{1}{3}x^3+\frac{2}{5}x^{\frac{5}{2}}-\frac{2}{3}x^{\frac{3}{2}}-x+C$;

(9) $\ln|x+\sin x|+C$; (10) $x-\arctan x+C$; (11) $x^3+\arctan x+C$;(12) $\frac{4}{7}x^{\frac{7}{4}}-\frac{4}{15}x^{\frac{15}{4}}+C$;

(13) $3\arctan x-2\arcsin x+C$;(14) $2e^x+3\ln|x|+C$;(15) $e^x-2\sqrt{x}+C$;

(16) $2x+\frac{3}{\ln 3-\ln 2}\left(\frac{2}{3}\right)^{x}+C$；(17) $\tan x-\sec x+C$；(18) $-(\cot x+\tan x)+C$；

(19) $\frac{1}{2}\tan x+C$；(20) $\sin x-\cos x+C$；(21) $2\arctan x+C$；(22) $-2\cos x-3\ln|x|+\frac{1}{3}x^{3}+C$；

(23) $\frac{1}{2}x^{4}+x-e^{x}+C$；(24) $\frac{1}{3}x^{3}-x+\arctan x+C$.

5. $y=\ln|x|+1$.

6. $y=x^{3}+x$.

7. $s(t)=t^{3}+2$.

练习题 4.2

1.(1) $\frac{1}{9}$; (2) $\frac{1}{7}$; (3) $\frac{1}{2}$; (4) $\frac{1}{10}$; (5) $\frac{1}{2}$; (6) -2; (7) $\frac{1}{5}$; (8) $\frac{1}{3}$; (9) -1; (10) -1;

(11) $\frac{1}{12}$; (12) $-\frac{2}{3}$.

2.(1) $F(e^{x})+C$; (2) $-F(\cos x)+C$; (3) $\frac{1}{2}F(x^{2}+1)+C$; (4) $-2F(-\sqrt{x})+C$.

3.(1)B;(2)D;(3)B;(4)A;(5)C;(6)D.

4.(1) $\frac{1}{5}e^{5x}+C$; (2) $-\frac{1}{8}(3-2x)^{4}+C$; (3) $-\frac{1}{2}\ln|1-2x|+C$; (4) $-\frac{1}{2}(2-3x)^{\frac{2}{3}}+C$;

(5) $-\frac{1}{a}\cos at-be^{\frac{t}{b}}+C$; (6) $\frac{t}{2}+\frac{1}{12}\sin 6t+C$; (7) $-2\cos\sqrt{t}+C$; (8) $\frac{1}{11}\tan^{11}x+C$;

(9) $\ln|\ln\ln x|+C$; (10) $\ln|\tan x|+C$; (11) $\arctan e^{x}+C$; (12) $-\frac{1}{2}e^{-x^{2}}+C$;

(13) $\frac{1}{2}\sin x^{2}+C$; (14) $-\frac{1}{3}(2-3x^{2})^{\frac{1}{2}}+C$; (15) $-\frac{3}{4}\ln|1-x^{4}|+C$;

(16) $\frac{2}{9}(1+x^{3})^{\frac{3}{2}}+C$; (17) $\frac{1}{2}\arctan(\sin^{2}x)+C$; (18) $\frac{1}{2}\sec^{2}x+C$;

(19) $-2\sqrt{1-x^{2}}-\arcsin x+C$; (20) $\frac{1}{2}\arcsin\frac{2}{3}x+\frac{1}{4}\sqrt{9-4x^{2}}+C$;

(21) $\sin x-\frac{1}{3}\sin^{3}x+C$; (22) $\frac{3}{2}\sqrt[3]{1-\sin 2x}+C$; (23) $\frac{1}{2}\cos x-\frac{1}{10}\cos 5x+C$;

(24) $\frac{1}{3}\sin\frac{3x}{2}+\sin\frac{x}{2}+C$; (25) $\frac{1}{4}\sin 2x-\frac{1}{24}\sin 12x+C$; (26) $\frac{1}{3}\sec^{3}x-\sec x+C$;

(27) $(\arctan\sqrt{x})^{2}+C$; (28) $-\frac{1}{\arcsin x}+C$; (29) $-\frac{1}{x\ln x}+C$;

(30) $\frac{1}{2}\left(a^{2}\arcsin\frac{x}{a}-x\sqrt{a^{2}-x^{2}}\right)+C$; (31) $\sqrt{x^{2}-9}-3\arccos\frac{3}{x}+C$;

(32) $\frac{x}{a^2\sqrt{a^2-x^2}}+C$; (33) $\frac{x}{a^2\sqrt{a^2+x^2}}+C$; (34) $-\frac{x}{a^2\sqrt{a^2-x^2}}+C$;

(35) $\frac{1}{7}\ln\left|\frac{x-5}{x+2}\right|+C$; (36) $-2\cos(\sqrt{x}+1)+C$; (37) $\frac{1}{\sqrt{5}}\arctan\frac{x}{\sqrt{5}}+C$;

(38) $\arcsin\frac{x}{2}+C$; (39) $\frac{3}{2}x^{\frac{2}{3}}-3x^{\frac{1}{3}}+3\ln\left|1+x^{\frac{1}{3}}\right|+C$;

(40) $x-2\sqrt{1+x}+2\ln(1+\sqrt{1+x})+C$; (41) $\frac{2}{3}(1+x)^{\frac{3}{2}}-2(1+x)^{\frac{1}{2}}+C$;

(42) $a\ln\left|\frac{a}{x}-\frac{\sqrt{a^2-x^2}}{x}\right|+\sqrt{a^2-x^2}+C$; (43) $\sqrt{x^2-a^2}-a\arccos\frac{a}{x}+C$;

(44) $\arctan\sqrt{x^2-1}+C$.

练习题4.3

(1) $-x\cos x+\sin x+C$; (2) $x(\ln x-1)+C$; (3) $x\arcsin x+\sqrt{1-x^2}+C$;

(4) $-e^{-x}(x+1)+C$; (5) $\frac{1}{3}x^3\ln x-\frac{1}{9}x^3+C$; (6) $\frac{1}{2}(x^2-1)\ln(x-1)-\frac{1}{4}x^2-\frac{1}{2}x+C$;

(7) $x\left(\ln\frac{x}{2}-1\right)+C$; (8) $2x\sin\frac{x}{2}+4\cos\frac{x}{2}+C$;

(9) $\frac{1}{3}x^3\arctan x-\frac{1}{6}x^2+\frac{1}{6}\ln(1+x^2)+C$; (10) $-\frac{1}{2}x^2+x\tan x+\ln|\cos x|+C$;

(11) $x^2\sin x+2x\cos x-2\sin x+C$; (12) $-\frac{1}{2}e^{-2t}\left(t+\frac{1}{2}\right)+C$;

(13) $x\ln(x+\sqrt{x^2+1})-\sqrt{x^2+1}+C$; (14) $x(\ln x)^2-2x\ln x+2x+C$;

(15) $-\frac{1}{2}\left(x^2-\frac{3}{2}\right)\cos 2x+\frac{x}{2}\sin 2x+C$; (16) $-\frac{1}{4}x\cos 2x+\frac{1}{8}\sin 2x+C$;

(17) $\frac{1}{4}x^2+\frac{x}{4}\sin 2x+\frac{1}{8}\cos 2x+C$; (18) $\frac{1}{6}x^3+\left(\frac{1}{2}x^2-1\right)\sin x+x\cos x+C$;

(19) $x(\arcsin x)^2+2\sqrt{1-x^2}\arcsin x-2x+C$;

(20) $-\frac{1}{x}[(\ln x)^3+3(\ln x)^2+6\ln x+6]+C$; (21) $3e^{\sqrt[3]{x}}(\sqrt[3]{x^2}-2\sqrt[3]{x}+2)+C$;

(22) $\frac{1}{2}e^{-x}(\sin x-\cos x)+C$; (23) $-\frac{2}{17}e^{-2x}\left(\cos\frac{x}{2}+4\sin\frac{x}{2}\right)+C$; (24) $\frac{1}{2}xe^{2x}-\frac{1}{4}e^{2x}+C$;

(25) $\frac{1}{2}x\sin 2x+\frac{1}{4}\cos 2x+C$; (26) $\frac{1}{2}(x^2\arctan x+\arctan x-x)+C$;

(27) $-e^{-x}(x^2+2x+2)+C$; (28) $-x^2\cos x+2x\sin x+2\cos x+C$;

(29) $\frac{1}{4}x^2-\frac{1}{4}x\sin 2x-\frac{1}{8}\cos 2x+C$; (30) $2\sqrt{x}\sin\sqrt{x}+2\cos\sqrt{x}+C$.

练习题4.4

(1) $\frac{1}{4}\ln\left|\frac{2+x}{2-x}\right|+C$; (2) $\frac{1}{3}x^3-\frac{3}{2}x^2+9x-27\ln|x+3|+C$; (3) $\frac{1}{2}x^2-\frac{9}{2}\ln(x^2+9)+C$;

(4) $2\ln\left|\frac{x-1}{x}\right|+\frac{1}{x}+C$; (5) $\frac{1}{3}\ln\left|\frac{x-2}{x+1}\right|+C$; (6) $\ln|x^2+3x-10|+C$;

(7) $\ln|x+1|-\frac{1}{2}\ln|x^2-x+1|+\sqrt{3}\arctan\frac{2x-1}{\sqrt{3}}+C$; (8) $\frac{1}{x+1}+\frac{1}{2}\ln|x^2-1|+C$;

(9) $2\ln|x+2|-\frac{1}{2}\ln|x+1|-\frac{3}{2}\ln|x+3|+C$.

习题四

1.(1) $\frac{x^2}{2}-\cos x, 1+\cos x$; (2) $-\frac{1}{x^2}$; (3) $2^x\cdot\ln 2-\sin x$; (4) $2\sqrt{x}+C$; (5) $xf(x^2)\mathrm{d}x$;

(6) $-\frac{1}{x^2}$; (7) $\sin x+C$; (8) $2\sqrt{\tan x}+C$.

2.(1)B;(2)D;(3)A;(4)D;(5)A;(6)B;(7)C;(8)B;(9)D.

3.(1) $-F(\mathrm{e}^{-x})+C$; (2) $2F(\sqrt{x})+C$; (3) $F(\ln x)+C$; (4) $F(\sin x)+C$.

4. $-\frac{1}{2}(1-x^2)^2+C$.

5.(1) $\frac{1}{3}\sin(3x+4)+C$; (2) $\frac{1}{2}\mathrm{e}^{2x}+C$; (3) $\frac{(1+x)^{n+1}}{n+1}+C$; (4) $\frac{2^{2x+3}}{2\ln 2}+C$;

(5) $-\sqrt{1-x^2}+C$; (6) $\ln|\ln x|+C$; (7) $\frac{1}{8\sqrt{2}}\ln\left|\frac{x^4-\sqrt{2}}{x^4+\sqrt{2}}\right|+C$; (8) $\ln|\tan x|+C$;

(9) $\frac{1}{4}(\arcsin x)^2+\frac{x}{2}\sqrt{1-x^2}\arcsin x-\frac{x^2}{4}+C$; (10) $-\frac{\ln x}{2x^2}-\frac{1}{4x^2}+C$;

(11) $\frac{x^2}{2}\ln x-\frac{1}{4}x^2+C$; (12) $(x+1)\arctan\sqrt{x}-\sqrt{x}+C$; (13) $\frac{4}{5}x^{\frac{5}{4}}-\frac{24}{13}x^{\frac{13}{12}}-\frac{4}{3}x^{\frac{3}{4}}+C$;

(14) $\frac{x^2}{2}\arcsin x+\frac{x}{4}\sqrt{1-x^2}-\frac{1}{4}\arcsin x+C$; (15) $\frac{1}{2}x[\cos(\ln x)+\sin(\ln x)]+C$;

(16) $\left(\frac{1}{2}-\frac{1}{5}\sin 2x-\frac{1}{10}\cos 2x\right)\mathrm{e}^x+C$; (17) $\frac{1}{2}x^2+x+2\ln|x-1|-\ln|x+2|+C$;

(18) $2\ln|x-3|-\ln(x^2+2x+5)+\frac{1}{2}\arctan\frac{x+1}{2}+C$;

(19) $2\ln|x+1|-\ln|x-2|-\frac{2}{x-2}+C$; (20) $\frac{1}{4}\ln\left|\frac{x-1}{x+1}\right|-\frac{1}{2}\arctan x+C$;

(21) $\frac{1}{3}\sin 3x+C$; (22) $\frac{1}{22}(4+x^2)^{11}+C$; (23) $\frac{2}{9}(x^3+1)^{\frac{3}{2}}+C$;

(24) $e^{\sin\theta}+C$; (25) $\frac{1}{63}(3x-2)^{21}+C$; (26) $\frac{1}{2}\ln(x^2+1)+C$;

(27) $2\sqrt{x+4}+2\ln\left|\frac{\sqrt{x+4}-2}{\sqrt{x+4}+2}\right|+C$; (28) $\ln\left|\frac{\sqrt{x+1}-1}{\sqrt{x+1}+1}\right|+C$;

(29) $2\sqrt{x}+3\sqrt[3]{x}+6\sqrt[6]{x}+6\ln\left|\sqrt[6]{x}-1\right|+C$; (30) $2\arctan\sqrt{x}+C$; (31) $\frac{\sqrt{x^2-9}}{9x}+C$;

(32) $-3(9-x^2)^{\frac{3}{2}}+\frac{1}{5}(9-x^2)^{\frac{5}{2}}+C$; (33) $\frac{1}{3}(x^2+9)^{\frac{3}{2}}-9\sqrt{x^2+9}+C$;

(34) $-\frac{1}{3}(5-u^2)^{\frac{3}{2}}+C$; (35) $\theta\tan\theta-\ln|\cos\theta|+C$; (36) $\frac{1}{5}x\sin 5x+\frac{1}{25}\cos 5x+C$;

(37) $-2\sqrt{x}\cos\sqrt{x}+2\sin\sqrt{x}+C$; (38) $e^{x^2}\left(\frac{1}{2}x^4-x^2+1\right)+C$;

(39) $x-2\ln(1+\sqrt{1+e^x})+C$; (40) $x-\ln(e^x+1)+C$.

6. $y=x^4+2$.

7.(1) $v=4t^3+3\cos t+2$; (2) $s=t^4+3\sin t+2t+3$.

8.略.

9. $P=100t-\frac{50}{\pi}\cos\left(2\pi t-\frac{\pi}{2}\right)$.

10. $v(t)=5(1+3t)^{-1}-4.5$.

第五章

练习题 5.1

1. $Q=\int_0^t i(t)\,dt$.

2. $M=\int_0^l \rho(x)\,dx$.

3. $A=\int_1^3 x^3\,dx$.

4.略.

5.(1) $\int_0^1 x^2dx<\int_0^1 xdx$;

(2) $\int_1^2 \ln x\,dx>\int_1^2 \ln^2 x\,dx$;

(3) $\int_0^1 e^x dx>\int_0^1 (1+x)\,dx$;

(4) $\int_0^{\frac{\pi}{2}} x\,dx>\int_0^{\frac{\pi}{2}} \sin x\,dx$.

6.(1) $2\leqslant\int_1^3 x^2dx\leqslant 18$;

(2) $\frac{1}{9}\pi \leqslant \int_{\frac{1}{\sqrt{3}}}^{\sqrt{3}} x\arctan x\mathrm{d}x \leqslant \frac{2}{3}\pi$;

(3) $\frac{3}{4}\pi \leqslant \int_{\frac{\pi}{4}}^{\frac{3\pi}{4}} (1+\sin^2 x)\mathrm{d}x \leqslant \pi$;

(4) $2\mathrm{e}^{-\frac{1}{4}} \leqslant \int_0^2 \mathrm{e}^{x^2-x}\mathrm{d}x \leqslant 2\mathrm{e}^2$.

练习题 5.2

1.(1) $\int f(x)\mathrm{d}x = \int_a^x f(t)\mathrm{d}t + C$;

(2) $2[f(2)-f(0)]$;

(3)极小值 $y|_{x=1} = -\frac{1}{2}$;

(4)1 或 0.

2.(1) $\sin^2 x$; (2) $\frac{-1}{\sqrt{1+x^2}}$ (3) $x^2(2x^3\mathrm{e}^{-x^2}-\mathrm{e}^{-x})$; (4) $\cot t$.

3.(1) $\frac{1}{2}$;(2)1;(3) $\frac{1}{3}$;(4) $\frac{1}{2\mathrm{e}}$.

4. $x=0$ 时有极小值 0.

5.(1) $\frac{29}{6}$; (2) $45\frac{1}{6}$; (3) $\frac{\pi}{12}-\frac{\sqrt{3}}{3}+1$; (4)1;(5) $\sqrt{2}-1$; (6)1;(7) $1+\frac{\pi}{4}$; (8) $\frac{1-\ln 2}{2}$;

(9)−1;(10) $\frac{4}{5}$; (11) $2(\sqrt{2}-1)$;(12) $\frac{2}{9}\sqrt{3}\pi$; (13) $2\sqrt{2}$; (14)1.

6. $\frac{17}{16}-\frac{\pi}{4}$.

练习题 5.3

1.(1)0;(2) $\frac{2}{3}$;(3) $4-2\ln 3$;(4) $2-\frac{\pi}{2}$;(5)π;(6)0;(7)54.

2.(1) $\frac{1}{4}(\mathrm{e}^2+1)$; (2) $\frac{1}{2}-\frac{1}{2}\ln 2$; (3) $\frac{\pi}{4}-\frac{1}{2}\ln 2$; (4) $\frac{6+\sqrt{3}\pi}{12}$.

3.略.

4.略.

练习题 5.4

1.(1)1;(2)$+\infty$(发散);(3) $\frac{\pi}{2}$;(4) $\ln 2$

2.(1)1/3;(2)π;(3)发散;(4)2.

3.略.

练习题 5.5

1.(1)1/6;(2)9/8;(3)8/3;(4)32/3;(5)2/3;(6)1/6;(7)1;(8) $\ln\sqrt{2}$.

2. $2\left(1-\dfrac{1}{e}\right)$.

3.12π.

4.(1)16π;(2)$\dfrac{1}{12}\pi^2$;(3)$\dfrac{48}{5}\pi$;$\dfrac{24}{5}\pi$;(4)$160\pi^2$.

习题五

1.(1)D;(2)C;(3)A;(4)D;(5)C;(6)D;(7)A;(8)B;(9)A;(10)D;(11)A;(12)C.

2.(1) $\int_0^1\sqrt{1+x^3}\,dx$;(2)0,0;(3) $\sin x-1$;(4)$\dfrac{\pi}{8}$;(5)$\dfrac{1}{2}$;(6)2;(7)3;(8)$\dfrac{112\pi}{27}$.

3.(1)2;(2)$-\dfrac{\pi}{12}$;(3)1;(4)1;(5)$\dfrac{1}{6}$;(6) $7+2\ln 2$.

4.(1)$\dfrac{\sqrt{2}\pi}{4}+\sqrt{2}-2$;(2) $\dfrac{1}{3}\ln 2$.

5.(1)0;(2)0.

6.$\dfrac{1}{3}$.

7. $x=0$ 为 $f(x)$ 的极小值点,极小值 $f(0)=-e^{-1}$.

8.(1)发散;(2)收敛, $n!$; (3)收敛,2.

9. $\dfrac{125}{24}$.

10.$\dfrac{\pi^2}{2}$.

11.(1)$\dfrac{7}{6}$;(2)$\dfrac{62\pi}{15}$.

12. $\dfrac{13}{6}p^2$.

13.(1) $V_x=\dfrac{1}{5}\pi, V_y=\dfrac{\pi}{2}$;(2) $V_x=\dfrac{129}{160}\pi, V_y=2\pi$.

14.(1) $A(t)=at^2-a^2t+\dfrac{1}{3}a^2$;(2) $t=\dfrac{a}{2}$ 时, $A(t)$ 最小.

15. $\dfrac{27}{7}kca^2\sqrt[3]{\dfrac{a}{c}}$.

16-18.略.

附录Ⅳ　近年专升本高等数学考试真题

一、选择题

1—10　BBACA　AABBD　11—20　BCABB　CCAAD　21—30　CADCB　DACCB

31—40　ABDAA　BCACC　41—50　ABBDC　DCAAA　51—60　ABDBC　BADAD

61—70　ADDAA　DBBAC　71—80　CCCDC　BCDDB　81—90　BCAAD　ADCBD

二、填空题

1.$\sqrt[3]{2}$.　2.$(1,+\infty)$.　3.$(-1,3)$.　4. $1+\tan x$.　5. $4x-3$.　6. $\ln(1+2x)$.　7.2.　8. e^{-1}.

9. e^3.　10. e^2.　11.1.　12.1.　13.3.　14. $5^x(\ln 5)^n$.　15. $y=3x-\frac{5\sqrt{2}}{2}$.　16.e−1.

17. $x=1$.　18.1.　19. $-\tan t$.　20. $(\sin x+x\cos x)\mathrm{d}x$.　21.$(0,+\infty)$.　22.$(1,+\infty)$.

23. $3x^2-\frac{24}{5}$.　24. $\ln(e-1)$.　25. $x=-\ln 2$.　26. $\frac{\pi}{2}$.　27. $-\ln x+C$.　28. $-\frac{1}{x}+C$.

29. $F(\sin x)+C$.　30. $\sqrt{1+x^2}+C$.　31. $3\ln\left|\frac{x-3}{x-2}\right|+C$.　32. $\sin x-x\cos x+C$.

33. $2x\cos x$.　34. $\ln 2$.　35.0.　36.3.　37.0.　38.$\frac{2\pi^3}{3}$.　39.$\frac{2}{3}$.

三、计算题

1.1.　2.10.　3. $a=1,b=-1$.　4. e^{-3}.　5.$\frac{1}{2}$.　6.$\frac{1}{3}$.　7.$\frac{1}{4}$.　8. $y'=2\ln x\cdot x^{\ln x-1}$.

9. $\frac{-1}{2(1-\cos t)^2}$ $(t\neq 0$ 和 $2\pi)$.　10.仅有水平渐近线 $y=1$.

11.曲线的凸区间为$\left(\frac{1}{2},+\infty\right)$,凹区间为$\left(-\infty,\frac{1}{2}\right)$,拐点为$\left(\frac{1}{2},3+e^{\arctan\frac{1}{2}}\right)$.

12.曲线的凸区间为$(-\infty,-1)$,$(1,+\infty)$,凹区间为$(-1,1)$,拐点为$(1,3+\ln 2)$,$(-1,3+\ln 2)$.

13.曲线的凸区间为$\left(\frac{1}{3},1\right)$,凹区间为$\left(-\infty,\frac{1}{3}\right)$,$(1,+\infty)$,拐点为$(1,6)$,$\left(\frac{1}{3},\frac{146}{27}\right)$.

14.函数在 $x=1$ 时取得极大值 $\frac{1}{2}$; 在 $x=2$ 时取得极小值 $\frac{1}{3}$.

15.曲线的凸区间为$\left[0,\frac{2}{3}\right]$,凹区间为$(-\infty,0]$,$\left[\frac{2}{3},+\infty\right)$,拐点为$(0,2)$,$\left(\frac{2}{3},\frac{38}{27}\right)$.

16. $3\arctan x-2\ln|\ln x|-\ln x+C$.

17. $\frac{3}{2}\sqrt[3]{(x+1)^2}-3\sqrt[3]{(x+1)}+3\ln|\sqrt[3]{x+1}+1|+C$.

18. $\ln\left|\frac{x}{2x+1}\right|+C$.　19. $x\sin x+\cos x+C$.　20. $\frac{2}{5}(x-1)^{\frac{5}{2}}+\frac{2}{3}(x-1)^{\frac{3}{2}}+C$.

21. $8-16e^{-1}$.　22. $\frac{14}{3}+\frac{2}{\pi}$.　23. $\frac{\sqrt{3}}{6}\arctan\frac{\sqrt{3}}{2}$.　24. $-\frac{25}{3}$.　25. $2(\sqrt{3}-1)$.

四、证明题

略.

五、应用题

1.7 600.　2.(1)4;(2) $2\pi^2$.　3.(1) $y=-ex$;(2) $\frac{\pi e^2}{6}-\frac{\pi}{2}$.　4.161.24 cm/s.

5.纵坐标为$\frac{85}{9}$时,等腰梯形的面积最大.　6.$\frac{32\pi}{5}$.　7.7.02.　8.8π.　9.宽 5 m,长 10 m.

参考文献

[1] 同济大学数学系. 高等数学[M]. 7 版. 北京:高等教育出版社,2014.
[2] 张爱真,刘大彬等. 高等数学[M]. 北京:北京师范大学出版社,2009.
[3] 林益,李伶. 高等数学[M]. 北京:北京大学出版社,2005.
[4] 谢季坚,李启文.大学数学　微积分及其在生命科学、经济管理中应用[M].2 版.北京:高等教育出版社,2004.
[5] 颜文勇,柯善军.高等应用数学[M].北京:高等教育出版社,2004.
[6] 侯风波.高等数学[M].6 版.北京:高等教育出版社,2022.
[7] 盛祥耀.高等数学[M].北京:高等教育出版社,2008.
[8] 侯风波.应用数学[M].北京:高等教育出版社,2007.
[9] 李心灿.高等数学应用 205 例[M].北京:高等教育出版社,1997.
[10] 侯风波,李仁芮.工科高等数学[M].沈阳:辽宁大学出版社,2006.
[11] 陆宜清.应用高等数学[M].北京:高等教育出版社,2010.
[12] 张建业,王洪林.高等数学[M].天津:南开大学出版社,2017.
[13] 骈俊生,黄国建,蔡鸣晶.高等数学[M].2 版.北京:高等教育出版社,2018.
[14] 王仲英.应用数学[M].北京:高等教育出版社,2009.
[15] 徐强.高等数学[M].北京:高等教育出版社,2009.
[16] 支天红.高等应用数学[M].北京:中国铁道出版社,2011.
[17] 陈笑缘.经济数学[M].北京:高等教育出版社,2019.
[18] 龚漫奇. 高等数学[M].北京:高等教育出版社,2000.
[19] 吕保献.高等数学[M].北京:北京大学出版社,2005.
[20] 丁勇. 高等数学[M].北京:清华大学出版社,2005.
[21] 邢春峰,李平.应用数学基础[M].北京:高等教育出版社,2008.
[22] 姜启源,谢金星,叶俊.数学建模[M].5 版.北京:高等教育出版社,2018.
[23] 戎笑,于德明,孙霞.高职数学建模竞赛培训教程[M].北京:清华大学出版社,2010.
[24] 杜建卫,王若鹏.数学建模基础案例[M].北京:化学工业出版社,2014.
[25] 王兵团.数学建模基础[M].北京:清华大学出版社,北京交通大学出版社,2004.
[26] 陈东彦,李冬梅,王树忠.数学建模[M].北京:科学出版社,2007.